学前教育专业（新课程标准）系列精品教材
"互联网+"新形态立体化教学资源特色教材

学前儿童
发展心理学

主　编◎张立星　杜　宇
副主编◎张子瑛　李坤宇
刘红萍　白倩倩

中国轻工业出版社

图书在版编目（CIP）数据

学前儿童发展心理学 / 张立星，杜宇主编. — 北京：中国轻工业出版社，2022.9

学前教育专业（新课程标准）系列精品教材

“互联网+”新形态立体化教学资源特色教材

ISBN 978-7-5184-3928-7

Ⅰ. ①学… Ⅱ. ①张… ②杜… Ⅲ. ①学前儿童—儿童心理学—发展心理学—高等学校—教材 Ⅳ. ①B844.12

中国版本图书馆CIP数据核字（2022）第051601号

责任编辑：崔丽娜　　责任终审：高惠京

整体设计：锋尚设计　　责任校对：朱燕春　　责任监印：张　可

出版发行：中国轻工业出版社（北京东长安街6号，邮编：100740）

印　　刷：三河市国英印务有限公司

经　　销：各地新华书店

版　　次：2022年9月第1版第1次印刷

开　　本：787×1092　1/16　印张：12.5

字　　数：306千字

书　　号：ISBN 978-7-5184-3928-7　定价：45.00元

邮购电话：010-65241695

发行电话：010-85119835　传真：85113293

网　　址：http://www.chlip.com.cn

Email：club@chlip.com.cn

如发现图书残缺请与我社邮购联系调换

200852J1X101ZBW

前　言

2018年11月，《中共中央 国务院关于学前教育深化改革规范发展的若干意见》明确提出："学前教育是终身学习的开端，是国民教育体系的重要组成部分，是重要的社会公益事业。办好学前教育、实现幼有所育，是党的十九大作出的重大决策部署，是党和政府为老百姓办实事的重大民生工程，关系亿万儿童健康成长，关系社会和谐稳定，关系党和国家事业未来。"学前教育是国民教育体系的重要组成部分，发展学前教育对促进学前儿童身心健康、构建终身教育体系、全面建设和谐社会具有重要意义。

学前教育教师的专业水平是确保学前教育质量的关键，也是我国学前教育事业发展的根本保证。专业的学前教育教师，必须深入了解学前儿童的身心发展规律，并运用在幼儿园的教育活动中。学前儿童发展心理学是学前教育专业学生的必修课，通过该课程的学习，学生能够掌握学前儿童身心发展的特点和规律，能根据幼儿的特点和需要进行适宜的教育指导，真正做到"以幼儿为中心"。

全书由六章内容构成，第一章介绍学前儿童发展心理学的内容和任务，学前儿童发展心理学的相关理论和学前儿童发展心理学的研究方法；第二章主要从脑与躯体的发展和感知觉的发展对学前儿童的发展进行阐述。第三章是关于学前儿童认知发展的内容，主要从注意、记忆、表征、想象、思维及言语六个方面进行学习。第四章至第六章讲述了学前儿童的情绪发展、个性发展、社会性发展。

本教材在结合学前教育学生的专业特点的基础上进行编写，主要特色体现在以下方面：

1. 课程思政自然融入

本教材遵循思想政治工作规律、教书育人规律和学生成长规律，把课程思政自然融入。学生在学习学前儿童发展心理学理论的同时，自然而然形成正确的儿童观。

2. 理论与实践相结合

本教材与幼儿园教学实际相结合，突出学前教育专业特色和学用相结合的特点，理论与实践相结合，案例在先，理论在后，顺应认知发展规律。

3. 注重学生兴趣培养

本教材不仅重视知识的学习、理解、综合、运用，而且注重学生学习兴趣的培养。本教材内容结构分明，层次区域清晰，充分考虑了学前儿童发展心理学课程的特点，难度适宜，具有很强的操作性和实用性，注重学生知识迁移能力和创造能力的培养。

本教材以一线教师多年的教学及反思为基础，参考国内外多种优秀教材和最近的研究成果，并结合当前中国学前教育实践，为未来的幼儿教师开展教育工作奠定基础。本教材适用于学前教育专业学生，也适用于幼儿教师、幼儿家长及其他幼教工作者。

本教材由河北大学学前教育系张立星和潍坊学院杜宇担任主编，并负责编写了第一章、第三章及全书的统稿工作，河北大学学前教育系张子瑛担任副主编并负责编写了第四章、第五章，河北女子职业技术学院学前教育系李坤宇担任副主编并负责编写了第二章。河北大学学前教育系刘红萍、南京师范大学学前教育系白倩倩担任副主编并负责编写了第六章。

本书在编写过程中借鉴了一些专家学者的研究成果及一线幼儿教师的活动案例，在此表示衷心的感谢。由于编者水平所限，编写之中难免存在疏漏和不当之处，恳请各位专家、同行、读者批评指正。

编者

目 录

微视频

第一章 学前儿童发展心理学概述

学习目标

1. 了解各种儿童发展理论的基本内容及学前儿童发展心理学的研究范式、研究设计与方法。
2. 能运用儿童发展理论对实践中的学前儿童发展问题进行分析与解答。
3. 在对儿童发展理论理解的基础上，建立正确的儿童观、发展观。

导入案例

学前教育专业的大一新生，兴致勃勃地去幼儿园见习，走进教室时正是孩子们区域活动的时间，孩子们在教室的各个区域忙活着，有在娃娃家哄“宝宝”的，有做饭的，有做美工的，有搭积木的，有操作科学材料的，孩子们忙得不亦乐乎，见习学生也觉得有趣，回到学校写见习报告时，同学们只是泛泛而谈，不知从何处着手。观察和评价儿童是幼儿教师的基本素养，这在《幼儿园教师专业标准（试行）》中明确提出，因为观察和评价是进一步教育的前提，而离开了学前儿童心理学的知识，学前儿童发展评价就无从谈起。对于还未学习《学前儿童发展心理学》的新生来说，不知从哪些方面去评价，怎样评价是正常现象，此次见习让新生们切实感受到学前儿童发展心理学理论知识的重要性。

第一节　学前儿童发展心理学的内容和任务

学前儿童发展心理学是研究从受精卵到入学前儿童的生理和心理机制的变化规律。学前教育的根本目的是为了促进学前儿童的发展。在当今时代，家长对学前教育的看法各不相同，有的家长认为学前阶段是为小学打基础的阶段，一定要多学知识，另一个极端是认为学前阶段不给孩子任何压力，要给孩子一个快乐的童年。出于促进发展的目的更要思考什么是发展，知识增长了就是发展吗？孩子每天很快乐就是发展吗？下面带着这个问题进入本章的学习。

一、基本内容

学前儿童发展心理学属于心理学的一个分支，研究从受精卵到入学前儿童的生理和心理机制的变化规律。学前儿童发展是一个定义宽泛、研究领域广阔的学科，通常把学前儿童发展分为以下三个重要的主题：

①生理发展。主要包括身体、大脑和运动能力的发展。身体的发展，包括躯体的尺寸、身体比例、外貌以及各种躯体系统功能的变化；大脑的发展，随着脑科学的发展，大脑的作用机制逐渐被揭示；运动能力的发展，在早期教育中越来越受到关注。

②认知发展。包括注意、记忆、表征、想象、思维、言语等的发展。

③情感和社会性发展。包括情绪及情感交流、个性的形成、对他人的认识、人际关系及道德的发展。

这样分类主要是为了论述和研究上的方便，事实上，这几个领域密不可分，例如：谈到认知发展时，感知觉与认知密切相关，没有感知觉的信息输入，认知活动无从谈起。情感与社会性发展中不能缺少认知的成分，所以说它们相互影响，共同决定了学前儿童的心理发展。

二、基本理论之争

“遗传与环境”“连续性与阶段性”以及“被动性与主动性”这三个基本理论问题的争论由来已久。

（一）遗传和环境之争

一个四口之家，儿子比女儿大4岁，儿子发展超前，6岁就可以自主阅读原版《红楼梦》，爸爸一直认为自己的教育很成功。后来女儿出生了，同样的教养方式，女儿的发展与同龄人相比并未有任何超前。再提起儿子的时候，爸爸说：“都是天生的！”这个问题应该如何看待呢？

遗传与环境，哪个对学前儿童发展的影响更大？这是心理学和哲学古老又基本的理论问题之一。最早的讨论始于卢梭和洛克的天性和教养之争。天性是指人们通过生物遗传而天生具备的某些禀赋和特质。教养是指从胎儿期到出生后的环境影响，包括家庭、同伴、托幼机构、社区、社会乃至文化。在心理学界的争论体现在美国心理学家斯坦利·霍尔和约翰·华生的观点中。霍尔认为儿童的发展是由内在的基因设定的，和人类进化的过程相似。华生则是环境决定论者，他说过：“给我一打健康的婴儿，让他们在我指定的环境里生活，我保证把他们训练成任何我想要的样子，让他们成为医生、律师、艺术家、企业家，甚至乞丐、小偷，而不论他们的才能、倾向、禀性、能力、适应性及其祖先的种姓。”通过这句名言充分表明了他的立场。

如今心理学家们已不再偏激地认为发展仅仅是其中一种因素的单独作用，而更加关注两者以何种方式共同决定一个人的发展，以及在特定前提下两者的相对重要性。

（二）连续性和阶段性之争

20个月大的男孩看到某快餐的醒目标识后，自己快步冲向餐厅门口，妈妈快步赶上并拽住他问：“你干什么去？”，他用手放在嘴巴上，表示要吃东西。这个男孩对于这个标识的认识和她的母亲是一样的吗？如何解释婴儿、幼儿、青少年和成年人之间在能力和行为方面的差别呢？连续论者认为，人的发展是一个平稳而连续的过程，是量变而不是质变。一个成熟的人和一个不成熟的人之间的差别可能仅仅在于其行为的数量和复杂程度。文中小男孩的思维可能和成人一样富有逻辑性、条理清晰。他的局限可能就在于当他一下子面对大量信息时就不能像成人一样驾轻就熟地运用这些技能来准确地处理信息。行为主义强调发展的渐进性、连续性、数量上的变化。

另一些学者认为，发展是由不连续的阶段构成，就像爬楼梯，当儿童一级一级向上迈进时，他们经历着快速的转变，此后就会出现一个平台，也就是说在每个阶段内他们的发展将保持稳定，而步入新阶段后思维、情感和行为方面会发生质的变化。按照阶段性理论来看，文中小男孩可能有着不同于学龄儿童、青少年与成人的独特的思维、情感和行为方式。他还将经历不同的发展阶段，直到他达到人体机能发展的顶峰。与认为发展是量变的连续论相比，阶段论认为发展是质变的过程。弗洛伊德、埃里克森和皮亚杰都倾向于阶段论。

当今的学者更倾向于认为学前儿童的心理发展是由各阶段形成的一个连续过程。

（三）被动和主动之争

近年来“原生家庭”这个概念被频频提起，人们对于原生家庭的作用各抒己见，那么学前儿童在发展的过程中究竟是被动还是主动？围绕这个问题，形成了机械模型和机体模型两种截然相反的发展模型之争。

机械模型。该模型可以追溯到洛克，他把儿童看成一块白板，认为环境给儿童什么影响就会留下什么烙印。机械模型进一步把儿童看成被动的、完全由外力推动的机器。机械模型的代表人物是华生。

机体模型。该模型认为儿童是一个整体，不是对零碎环境刺激被动反应的机器。他们认为儿童能主动地选择刺激、组织刺激并创造和改变某些环境，发展的推动力来自儿童的内部，外部环境不是发展的决定因素，而仅仅对发展起到加速和延缓的作用。

实际上人们现在已经认识到事情并没有这么简单，儿童的发展受到自己内在的驱力和需要，以及遗传禀赋的影响；但是他们也是社会性的动物，不能在孤立中获得最好的发展。

三、基本任务

学前儿童发展心理学的研究任务可以概括地用三个“W”来表示，即：What（是什么），揭示和描述学前儿童心理发展过程的共同特征与模式；When（什么时间），揭示或描述这些特征与模式发展变化的时间顺序；Why（什么原因），对该发展变化的过程进行解释，分析发展的影响因素和内在机制。总之，学前教育专业的学生学习学前儿童发展心理学的任务在于描述、解释、预测和干预学前儿童的行为。

【幼儿园教师资格证考试：考点预测】

1. 适合幼儿发展的内涵是指（　　）。

A. 追随幼儿的兴趣

B. 任其自由发展

C. 跟随幼儿的发展

D. 适合幼儿发展的规律和特点

2. 认为环境因素决定发展的心理学家是（　　）。

A. 弗洛伊德　　B. 埃里克森　　C. 华生　　D. 卢梭

3. 学前教育专业的学生为什么要学习学前儿童发展心理学？

知识拓展

儿童观的变迁

历史上儿童曾被认为是“小大人”，即成人的雏形。中世纪的欧洲法律中通常并不区分成年人犯罪和未成年人犯罪。早期的儿童观可以在艺术作品中特别是绘画艺术中得到很好的体现。历史学家菲利普·阿雷斯通过分析这些作品认为，在16世纪以前欧洲社会并没有给儿童以特殊的地位。人们甚至从未想过儿童有自己的天性。虽然有人对他的研究方法提出质疑，因为他分析的作品人物主要局限在贵族阶层。然而，他的研究结果至少可以体现儿童观的某些文化差异。

西方人的儿童观受到古希腊先哲和基督教文化的深刻影响。这些思想中包含了丰富的儿童发展的理念。近代有影响的儿童观包括“原罪说”“白板说”和“性善论”。

“原罪说”：中世纪以来，人们认为人类的祖先亚当和夏娃在伊甸园中受了蛇的引诱而背叛了上帝，因此人生来就带有了“原罪”。由于人与生俱来的“原罪”，儿童需要严加管制，以免变得更加邪恶。

“白板说”：英国哲学家约翰·洛克提出了“白板说”。他认为人的心灵在出生时就如同一块白板，一切知识和观念都是从后天的经验中获得的，因此，后天的环境非常重要，父母应该给儿童提供良好的教育，使之成为对社会有贡献的人。

“性善论”：法国思想家卢梭的儿童观集中体现在他的教育哲理小说《爱弥儿》一书，他强调儿童的天性是“善”的。他认为成人要尊重儿童，对儿童的教育要遵循“自然的法则”，即应按照他们的本性，而不是一味限制和禁止。

现代西方的儿童观认为儿童期是有别于成人期的一个独特而重要的阶段。在这个人生阶段，他们并不是消极地等待成人期的到来，而是积极地掌握所需的技能，为未来的生活做准备。这种儿童观的转变不仅体现在儿童发展心理学的研究中，而且也反映在法律保护和政府的公共政策中，比如劳动法严厉禁止雇用童工，以免儿童过早地感受成人的压力。对未成年人犯罪的问题有一套有别于成人的诉讼程序，政府制定政策改善破裂家庭儿童的生活处境。

总之，人们越来越意识到儿童期是成长变化的一个重要时期，也越来越关注儿童心理的发展和儿童的教育。

第二节　学前儿童发展的相关理论

某女孩6个月大时经历了一场不幸的车祸，这是她父母告诉她的，因为她对这场车祸并不存在有意识的记忆。然而，如今24岁的她在维持人际关系上遇到了难题，而她的医师正在探寻她当前的问题是否源于早期的那场车祸。寻找这样一种关联也许看起来有点牵强，但是在精神分析理论的支持者看来，这并非不可能。因为很多行为都是由那些并未被个体觉知或控制的内在力量、记忆和冲突所激发的。内在力量，也许来源于某个人的儿童时期，持续影响着个体的行为，并贯穿生命始终。

一、精神分析理论

精神分析理论关注人内在的力量，主要代表人物有弗洛伊德和埃里克森。

（一）弗洛伊德的心理发展理论

弗洛伊德是奥地利的精神病医生和心理学家，根据其对病态人格进行的研究提出了人格的结构及发展理论。这种理论的核心思想是，存在于潜意识中的性本能是人心理活动的基本动力，是决定个人和社会发展的永恒力量。

在弗洛伊德的早期著作中，人的心理活动或精神活动主要包括意识和无意识两个部分。弗洛伊德后来修订了这种意识和无意识的二分法，而引进本我、自我和超我的心理结构或人格结构。

在心理发展中，年龄越小，本我越重要。婴儿几乎全部处于本我状态，他们可担忧的事情不多，除了身体的舒适以外，尽量解除一切紧张状态。但是，由于生存需要，他们会产生饥饿、干渴，于是就产生了紧张。在等待吃奶、喝水时，本我可能会产生幻觉，幻想希望的目标出现并获得满足；本我也可能闯入梦境，儿童在梦中吸吮乳头或拿起了水杯。这被弗洛伊德称为初级过程思维。随着年龄的增长，儿童不断地扩大和外界的交往，以满足自身增加的需要和欲望，并维持一种令其舒适的紧张水平。在本我需要和现实世界之间不断接通有效而适当的联络时，自我就从儿童的本我中逐渐地发展出来。

自我是意识结构部分。弗洛伊德认为，作为无意识结构部分的本我，不能直接地接触现实世界，为了促进个体与现实世界的交互作用，必须通过自我。随着年龄的增加，儿童逐步学会了不能凭冲动随心所欲，他们逐步考虑后果，考虑现实的作用，这就是自我。自我是遵循现实原则的，因此它既是从本我中发展出来的，又是本我和外部世界之间的中介。自我能支配行动，思考过去的经验，计划未来的行动，弗洛伊德称这种合理的思维方式为二级过程思维，即一般知觉和认知的思维。例如，一个儿童学习走路，他在抑制随便走动的冲动，考虑什么地方他可以避免碰撞，他其实在练习自我的控制。

弗洛伊德在《自我与本我》一书中把自我与本我的关系比作骑士与马的关系。马提供能量，而骑士则指导马朝着它想去的地方前进。这就是说，自我不能脱离本我而独立存在。由于自我与现实联系，所以能参考现实来调节本我。这样，自我按照现实原则进行操作，从而现实地解除个体的紧张状态以满足其需要。因此，自我并不妨碍本我，而是帮助本我最终获得快乐的满足。

超我包括两个部分，一个是良心，一个是自我理想。前者是超我的惩罚性的、消极性的和批判性的部分，它告诉个体不能违背良心。例如，它指导人们该怎样活动，当其做了违背良心的事，就会产生犯罪感。后者是由积极的雄心、理想所构成的，是抽象的东西，它希望个体为之奋斗。例如，一个儿童希望将来成为一个什么样的人，就是自我理想所引起的。

弗洛伊德指出，超我代表着道德标准和人类生活的高级方向。超我和自我都是人格的控制系统。自我控制的是本我的盲目的激情，以保持机体免受损害；超我则有是非标准，它不仅力图使本我延迟得到满足，而且也有可能使本我完全不能获得满足。超我在人身上发展着，逐步地按照文化教育、宗教要求和道德标准而行动。因此，弗洛伊德的超我与本我是有其对立的一面的。

心理性欲发展阶段的理论是弗洛伊德关于心理发展的主要理论。弗洛伊德既提出了划分心理发展阶段的标准，又具体规定了心理发展阶段的分期。

弗洛伊德把人格的发展分为五个阶段。

1. 口唇期（0～1岁）

这一时期的活动主要是口腔的活动。儿童从吸吮、吞咽、咀嚼等口唇活动获得对基本需要的满足，因而口唇一带成为快感的中心。如果这一时期的基本需要得到了满足，以后就会乐观、信任、有信心。如果这一时期的口唇活动受到过分限制，就会发生“滞留现象”，儿童长大以后将会保留“口唇性格”，倾向于悲观、依赖、退缩、猜忌、苛求，甚至对人仇恨。有些人会养成咬手指甲、吃手指、吸烟、酗酒、贪吃等不良的行为习惯。

2．肛门期（1～3岁）

这一时期主要从排泄获得快感。肛门一带成为快感的中心，父母正是在这一时期训练儿童养成便溺的卫生习惯。如果处理不当，儿童将会形成“肛门性格”，或是不整洁、浪费、无条理、放肆，或是过分尖刻和倔强、过分爱整洁、过分注意小节等。

3．性器期（3～7岁）

这一时期的儿童出于无意识的好奇心，会产生对自己性器官的兴趣，性器官成了获得满足的主要来源。儿童在行为上会出现性别之分。儿童产生所谓“恋母情结”或“恋父情结”，一方面以父母中的异性为恋爱对象，另一方面对父母中的同性别者产生嫉妒和憎恨心理。于是出现本我和自我的冲突。冲突的结果往往是儿童去模仿同性父母，并使之内化成为自己人格的一部分。性器期发展停滞，会导致后来的比如攻击性或各种“性偏离”的人格。因此，这一时期冲突的解决是否顺利，对未来人格的健康发展极为重要。

后面两个阶段是潜伏期和生殖期，此处不再详细介绍。

（二）埃里克森的心理发展观

埃里克森是美国的精神分析医生，也是美国现代非常有名望的精神分析理论家之一。

［微视频］
埃里克森
阶段理论

与弗洛伊德不同，埃里克森的人格发展学说既考虑到生物学的影响，也考虑到文化和社会因素。他认为在人格发展中，逐渐形成的自我在个人及其周围环境的交互作用中起着主导的和整合的作用。

在《儿童期与社会》这本书里，他提出了人的八个发展阶段以及每个阶段的发展任务。他认为人的心理发展是一个连续的、渐进的过程，每个发展阶段有一种新的主要冲突（社会心理危机）。每个阶段发展的顺序是不变的，所标明的冲突是先天预定的，是生物性成熟的表现。每个阶段的冲突如果能够处理好，儿童能够很好地应对下一个阶段遇到的危机和问题；反之，则将会产生危机或情绪障碍，出现病态。

1．基本的信任对不信任（0～1、1.5岁）

婴儿期的社会性信任表现在胃口好，睡得深，大小便通畅。社会性信任的最初成就，是能够让母亲离开视线而没有焦虑或愤怒。信任与不信任是通过母亲的照料而形成的，其中主要不是依靠营养的数量，而在于和母亲关系的质量。母亲对孩子细心照料，敏感地发现他的需要，便养成孩子的信任感，基本的信任感和不信任感的冲突会保持终生，人总是要和离别、被遗弃等感情做斗争，但是人生最初阶段建立了信任感后，将来在社会上可以成为易于信赖和满足的人；否则，容易成为不信任别人和苛求、贪得无厌的人。

2．自主对羞怯、怀疑（1、1.5岁～3、4岁）

埃里克森把弗洛伊德的“肛门期”加以扩展，认为其基本冲突是保持与排除、坚持与放弃。这些方式的活动不只是在肛门区域，不仅在于控制自己的括约肌，也包括控制自己的双手和双足。儿童在这个阶段学会各种动作，学说话、做事，要求独立，渴望探索新世界，从而产生自主感；另一方面，儿童又本能地觉得依赖过多而感到羞怯，同时担心超出自身和环境的范围，由此而感到疑虑。所以本阶段给幼儿更多的独立与自主，有利于培养儿童的自豪感，如果独立性受到压抑或因此受罚，儿童会产生羞耻感，并怀疑自身能力。

3．主动对内疚（3、4岁～5、6岁）

主动对内疚是自主对羞怯的进一步发展。主动意味着向前的运动，揭露新东西的倾向。主动性使自主地完成任务和计划行动的水平得以提高。这个时期儿童变得活泼，有更大的能量，能自己做出判断，并且提出很多问题。这个时期又是好学的时期，渴望把事情做得更好，愿意从老师那里学到东西，愿意赶上学习的榜样。内疚是羞怯的发展，羞怯是怕别人看见，内疚则犹如总是听见一种声音在说自己的坏话。如果成人不耐心回答儿童的问题，嘲笑或讨厌他，主动就变成内疚。如果这个时期某些美好的愿望或幻想被压抑，以后就会失去主动性。这个时期是儿童的游戏期，游戏在解决各种矛盾中体现出自我治疗和自我教育的作用，儿童在独自扮演角色或共同游戏中表现出内心的矛盾，其冲突就得到缓和，并且借此可以解决先前遗留下来的问题。

后面的五个发展阶段此处不再赘述。

（三）评价精神分析观点

弗洛伊德所讲述的关于无意识影响行为的观点是一项不朽的成就，从所有人对其合理性的大致认同就可以看出无意识观点遍及西方文化思想的范围之广。事实上，当代研究记忆和学习的学者指出，那些人们并未有意识觉察到的记忆，对行为产生了重要的影响。比如，在婴儿时期经历车祸的例子，就是以精神分析理论为基础的思考和研究的应用。

然而，弗洛伊德认为性本能是人心理活动的基本动力遭到了人们的质疑，因为它们并未得到后续研究的验证。关于童年期不同阶段的经历会决定个体成年期的人格这一观点，还缺乏明确的研究支持。除此之外，由于弗洛伊德理论中的很大部分仅仅基于有限的样本——那些生活在严格禁欲、极端约束时代的奥地利中上阶层的个体，这些理论能否应用于广泛的多元化群体还值得质疑。

埃里克森认为发展持续贯穿生命始终的观点是非常重要的，并且也得到了相当多的支持。然而，他的理论也同样存在缺陷。其理论中有些方面的叙述相当模糊，致使研究者很难对其进行严格的检验，而且很难利用这些理论对特定个体的行为做出明确的预测。总之，精神分析对过去的行为提供了很好的描述，但对未来行为的预测却不太严密。

二、行为主义理论

行为主义理论关注可观测的行为。例如：一个3岁女孩被狗咬伤后，去医院缝合了几十针，从此之后她看到狗都会浑身冒汗，如果狗朝她跑来，她会尖叫着躲在其他人身后；一个小时候因为调皮经常挨爸爸打的男孩，心中发誓长大后绝对不打自己的孩子，可当自己的孩子调皮到无法说服的时候，发现打才是最见效的手段。应该如何解释这些现象？

（一）经典性条件反射

经典性条件反射指一个刺激和另一个带有奖赏或惩罚的无条件刺激的多次联结，可使个体在前者单独呈现时，能产生类似无条件反应的条件反应。

巴甫洛夫在实验中发现，狗会在喂食时间听到铃声而分泌大量唾液，这个新的发现奠定了经典条件作用的基础，即刺激（S）—反应（R）。美国心理学家约翰·华生把刺激—反应理论应用到儿童身上，其中包括作为高级心理活动的思维。

（二）操作性条件反射

操作性条件反射是美国心理学家斯金纳提出的。

1. 行为的强化控制原理

斯金纳的操作性条件反射强调塑造、强化与消退、及时强化等原则。

首先，在斯金纳看来，强化作用是塑造行为的基础。他认为，只要了解强化效应和操纵好强化技术，就能控制行为反应，就能随意塑造出一个教育者所期望的儿童的行为。儿童偶然做了什么动作而得到了教育者的强化，这个动作后来出现的概率就会大于其他动作；强化的次数增多，概率随之增大，这便导致了人的操作行为的建立。行为是由伴随它的强化刺激所控制的。

其次，强化在行为发展过程中起着重要的作用，行为不强化就会消退，即得不到强化的行为是易于消退的。依照斯金纳的看法，儿童之所以要做某事，就是想得到成人的注意。要使儿童的不良行为消退，如长时间的啼哭或发脾气等，可在这些行为发生的时候不予理睬，排除对他的注意，结果儿童就会不哭不闹了。在儿童的眼中，是否多次得到外部刺激的强化，是他衡量自己的行为是否妥当的唯一标准，练习的多少本身不会影响到行为反应的速率。练习在儿童行为形成中之所以重要，是因为提供了重复强化的机会。只练习而不强化，不会巩固和发展出一种行为。

最后，斯金纳强调及时强化，认为强化不及时是不利于人的行为发展的。教育者要及时强化希望在儿童身上看到的行为。

依照斯金纳的观点，强化作用可分为积极强化作用和消极强化作用（阳性强化作用和阴性强化作用）两类。尽管分类不同，其作用的效果都是增加反应的概率。所谓积极强化作用，是由于一种刺激的加入增进了一个操作反应发生的概率，这种作用是经常的。所谓消极强化作用，是由于一种刺激的排除而加强了某一操作反应的概率。斯金纳建议以消退取代惩罚，提倡强化的积极作用。

2. 儿童行为的实际控制

斯金纳重视将其理论应用于实际，其主要表现在以下3个方面。

（1）育婴箱的作用

斯金纳从白鼠的按压杠杆到儿童的抚养做了不少工作。例如，当他的第一个孩子出生时，他决定做一个新的经过改进的摇篮，这就是斯金纳的育婴箱。他们在实验箱里“长大”的女儿过得很快活，很快就成为一名很有名气的画家。于是，斯金纳把育婴箱的作用详细介绍给了美国《妇女家庭》杂志，他的研究工作第一次普遍受到大众的注意和赞扬。在论文《育婴箱》中，他描述道：光线可以直接透过宽大的玻璃窗照射到箱内，箱内干燥，自动调温，无菌，无毒，隔音；里面活动范围大，除尿布外无多余衣布，幼儿可以在里面睡觉、游戏；箱壁安全，挂有玩具等刺激物；可不必担心着凉和湿疹一类的疾病。这种照料婴儿的机械装置是斯金纳研究操作性条件反射的又一杰作。这种设计的思想是要尽可能避免外界一切不良刺激，创造适宜儿童发展的行为环境，养育身心健康的儿童。后来，斯金纳发展了这些思想，写成小说《沃尔登第二》，把一个儿童成长的行为环境扩展到几千人组成的“理想国”。

（2）行为矫正

斯金纳操作性行为的思想被大量用于行为矫正。这种矫正工作并不复杂。例如，教师对儿童的寻衅、争吵都装作不知道，成人对儿童的自伤行为不予理睬。不论何时，成人都应注意不去强化儿童的不良行为。

（3）教学机器和教学程序

行为塑造常常使教育者失去耐心，尤其是纠正不良行为。学习这类复杂的行为塑造，在一个班级里教育者很难照顾到每个儿童，在教育实践中，师资水平较差的事实也普遍存在，这些问题促使斯金纳深思。在长期的研究中，斯金纳形成了学习和机器相联系的思想。于是，最早的辅助教学机诞生了，它弥补了教育上的一些不足。实际上机器本身远不如机器中包含的程序材料重要。程序教学有一系列的原则，如小步子呈现信息、及时知道结果、学生主动参加学习等，这些教学进程中的耐心、促进主动学习的热情和及时反馈的速度，几乎是一般教师所不能及的。尽管教学机器和程序教学对教师的主导作用的发挥有妨碍作用，对学生的学习动机考虑较少，但是斯金纳的工作还是对美国教育产生了深刻的影响。

斯金纳在心理发展的实际控制上做了不少有价值的工作。现代认知心理学、20世纪70年代兴起的环境心理学、日益流行的教学辅助机、临床收效较大的新行为方法等，都受到了他的强化控制理论和实践的影响。

（三）社会学习理论

早在2013年曾发生过这样一个悲剧：解放军总医院第一附属医院的烧伤科接诊了从江苏连云港运送来的兄弟俩——被严重烧伤的8岁儿童冉冉和5岁儿童浩浩。兄弟二人受伤的原因，竟是他们在玩耍中模仿动画片里灰太狼烤羊肉的情节，被同村另一名9岁男孩绑在树上点火所致。这件事情的发生和看动画片有因果关系吗？

心理学家们对行为主义是否能为儿童社会行为提供比精神分析理论中的模糊概念更加直接和有效的解释产生了浓厚的兴趣。这种关注激发了社会学习理论的出现。社会学习理论的支持者承认条件反射原理和强化理论。同时社会学习理论也在这些理论的基础上就儿童和成人如何获得新的行为方式提出了进一步的观点。到19世纪50年代，社会学习理论成了儿童发展研究中的主要力量。

社会学习理论的研究比较有影响的是阿尔伯特·班杜拉及其同事的理论。班杜拉认为：模仿，或称为仿效或观察性学习，是儿童习得各种行为的基础。他认为儿童所做出的许多良性或不良的反应只是对他周围其他人观察的结果。一个婴儿会在母亲拍手之后拍手，一个七八岁的孩子会以自己在家受罚的相同方式愤怒地揍一起玩耍的伙伴，十几岁的孩子的穿着和发型会与学校的朋友相同，这些都是观察学习的表现。

班杜拉认为，儿童的大多数学习发生在社会环境中，儿童通过观察生活中重要人物的行为而习得社会行为，这些观察以心理表象或其他符号表征的形式储存在大脑中，来帮助他们模仿行为。儿童没有必要在学习过程中表现这些行为，外在强化也不是绝对必要的。这些观点对行为主义的核心假设提出了挑战，关注线索对行为及其内在心理过程的作用，强调思想对行为和行为对思想的作用。这些观点在行为派和认知派之间架起一座桥梁。

社会认知理论对学习和行为表现提出了三个假设：个体、行为和环境之间是相互作用的；学习与表现是不能等同的；学习可以分为参与性学习与替代性学习。

（四）行为主义和社会学习理论的贡献和局限

像精神分析理论一样，行为主义和社会学习理论对儿童教育工作有着重要的影响，但两者所使用的技术却显然不同。应用性行为分析包含了各种条件反射和模仿的程序用于消除儿童的不良行为以及提高他们的社会认可的行为反应。这一方法在有严重行为问题的儿童身上，如有一贯攻击性行为和语言发展迟滞问题的儿童，得到了广泛的运用，那么它在处理大量普遍的童年期问题时也同样有效。例如，一项研究中，学龄前儿童在看牙前的焦虑反应可以通过对他们的强化得以减轻，强化的过程是在牙医工作的时候给他们讲故事，如果儿童能回答故事里的问题，就为他们提供小玩具。由于儿童不可能在听故事的同时又哭又闹，所以他们的破坏性行为便得到了抑制。然而，模仿和强化并不能对儿童发展做出一个完整的解释。在之后的章节中将会论述，许多研究者认为行为主义和社会学习理论在重要的环境影响问题上的眼界过于狭窄，环境对丰富儿童生理和社会世界的作用超过了即时强化和模仿行为。最后，在强调认知和把儿童作为积极的学习主体方面，班杜拉在行为主义者传统成长起来的研究者中是独一无二的。行为主义和社会学习理论由于低估了儿童对自身发展的贡献而受到了批判。

三、认知理论观点

认知理论的代表人物皮亚杰，在皮亚杰理论的基础上，信息加工理论逐渐发展起来。

（一）皮亚杰的发展心理学理论

学者的研究方向往往与他们自己的生活经历密切相关。皮亚杰早年学习生物，最初的兴趣是动物对周围环境的适应，并获得生物学博士学位。之后他的兴趣转移到认识论（这是考察知识起源的一个哲学分支），他希望把自己的这两种兴趣结合起来，他认为心理学可以做到这点。有段时间在巴黎参与阿尔弗雷德·比奈实验室的儿童智力测量的研发工作，儿童在测验中的错误答案引发了皮亚杰的思考。之后皮亚杰运用临床法对儿童的错误概念提出追问，并得出结论：年幼的儿童答题错误并非是他们的智力比年长的儿童差，而是因为他们的思维过程完全不同。之后，皮亚杰建立了自己的实验室，并花了60年时间探索儿童的智力发展过程。

皮亚杰心理学的理论核心是发生认识论，主要是研究人类的认识（认知、智力、思维、心理的发生和结构）。他认为，人类的认识不管多么高深、复杂，都可以追溯到人的童年时期，甚至可以追溯到胚胎时期。儿童出生以后，认识是怎样形成的，受哪些因素制约，内在结构是什么，各种不同水平的智力、思维结构是如何出现的等，所有这些就是皮亚杰心理研究试图探索和解答的问题。

1. 发展的影响因素

皮亚杰认为生理成熟、活动、社会经验和平衡的交互作用是影响发展的因素。发展在很大程度上依赖于儿童对周围环境的操纵以及与周围环境的积极互动。个体与环境相互作用的建构过程促进了其内部心理结构的积极互动。

2. 先天与后天相互作用

皮亚杰认为，心理、智力、思维既不是起源于先天的成熟，也不是起源于后天的经验，而是起源于主体的动作。这种动作的本质是主体对客体的适应。主体通过动作对客体的适应，乃是心理发展的真正原因。皮亚杰认为自己的理论是属于内外因相互作用的发展观，既强调内外因的相互作用，又强调在这种相互作用中心理不断产生量和质的变化。

3. 内外因作用的机制

根据早期生物学的研究，皮亚杰指出所有物种通过遗传都获得了两种基本的倾向或“恒定功能”。第一个倾向是组织通过组合→排列→再组合→再排列将行为和思想纳入一个连贯性的系统；第二个倾向是适应，也就是根据环境变化做出调整。

（1）组织

每个人生来就有一种把思维过程内化成心理结构的倾向，这些结构就是理解世界并与世界互动的系统。原本简单的结构经过不断地组合和调整，会变得越来越复杂和有效。例如：小婴儿出生后更多是通过看来认识世界，等运动能力提升后，看到之后就去够东西、抓东西，这样把看和抓两个分离的行为结构整合成一个更高级更有效的结构——手眼协调。

皮亚杰将这些结构称为图式。他认为图式是思维的基石，这些组织化的动作和思想系统得以在头脑中表征或思考事物。图式可以是动作、概念、思维方式等，可能很小、很专门化，也可以很大和一般化，如动作图式，做饭的图式、开车的图式；概念图式，如皮亚杰理论中的图式概念；思维方式的图式，如演绎的思维方式等。随着思维过程越来越有条理和新的图式不断建立，个体的行为也变得更加复杂，更能适应环境。

（2）适应

皮亚杰的认知理论深受早年接受的生物学训练的影响，理论的中心是适应。他认为，个体的每个心理反应，不管是指向于外部的动作还是指向于内化了的思维动作，都是一种适应。适应的本质在于取得机体与环境的平衡。人类除了具有整合心理结构的倾向外，还天生具有适应周围环境的倾向。这种适应包含两个基本过程：同化和顺应。

同化是在人们利用已有图式理解周围世界中发生的事件时产生的，它是指人们试图通过将新的知识纳入原有的知识体系来理解事物的过程。然而，将新知识纳入原有图式的过程，往往同时也是歪曲新信息的过程。例如，一个小男孩去动物园看到狼，便叫“狗!”，他把看到的“狼”纳入到了原有的“狗”的图式中；一个不知道拳击这项运动的学前儿童，看到拳击比赛，纳入了“打架”的图式中。

顺应是在人们为适应新情境必须改变原有图式时产生的。如果新信息与任何已有的图式都不匹配，那么就必须产生更加合适的图式。与调整信息来适应思维不同，现在通过调整思维来适应新信息。把狼认成狗的男孩，听到了狼的叫声，感觉和狗的差别太大了，在家长的引导下仔细观察外形，感觉和狗还是不一样，因此在已有图式的基础上增加“狼”的图式，这就是顺应的过程。

一般而言，人们是通过同化和顺应这两个过程来适应日益复杂的环境的。当已有图式有效时，人们就利用已有图式来适应环境（同化）；当需要新知识时，人们就修正已有图式或增加新的图式来适应环境（顺应）。例如，从吃奶改为吃饭，这就需要改变原来的机体动作，采取新的动作，以适应环境。这样，个体就通过同化和顺应这两种形式来达到机体和环境的平衡。如果机体和环境失去平衡，就需要改变行为以重建平衡。这种不断的平衡→不平衡→平衡的过程，就是适应的过程，也就是心理发展的本质和原因。

根据皮亚杰的理论，组织、同化和顺应都可以看作一种复杂的平衡行为。他认为，思维的变化实际上是通过平衡这一过程得以实现的。人们不断检测自己的思维过程是否恰当，以获得平衡。如果特定的图式应用到事件或情境时，已有图式起作用，那么平衡就建立起来了；如果这个图式不能产生满意的结果，那么就存在失衡，会感到焦虑。这种焦虑就驱使人们通过同化和顺应不断搜索解决方法，由此思维得以改变并向前发展。当然，这种失衡的程度必须是恰当的或是最佳的，太小对变化没有兴趣，太大可能会沮丧或焦虑，而不愿做出改变。

皮亚杰的发展观，突出地表现在他的阶段理论的要点上。他把儿童心理或思维发展分成四个阶段，即感知运动阶段（0~2岁）、前运算思维阶段（2~7岁）、具体运算思维阶段（7~12岁）、形式运算阶段（12~15岁）。

通过这四个阶段，儿童的试探性行动就逐渐转化为青少年和成年人具体的、符合逻辑的智力行为。这些认知发展阶段代表了不同的认知功能和形式以及不同性质的认知水平。皮亚杰认为它们代表了恒常性的发展顺序，也就是说，所有儿童都可能按照同样的顺序发展认知能力。皮亚杰进一步指出，每一阶段都建立在前一阶段发展完成的基础之上，所以这些阶段是不可能跳过的。

尽管皮亚杰认为认知阶段的发展顺序是不变的，但他也承认，儿童进入某一特定的认知发展阶段的具体年龄存在很大的个体差异。皮亚杰还认为，文化及其他环境因素的影响，可能促进或延缓儿童智力发展的速度，达到各个认知发展阶段的年龄标准只是一种粗略的估计。

在皮亚杰所论述的认知阶段理论中，有两个阶段涉及学前儿童的心理发展，这就是感知运动期和前运算期。

（1）感知运动期（0～2岁）

在感知运动期，婴儿能协调感觉输入与运动能力，形成行为图式，以此作用并理解周围环境。婴儿在出生后的头两年里，认知发展非常迅速，所以皮亚杰又把感知运动期划分为六个子阶段：反射性反应阶段（出生到1个月）；最初习惯阶段（初级循环反应阶段）（2～4个月）；有目的的动作形成阶段（二级循环反应阶段）（5～8个月）；方法和目的的分化与协调阶段（二级循环反应的协调）（9～12个月）；三级循环反应阶段（12～18个月）；心理表征阶段（19～24个月）。

（2）前运算期（2～7岁）

这个时期的认知特征是以自我为中心去认识和感知世界。所谓“自我中心”，是指儿童总是从自己的视角看待客观事物，而不能从别人的角度来观察问题。其主要方法是象征和直觉思考。皮亚杰把这一时期再细分为象征性思考阶段和直觉性思考阶段。

子阶段1：象征性思考阶段（2～4岁）。这一阶段的婴幼儿已能运用象征符号进行思维，其标志就是象征性游戏的出现。在象征性游戏中，婴幼儿通过替代物，如把啤酒瓶当作汽车司机手里的离合器拉杆，通过扮演角色，如扮成医生等，以自己的想象来表征现实生活中的人和事物。这时的思维已超越了实际情况的制约，凭借的是象征手段。

子阶段2：直觉性思考阶段（4～7岁）。直觉性思考阶段是前概念思维向运算思维过渡的中间阶段，因为这时儿童所运用的概念并不与一般成人运用的概念相符。儿童的概念是具体的、动作性的。这种概念很少有个别与一般之分，如儿童把“妈妈”的概念和自己的母亲等同起来，听到别人喊妈妈，他也会马上跑去找自己的妈妈。

在儿童认知领域，皮亚杰的贡献是卓越的，但近年来的研究表明皮亚杰低估了婴儿和学龄前儿童的综合能力。在皮亚杰的研究中人为地为儿童创造了问题情景，使幼儿的问题解决能力受限。而当幼儿在实际生活中遇上困难的任务时，或在游戏情景中，他们的认知表现与更年长的孩子和成人的接近程度比皮亚杰估计得还要高。这一发现使许多研究者认为，儿童思维的成熟依赖于他们对任务和各种实际知识的熟悉程度。最后，许多研究表明，儿童在皮亚杰所提出的问题中的表现可以通过训练得以改变。

（二）信息加工理论

信息加工理论源于对电子信息加工过程的理解，尤其是计算机进行的信息加工过程。该理论假设，即使是最复杂的行为，如学习、记忆、分类和思考，都可以分解为一系列单独的特定步骤。信息加工理论假定儿童的大脑就像计算机一样，其进行信息加工的容量是有限的。然而随着他们的成长，他们采用的策略也趋于复杂和成熟，使得他们能够更有效地加工信息。信息加工理论研究的重点在于感知、注意、记忆、思维策略、信息分类和阅读理解能力。

信息加工理论把儿童看作信息的感受主体，在环境的作用下形成自己的思维模式。发展更多是通过儿童在量上的进步体现出来。加工信息的能力随着年龄增长而不断提高，加工速度和效率也是如此。此外，信息加工理论认为，随着年龄的增长，可以更好地控制加工的性质，还可以改变所选择的策略来加工信息。

信息加工理论的研究非常注重认知研究的细致精确的研究方法。因为信息加工理论对不同年龄段儿童思维方面的差异做了大量的研究，它的发现对教育有着重要的应用价值。但信息加工仍在一些方面存在不足，因为认知的很多要素并不是线性的和逻辑性的，想象力和创造力便是如此，这一点恰好是信息加工理论所忽视的。另外，信息加工研究大量地在人工实验情境中进行。因此，一些评论家们认为这把儿童的思维从现实生活学习情境中隔绝了出来。因而，信息加工研究者们开始通过设计更现实的研究环境和实验来解决这一问题。目前，信息加工可以通过与儿童谈话、故事、日常事件记忆和完成学习任务的策略来进行研究。

四、维果茨基心理发展理论

苏联心理学家维果茨基认为，在认知发展过程中儿童所处的社会文化环境，以及与有阅历的成人的交流发挥着重要的作用。儿童的心理发展很大程度上要归功于周围人传递给他们的文化工具，让人们注意到社会群体和人际交流对智力发展的影响。

维果茨基主要研究儿童心理和教育心理，着重探讨思维与言语、教学与发展的关系问题。后来形成了心理发展的社会文化–历史理论和社会文化–历史学派（又称维列鲁学派）。维果茨基是这个学派的创始人。和皮亚杰有所不同的是，维果茨基没有发展出完整的理论或研究体系，他的很多想法都没有详尽清楚地阐述出来。直到去世多年以后，他的两本著作《思维和语言》和《社会中的心智》才被翻译成英文，从此引起国际社会的关注。

维果茨基坚信人类的行为深受社会组织的影响，如果要了解儿童的发展过程，一定要考虑到塑造社会的历史力量。社会团体的技巧是如何代代相传的，根据维果茨基的看法，社会交互作用，特别是在儿童和更有知识的社会成员之间合作性的对话，是儿童获得构成社会文化的思维和行为方式所必需的。维果茨基相信当成年人和更有经验的同伴帮助儿童领会有文化意味的活动时，他们之间的交流就会成为儿童思维的部分。当儿童内化了这些对话的基本特征时，他们在内心使用语言指导自己的行动，获取新的技术。比如幼儿在猜谜或系鞋带时，运用大人以前帮助他完成任务时相同的指导内容来引导自己。在读了皮亚杰的著作后，他更加认为必须发展一套完全不同的儿童心理发展理论。他认为儿童并非孤立的个体，而是主流文化的一部分。从这种观点来看，心理学的任务在于研究儿童和社会之间的关系，以及社会环境如何在认知发展过程中发挥作用。他认为，通过清楚地阐述这个过程，心理学可成为一种更好的创造社会理论的工具。

认知发展从根本上来讲是一个社会过程，这是维果茨基理论的基本观点。旨在阐明儿童如何从社会经历中发展出更高级的认知功能，如推理、理解、计划、记忆等。维果茨基从三个层次考察了人类的发展：文化、人际和个人。这三者的结合方式决定了每个个体的发展过程。

1. 文化方面

维果茨基认为人是社会和文化的产物，这与马克思主义的观点一致。儿童通过和成人的交流，自然地接受了代代相传的人类智慧。因此，每一代人都站在前人的肩膀上，继承了前人已有的智力、物质、科学、艺术各方面的成就，对之加以完善，再传给后人。

2. 人际方面

这是维果茨基的主要贡献所在。维果茨基认为，儿童的认知发展主要是与知识渊博、富有能力的他人交流的结果。在这样的交流过程中，成人把智力发展所需的文化工具传递给儿童，语言在社会发展过程中产生，是帮助儿童成为社会成员的工具和技能。与成人的交流活动可以扩展儿童的知识，儿童生活中与成人的交流无处不在，比较正式的如在学校与教师的交流，非正式的如在家里和父母的交流。在这些交流中，儿童不仅有机会获得某些特殊的解决问题的技能，而且能熟悉他们所在的文化。因此，每个儿童在智力上的发展与文化、人际环境密切相关。同时，人际交流也是文化、交流和个体三者作用的结合点。

3. 个人方面

和皮亚杰一样，维果茨基也承认儿童的主动性。也就是说，儿童并不是被动地依赖成人的引导，恰恰相反，他们积极地搜索和选择周围对他们有用的学习工具，因此，成人必须注意到儿童的学习动力，因势利导。

虽然维果茨基的作品在20世纪六七十年代才被“发掘”，他所开创的理论逐渐引起世人的关注，作为研究儿童认知发展的一种方法，他的理论的贡献和缺陷逐渐变得清晰。

首先，维果茨基的贡献在于他的理论是融入了环境因素的。因为他认为，孤立地研究人是没有意义的，必须把人放到社会、历史和文化的大环境中去观察。维果茨基并不是第一个持有这种观点的人，但是他却第一次分析了社会环境的构成，以及它是怎样同个人的智力发展联系在一起的。这是其他研究者所不能企及的。

其次，维果茨基最重要的成就在于他强调了儿童作为社会的一部分，而不是孤立于社会环境而存在的。这相比传统观点，是一种更开放的、更具有包容性的方法。维果茨基对社会环境的详细论述也体现了他理论的价值。他认为，环境超出了个人周围小环境的概念，它是一个多层次的构造，包括历史、政治、经济、科技和文化等各方面的影响力，这些都是儿童所处的社会环境的内在因素。

最后，虽然维果茨基致力于将文化、交际和个人三者合一，但他却忽略了个体的作用。他没有详细地阐明儿童自身是如何对其发展过程做出贡献的。另外一个不足是维果斯基对情感因素的忽略。他没有提及儿童在学习过程中遭遇的挫折和欣喜感，也没有提及他们的努力和动机。

【幼儿园教师资格证考试：考点预测】

1. 萌萌怕猫，当她看到小青和小猫一起玩得很开心时，她对小猫的恐惧也降低了。从社会学习理论的视角看，这主要是哪种形式的学习？（　）

A. 替代强化　　B. 自我强化

C. 操作性条件反射　　D. 经典条件反射

2. 小明看到欺负弱小的同学经常受到老师的严厉批评和处罚，而那些爱护弱小的同学则受到大家的喜爱，久而久之，小明也变成了一个乐于助人的孩子，这种学习属于（　）。

A. 亲历学习　　B. 观察学习

C. 迁移学习　　D. 试误学习

3. 大班幼儿认知发展的主要特点是（　）。

A. 直觉行动性　　B. 具体形象性

C. 抽象逻辑性　　D. 抽象概括性

4. 小班同一个“娃娃之家”中，常常出现许多“妈妈”在烧饭，但每位幼儿都感到很满足。这反映了小班幼儿的行为特点是（　）。

A. 喜欢模仿　　B. 喜欢合作

C. 协调能力差　　D. 角色意识弱

5. 请依据皮亚杰的理论，简述2～4岁儿童思维发展的特点。

知识拓展

理论实例

为了澄清皮亚杰、维果茨基等这些重要的理论家的观点的可用性，下面介绍一下应用这些理论的简要实例。

1. 皮亚杰

教师希望了解，学前儿童是否真的需要进行角色扮演游戏。教师通过学习皮亚杰的理论后发现，角色扮演游戏对儿童的认知发展至关重要。通过假装扮演别人，通过用物品原始用途之外的方式使用物品（例如，用沙子假装成馅饼），儿童获得了最初的使用符号的经验。这些经验是更加抽象化的符号学习的基础（例如，儿童可以学习使用作为符号的字母、数字以及单词）。

2. 维果茨基

儿童的照顾者想知道，为什么给儿童提供诸如对话和读故事这类活动对于儿童的语言发展有重要的帮助作用。在一次专业研讨会上，儿童的照顾者参与了其中一个关于支架的研讨，所谓支架就是成人为儿童语言发展提供支持的一个过程，从而强化儿童的口语表达。在读故事书的过程中可以运用这种方法，成人可以通过向儿童提问来拓展儿童的经验。这个过程还可以继续加以拓展，成人还可以鼓励儿童提出问题，并且把故事和儿童的个人经验联系起来。

3. 埃里克森

教师希望了解4～5岁的学前儿童在自己完成任务时，成人应当给他们多大的自由度，根据埃里克森的观点，教师会发现，这个年龄段的学前儿童必须学会以适当的方式做出行为。与此同时，他们还必须弄清哪些行为是不允许的，规则是什么。教师要意识到，在过于宽容和过于严格之间必须找到一种微妙的平衡状态。

4. 弗洛伊德

拉米雷兹太太有点担心自己2岁的女儿塔莎，她觉得塔莎对如厕训练的反应并不好。在健康中心，拉米雷兹太太和经过弗洛伊德学派训练的心理学家进行了沟通。心理学家向她解释说，对于塔莎这个年纪的学前儿童来说，如厕是很重要的活动，家长在处理这个问题的时候应当温柔而富有耐心。

5. 斯金纳

有一个学前儿童在家里会表现出相当强的攻击性，幼儿家长对此忧心忡忡。于是她向一位心理学家求助。心理学家从斯金纳理论的角度提出了建议：首先，家长每天要仔细观察孩子的行为，连续观察1周，记录这个学前儿童打别的小朋友或毁坏玩具的次数，同时记录这个学前儿童没有出现攻击性时的表现。到了第二周，家长要在孩子每次表现出积极行为时给予关注，当学前儿童有不良行为时就忽视这些行为，除非学前儿童的不良行为是伤害他人。如果学前儿童出现了伤害他人的行为，就让他去“冷静椅”上平静一段时间，直到这个学前儿童能够重新控制自己的行为为止。3周之后，家长要对孩子的攻击行为和积极行为进行再次计数。她发现，学前儿童的积极行为增加了，消极行为减少了。

6. 班杜拉

有一个学前儿童经常会说一些不恰当的话，学前儿童的母亲对此很担心，她去和孩子的老师交流这个问题。老师提出，应当找出学前儿童是从哪里学来这些不恰当用语的。

母亲意识到，问题在孩子的外公身上，在家中，他经常说脏话。孩子有大量时间是和外公待在一起的，他会观察外公，并且模仿他的用语。

对于从事学前教育工作的成人来说，在开展工作的过程中必须具备良好的理论依据和基础。但是，必须谨慎澄清的是，在运用任何理论时，都应当考虑理论的局限性，切勿教条。无论何时，理论的运用应当考虑儿童的家庭、社区、文化以及语言的社会大背景。

第三节　学前儿童发展心理学的研究方法

当今时代是一个信息时代，各种育儿信息通过多种渠道轻而易举就可以得到，该如何鉴别这些信息？其中一个很重要的标准就是要看这些信息的来源，是否按照科学的研究方法和规范得出科学的结论。

科学研究的成功与否，很大程度取决于研究方法是否运用得当。在对学前儿童进行心理发展研究之际，通常需要思考：如何进行研究设计？运用哪些方法？这些方法各有什么特点？本节将从研究范式、研究设计和研究的具体方法三个方面来进行阐述。

一、研究范式

从目前的研究方法论来看，研究范式大致可以分为量的方法和质的方法两类。

（一）定量研究

定量研究又称为量化研究，是指研究者事先建立假设并确定具有因果关系的各种变量，然后使用某些经过检测的工具对这些变量进行测量和分析，从而验证研究者预定的假设。定量研究在具体运用中特别强调操作化、概括化及客观性，要求在研究过程中不掺杂价值观念问题，要保持价值中立。它依靠的是统计、测量和对变量因果关系的分析，是客观、系统的研究过程。

定量研究作为一种成熟的方法，具有一套完备的操作技术，包括抽样方法（如简单随机抽样、分层抽样、系统抽样、整群抽样）、资料收集方法（如问卷法、实验法）、数字统计方法（如描述性统计、推断性统计）等，正是通过这种测量、计算和分析，以求达到对事物“本质”的把握。例如，研究者用专门的儿童行为量表评定几百名学前儿童的外向性行为，经过测量，分析遗传和环境因素对学前儿童冲动、攻击、破坏性和多动等外向性行为的影响。

（二）质性研究

质性研究也被称为质的研究、质化研究、定质研究，是与定量研究相对的一种研究范式。质性研究是以研究者本人作为研究工具，在自然情景下，采用多种资料收集方法，对研究现象进行深入的整体性探究，从原始资料中形成结论和理论，通过与研究对象互动，对其行为和意义建构获得解释性理解的一种活动。

简单地说，质性研究是一种在自然的条件下对研究对象进行深入、细致考察的研究范式。例如，研究者选取一名或若干名幼儿，通过访谈、观察，了解幼儿遇到学习或生活中的挫折时心理弹性的发展，以此探讨挫折对幼儿心理弹性的影响及其影响因素。

二、研究设计

学前儿童发展心理学主要研究学前儿童的发展过程，研究者需要根据研究目的，聚焦时间和年龄特点选择研究对象，经过周密的思考设计出整个研究工作的具体计划和安排。一直以来，对学前儿童发展心理进行的研究主要采用横断研究设计、纵向研究设计和聚合交叉设计。

（一）横断研究设计

横断研究设计是将不同年龄对象放在同一时期，进行同样的调查或测量的方法。它将各年龄组的主要发展特征进行比较，勾勒出学前儿童心理发展的趋势和倾向。到目前为止，对学前儿童的心理发展所进行的研究大多采用这种方法。这种方法的优点是费时短，节省劳力，可同时对几个年龄组的儿童进行调查测量，获得的信息量大。缺点是从这个方法得出的结论只是一般的发展倾向的“概念”，对每个年龄组儿童的个性重视不够，只能得到学前儿童心理发展的共性资料而鲜有个性的数据。

（二）纵向研究设计

纵向研究设计是对同一研究对象进行长期的追踪调查的方法，常用“成长模式”进行描述。例如，要对儿童从出生至6岁的情感发展进行调查，对被试就要从新生儿开始，每隔数月做一次测定，连续不断地勾勒出6年情感发展变化的框架。

（三）聚合交叉设计

聚合交叉设计是将横向研究与纵向研究融合在一起的研究方法，用这种方法能更好地探明心理发展变化的特点与转折点。这里以儿童的性别角色态度为例，看看聚合交叉设计是如何考察性别角色态度随年龄、社会生活事件的变化而变化的：假设在对一组3岁儿童进行性别角色意识评定后，对他们进行性别认同等教育，然后到他们4岁和6岁时再做重新评估。同时选定另外一组没有进行过性别意识教育的同龄儿童进行三次调查。在该研究中，有纵向研究，也有横向研究。研究可以区分出三种效应：年龄效应、群体效应和测量时间效应。这样，就可以知道在年龄因素、教育因素和社会变迁中，是哪些因素影响了学前儿童的性别角色意识的发展。

三、研究的具体方法

对学前儿童的心理发展进行研究有许多具体方法，这里主要介绍观察法、访谈法、心理测量法、问卷法、作品分析法。

（一）观察法

观察法是研究者通过感官或仪器设备，有目的、有计划地观察被观察者的心理和行为表现，并由此分析被观察者心理发展特征和规律的一种方法。

儿童的心理活动有突出的外显性，通过观察其外部行为，可以了解他们的心理活动。因此，观察法是学前儿童发展心理学研究中最基本、最普遍的方法。发展心理学早期的许多研究大都是采用这种方法进行的。

观察法又分为自然观察法和实验观察法。自然观察法是指在不加任何控制的条件下，观察自然情境中被试的行为表现，比如去幼儿园观察幼儿的同伴交往行为。实验观察法是指通过实验控制设置某种情境，观察被试在特定情境中的行为表现。美国心理学家艾森伯格曾对18个月月龄、30个月月龄和42个月月龄的三组幼儿所进行的情绪调控研究中，预先设定了如下几种场面："自由游戏场面"，观察他们刚进入实验室对新环境的适应性；"陌生人场面"，观察他们对由陌生人带来的不安所做的反应；"借玩具场面"，观察他们的移情水准和分享行为等。通过观察幼儿在这些预先设置的场面中的行动，对幼儿情感调控的不同类型进行深入的研究。

进行观察研究首先必须进行观察设计。观察设计通常包括如下三个步骤：①确定观察内容和对象。例如，要研究教师期望对师生交往的影响，观察的对象自然是教师和学生，但还需要考虑在什么样的学校、在哪个年级和班级进行观察，以及要观察哪些现象等。②选择观察策略。常用的观察策略有参与观察策略、取样观察策略以及行为核查表策略等。③制定观察记录表。观察记录表通常采用观察代码系统，它们是为观察、记录和随后分析处理的方便而制定出的一些符号代码系统。

运用观察法研究心理发展，应当注意下列几个问题：①对所观察的问题要有基本的了解，观察目的要明确。例如，研究师生相互作用时，观察者首先要深入课堂，观察课堂上教师提问、学生举手与发言、教师的反馈与面部表情、教师板书等现象。在此基础上，可以制订详细的观察目标与计划。②尽量使被观察者放松，处于正常活动状态中，不要让他们意识到自己已成为观察者的研究对象。有时观察者通过单向玻璃、电视、纱幕、潜视镜等进行观察，就是为了使被观察者的真实行为不受影响。③要善于记录和观察与目标行为有关的事实，以便事后进行整理分析，并提出进一步研究的问题。例如，研究学前儿童的语言发展，由于学前儿童语言表达方式与成人不同，所以，应避免使用成人化的语言记录。为提高记录的准确性，可使用录音机、录像机等器材。④观察者除了观察目标行为之外，还应分析被观察者其他一切有关材料，如作文、日记、各种作业、绘画、手工制作等。

观察法的突出优点是可以在行为发生的当时及现场进行观察、记录，能够收集到行为发生、发展过程的资料，具有很强的生态效度。当然，观察法也有一定的局限性。比如，观察资料的质量在很大程度上受到观察者本人的能力水平、心理因素的影响，许多发展心理学研究者希望观察到的行为的发生有时是难以预知的，因此，采用现场观察有时难以奏效。此外，观察法的运用往往需要花费较大的人力、物力和较多的时间。

（二）访谈法

访谈法是研究者通过与访谈对象进行口头交谈，了解和收集其心理特征和行为的数据资料的一种研究方法。

访谈法在发展心理学的研究中具有特殊的意义和作用。例如，皮亚杰创立的临床法将访谈和观察、实验结合起来，其实质也是访谈法。其基本过程是：主试先确定一个谈话的主题或者一个实验任务，然后根据被试的表现或反应，通过问题的形式，与其进行深入的交谈，从而确定被试对谈话主题或实验任务的认识。皮亚杰正是运用这一方法在儿童认知发展的研究中取得了举世瞩目的成就。

访谈法的最大特点在于，整个访谈过程是访谈者与访谈对象相互影响、相互作用的过程。所以，在访谈中，访谈者应争取掌握访谈过程的主动权，积极影响访谈对象，尽可能使研究按照预定的计划开展。访谈法的另一个显著特点是它具有特定的研究目的和一整套设计、编制和实施的原则。访谈法的这些特点说明，访谈法在一定程度上能比观察法获得有关访谈对象更多、更有价值、更深层的心理活动情况和心理特征方面的信息，同时，也比观察法更复杂、更难于掌握。

由于访谈法以被试对语言的理解与表达为基础，因此在发展心理学的研究中，访谈者在进行访谈时应注意以下几个问题。

①访谈前除了要充分熟悉访谈的内容，还要尽可能了解访谈对象的背景情况，根据研究对象的年龄特征与语言发展水平，选择语言表达方式，选择合适的时间和地点。例如，对于3岁以下的儿童来说，访谈的地点最好选择在家里，以上午或中午午休后为宜，与儿童交谈时，应使用儿童能够理解的词汇，句子尽量简单。

②不同年龄的个体与陌生人交往时各有特点。访谈者在正式访谈前，应该先与个体进行接触，消除其陌生感，建立起合作、友好的交谈气氛。例如，在与青少年交谈时，由于青少年时期生理与心理发展的特殊性，他们的封闭性、戒备心较强，对他人的态度、言行又很敏感，访谈者在开始时可以谈一些青少年感兴趣的话题。而且在交谈中，一定要注意以恰当的方式提问，让他们说出自己真实的想法。

③访谈记录的方式也应该适合不同年龄被试的心理特点，可以是现场少记、事后多记，也可以边交谈，边观察，边记录，及时捕捉能代表被试心理的信息。例如，对幼儿的访谈要考虑幼儿的表达能力，幼儿常用各种动作、表情来辅助表达，因此可以考虑使用摄像机记录访谈过程。

访谈法有许多优点：它能有针对性地收集研究数据，适用于一切具有口头表达能力的不同文化程度的访谈对象，具有较问卷法更高的效率。访谈法的局限性在于：访谈结果的准确性、可靠性受访谈者自身的素质影响较大；与其他研究方法相比，较为费时费力；访谈所得资料不易量化；访谈效果也受环境、时间和访谈对象特点的限制。

（三）心理测验法

心理测验法是根据一定的测验项目和量表，来了解儿童心理发展水平的方法。心理测验主要用于查明儿童心理发展的个别差异，也可用于了解不同年龄儿童心理发展的差异。

心理测验的目的是以同样的刺激看反应的不同。运用测验量表就是为了确定测验时所提供刺激的严格的一致性。编制测验量表需要经过“标准化”过程，制定固定的测验项目、测验程度、用具和分析方法，从大量数据中取得年龄常模。对儿童进行测验时，以被测儿童得分和常模相比，得出表示其发展水平的分数。

国际上已有一些较好的儿童发展测量表，如格赛尔成熟量表（1938），贝利婴儿发展量表（1969），韦克斯勒学前和小学智力量表（1967）等。由于编制智力测验的工作量很大，大多数研究者都是根据本国基本情况对较好的量表进行修订。我国早在1924年已有研究者陆志韦修订的《中国比内-西蒙智力测验》，1936年进行了第二次修订，1982年研究者吴天敏作了第三次修订，该修订本名为《中国比纳测验》。近年来，各地还有一些对其他量表的修订。

测验也可以是有关个性方面的，称为“人格测验”。人格测验，实际上是一种问卷。

对学前儿童的测验应注意以下几点：

①由于学前儿童的独立工作能力差，模仿性强，对学前儿童的测验应采用个别测验，不宜

用团体测验。

②测验人员必须经过专门训练，不仅要掌握测验技术，还应掌握对学前儿童工作的技巧，以取得学前儿童的合作，使其在测验中表现出真实的水平。

③学前儿童的心理尚不成熟，其心理活动的稳定性差。因此，切不可仅凭任何一次测验的结果判断某个儿童的发展水平。一般来说，几次测验中成绩好的便能说明被测儿童的发展水平较高，成绩差的则可能是发展水平较差，或者是受测验当时其他因素的干扰。因此，判断某个儿童的发展水平和状况，还应用多种方法从多方面进行考察。

心理测验法的优点是比较简便，在较短时间内能够粗略了解儿童的发展状况。但是心理测验法也有一些缺点，比如，测验所得往往只是被试完成任务的结果，不能说明达到结果的过程；测验只做量的分析，缺乏质的研究；测验题目很难同时适用于不同生活背景的儿童。随着科学技术的发展，心理测验成为专门的学科，心理测验法将会不断改进。心理测验法和儿童心理研究的其他方法一样，只能作为了解儿童心理的方法之一，还应与其他方法配合使用。

（四）问卷法

问卷法属于调查法的一种。问卷法可以说是把调查问题标准化。运用问卷法研究学前儿童的心理，所问对象主要是与学前儿童有关的成人，即请被调查者按拟定的问卷表作书面回答。问卷法也可以直接用于年龄较大的幼儿。幼儿不识字，对幼儿的问卷采取口头问答方式。

问卷法的优点是可以在较短时间内获得大量资料，所得资料便于统计，较易做出结论。局限是编制问卷表并非容易的事情，题目的信度、效度要经过检验。即使是较好的问卷表，也容易流于简单化，其题目也可能被回答者误解。学前儿童心理的问卷对象，往往是儿童家长或一般教师，其中许多人缺乏有关知识和训练，不善于掌握回答的标准，往往影响回答的质量。答题还可能受回答者偏见的影响。总之，儿童心理的复杂情况，有时难以从一些问卷题目上充分反映出来。

（五）作品分析法

作品分析法是通过分析儿童的作品（如手工、图画等）去了解儿童的心理。由于幼儿在创造活动过程中，往往用语言和表情去辅助或补充作品所不能表达的思想，所以脱离幼儿的创造过程来分析其作品，难以充分了解其心理活动。对幼儿作品的分析最好是结合观察和实验进行。

也有一些比较成功的幼儿作品分析法，如“绘人测验”。它既是测验法，又是作品分析法。要求幼儿尽量细致地画出一个正面人，根据所画的细节，按已有的标准计分。以得分多少作为幼儿智力发展的一种指标。

综上所述，研究学前儿童心理的方法是多种多样的，运用各种方法时都必须以正确的思想为指导，根据研究目的和课题的不同，采用不同的方法。由于各种方法都有缺点，研究时也可以综合运用。

【幼儿园教师资格证考试：考点预测】

1．以下阐述中属于量化研究特点的是（　　）。

A．以研究者本人作为研究工具

B．在自然情景下，采用多种资料收集方法

C．对研究现象进行深入的整体性探究，从原始资料中形成结论和理论

D．研究者事先建立假设并确定具有因果关系的各种变量

2．要研究中班儿童的社会交往行为，最适合的方法是（　　）。

A．问卷法　　B．访谈法　　C．观察法　　D．作品分析法

3．通过儿童绘画分析儿童心理发展，最主要的方法是（　　）。

A．问卷法　　B．访谈法　　C．观察法　　D．作品分析法

4．运用访谈法进行访谈时要注意的问题有哪些？

知识拓展

儿童研究伦理

风险与益处。只有当潜在益处大于任何已知风险时，研究人员才能开展研究，并完善研究设计与流程，保证研究结果价值超过研究过程中受试者可能遭受的损失、压力与不便。

安全操作流程。研究人员须确保研究流程不会对儿童身心造成伤害，将压力减到最低。一旦可能对儿童造成伤害，研究人员必须与相关负责人或共事人员商讨对策。

知情同意。研究人员须向受试者详细解释研究目的、流程、研究相关的已知风险与益处。实验对象为未成年人时，须获得其本人父母或监护人的知情同意。

不可预见的后果。一旦研究流程对儿童产生负面影响，研究人员须尽力补救。另外，如研究过程中所需收集的信息可能影响儿童健康，研究人员须与儿童父母、监护人，或相关专家进行商讨，尽力帮助儿童。

保密性。研究人员须保证对受试者个人信息进行保密，绝不向任何人泄露受试者姓名及其他身份信息。除非征得受试者事先同意，研究人员不得将此类信息录入任何书面研究报告。大多数研究报告只需多名受试者的平均或累计数值。

本章小结

本章作为本书的理论基础，从总体上介绍了学前儿童发展心理学的内容和任务；介绍了学前儿童发展心理学的基本观点，包括精神分析理论观点、行为主义观点、认知理论观点；从研究方法的角度按照宏观到微观的逻辑介绍了量化研究与质性研究，学前儿童发展心理学基本的研究设计以及具体的研究方法。

关键术语

精神分析　行为主义　认知理论　量化研究　质性研究　观察法　访谈法　心理测验法　问卷法　作品分析法

思考题

1. 简述学前儿童发展心理学的研究对象。
2. 简述学前儿童发展心理学的基本问题。
3. 简述精神分析理论的基本内容并进行评价。
4. 举例说明在日常的生活学习中怎样使用行为主义的原理。
5. 请选择本章中的一个概念，用皮亚杰的图式、同化、顺应的理论来解释你的学习过程。
6. 比较皮亚杰理论与维果茨基理论的异同。
7. 试论述为什么幼教工作者要学习学前儿童发展心理学这门课程？
8. 一位研究者想考察攻击性的幼儿进入小学后其同伴关系是否会出现问题，你认为哪种发展研究设计最适合解答这个问题？为什么？

技能训练/建议的活动

1. 录制家长对儿童游戏或生活活动指导的视频，并用维果茨基“最近发展区”的理论进行分析。
2. 请运用时间取样法在幼儿园集体教学活动中对幼儿课上表现进行观察分析。

第二章 学前儿童生理与感知觉的发展

学习目标

1. 理解并掌握学前儿童脑、躯体及感知觉发展的特点和规律。
2. 能够在实践中运用感知觉规律提高教育效果。

导入案例

洋洋妈妈在怀洋洋时就打算将来等孩子出生后要把他打扮成最可爱的小宝贝，于是给洋洋准备了很多适合新生儿穿的、漂亮的小衣服和小鞋子，洋洋奶奶则建议新生儿的衣服不用买很多，应该准备些大尺寸的衣服，这样比较实用。洋洋奶奶的建议是否合理？

第一节　脑与躯体的发展

一、神经系统和大脑的发展

神经系统主要由大脑、脊髓和神经组成，主要分为中枢神经系统和周围神经系统，其中大脑和脊髓构成了中枢神经系统，脑神经和脊神经构成了周围神经系统。

脑是心理的器官，心理是人脑的机能，大脑是产生心理活动的重要器官，大脑的发展在人的发展中至关重要。从脑的体积大小来看，新生儿的头部大小约为总身高的1/4，而成人的头部只有总身高的1/8，这是遵循头尾发育模式的结果，头部前期发育较快，而腿部在后期发育较快。从脑的重量发展来看，新生儿的平均脑重量为390克，而成人的平均脑重量为1400克，新生儿脑重量相当于成人的1/3。到9个月时，婴儿的脑重量增加约一倍，达到660克左右，相当于成人的一半左右。2～3岁时，幼儿的脑重量达到1000克左右，相当于成人的2/3左右，到7岁时，儿童的脑重量基本接近成人的脑重量，达到1280克。由此可见，新生儿出生前至出生后一年内是婴儿脑重量增加最快的时期，整个学前儿童发展时期，儿童的脑重量发展迅速，要特别保证儿童生长发育的营养。

新生儿大脑在发展的过程中，神经纤维也在不断地增长，分支变多，长度也在加长，促进神经联系的形成。神经纤维的不断发展导致神经联系越来越多，为了保证神经兴奋能够沿着一定的道路高速传导，神经髓鞘开始逐渐形成。神经髓鞘的形成就像给电线加了绝缘层一样，能使神经兴奋沿着一定的道路迅速传导，而不至于蔓延泛滥，神经髓鞘的形成是脑内结构成熟的重要标志。神经髓鞘化的过程从新生儿大脑发育就在逐步发展，以大脑和脊髓为中心按照头尾模式和近远模式逐步发展并完善，到7岁左右神经纤维的髓鞘化基本完成。大脑的皮质区域基本按照枕叶、颞叶、顶叶和额叶的顺序逐步发展完善，左右半球逐步显现不同的作用。大脑结构和神经系统的不断完善和发展，促进了学前儿童思维、动作等各方面由简单到复杂的不断发展和完善。

二、躯体的发展

（一）婴儿的身体生长发育

1. 身高体重的变化

婴儿在出生的两年内，身体的生长非常迅速，不管是身高还是体重，增长速度都很惊人。新生儿一般身高为50.5厘米左右，体重为3～3.5千克。男婴和女婴相比，身高要高一些，体重也要重一些。就体重的变化而言，婴儿在出生的3个月内，体重每天增加25克左右，5个月时体重已比出生时翻了一倍，1岁时体重增加到出生时的3倍（9.5～10千克）。就身高的变化而言，婴儿在出生的3个月内，身高每月增长2.5～3.0厘米；在其出生一年后，身高可以达到出生时的1.5倍；2岁可达出生时的1.75倍，此时，婴儿身高大约已经达到了其最终身高的一半，体重大约可达到出生时的4倍，为12～14千克。若婴儿继续以此速度生长，到18岁时，他们的身高将超过3.5米，体重则可达数吨，实际这是不可能的，在此后婴儿的生长速度会逐步放慢。由此可见，婴儿出生的两年内身高、体重发展迅猛。

2．身体结构上的变化

婴儿身体的肌肉、脂肪随着年龄的增长也在发生变化。婴儿的肌肉在整个婴儿期和幼儿期发展非常慢，同时其力量和身体的协调性也很有限，肌肉的发展在婴儿期和幼儿期对其生长发育并非是至关重要的。而婴儿身体脂肪发展却是非常迅速的，身体脂肪是在产前期最后几周开始增加，直到出生后9个月达到顶峰。一般而言，6个月的婴儿都是胖乎乎、圆嘟嘟的，这正是他们身体中有较多的“婴儿脂肪”，这种脂肪有助于婴儿保持体温恒定。在出生后的第二年，婴儿开始变得“苗条”起来，且这种趋势会持续到幼儿中期。

（二）幼儿的身体生长发育

幼儿的身体发育速度虽然不如婴儿那样迅猛但仍然保持着较快的增长。其生长发育的主要特点是日趋成熟。

1．身高和体重继续增长

幼儿从2岁起，虽然他们身体成长的速度已经慢下来，但是与生命中的其他阶段相比，身体仍然在迅速地发展。此阶段的幼儿，每年的身高增长5～7.5厘米，而体重大约增加3千克。一般来说，男孩和女孩的身高和体重方面的平均差异在学前期有所增加，虽然这种差异相对较小，但就平均水平来看，学前期的男孩长得比女孩更高、更重。

2．外形上日趋成熟

幼儿按照“头尾模式”和“近远模式”的成长原则继续发挥作用，具体表现为身躯变长，手脚也变长。在学前期，男孩和女孩开始消耗掉一些幼年存留的脂肪，看起来不再是肚子圆圆的样子，他们的头部比例虽然还是相当大，但是身体的其余部分已逐渐赶上，而且随着躯体下肢及四肢的充实，身体比例稳定地趋向成人的形状。

3．骨骼和肌肉发展

幼儿除了身高、体重等外形上的增加外，身体内部也有所变化：神经和肌肉系统逐渐成熟，骨骼成长，软骨以更快速度转成骨头，而骨头变得更坚硬，肌肉变得更为强壮，但骨化过程还未完成，容易变形。成骨细胞接受适当的压力刺激有利于骨骼的生长，使骨骼变长。良好的骨骼发育依赖于充足的营养和适当的体育活动。此外，各种组织和器官逐渐形成，机能上也有所发展。这时，营养对身体的成长、对体型和骨骼的形成有极大的影响。幼儿期的营养不良会使骨骼的发育变缓。

4．身体发育不平衡

出生后，幼儿身体各系统的发展是不平衡的，身体的不同系统可能表现出独特的生长模式。在生命最初几年内，学前儿童脑和神经系统发育最快，学前期已接近成人水平。在第一个十年中，幼儿的淋巴系统以特殊的速度发展着，10岁左右达到最高峰，是成人期的200%。到第二个十年期间，淋巴系统逐渐退缩，这是因为幼儿早期对疾病的抵抗力弱，需要淋巴系统来进行保护。10岁左右，儿童已获得相当的免疫力，以后随着各系统的成熟和对疾病抵抗力的增强，淋巴系统便逐渐退缩。生殖系统在出生后的第一个十年几乎没有什么进展，而在全身第二次发育开始才迅速发展。

三、运动的发展

动作本身不是心理，但动作和心理发展有着密切关系。因为人的心理离不开活动，而活动又是通过动作来完成的，动作是活动的要素。动作的发展在一定程度上反映大脑皮层神经活动的发展。因此，心理学家常把动作作为测定学前儿童心理发展水平的一项指标。

（一）胎儿的反射运动

胎儿的运动主要集中在各项反射活动中。现在的超声技术使人们可以清楚地看到，胎儿非常忙碌地探索着自己的手指、脚趾、嘴、脐带等。

1. 胎儿的探索活动进程

胎龄7周的胎儿已开始有自发性活动了，其最初的活动主要是原始的整体蠕动。到第9周时，胎儿已出现局限性活动，如与躯干无关的肢体活动，胎儿可吸吮手指和脚趾。第10～12周时，胎儿可开口或闭口、打哈欠、伸展肢体，甚至产生一个类似微笑的复杂面部活动。胎龄12周时，胎儿会做出协调的反应性活动。12周后，胎儿可抬高下巴，手不断移向脸部和嘴，手可以抓住脐带。此后，胎儿可借助大腿和双脚在子宫内翻筋斗，绕脊柱做优美的转身动作。胎儿可从子宫一侧滚到另一侧，伸展背部和颈部，转头，挥舞手臂和踢腿。胎龄20～21周时，胎儿的间断性呼吸运动已很明显。多数孕妇在怀孕16～20周才察觉到胎动，胎动可作为胎儿健康状况的标志，而胎动的频率及类型存在个体差异。

2. 胎儿的反射性运动

吸吮手指是胎儿的一种本能。令人难以置信的是，新生儿接触到乳头时马上就知道该怎么办，这是因为吮吸反射是婴儿重要的生存本领之一，在出生前就练好了。胎儿发育所需要的一切营养都是直接通过脐带传送的，因此，在子宫内不需要进食的技术。然而，胎儿却花很多时间吸吮拇指，这一行为不仅为胎儿日后的第一餐做好了准备，而且帮助他发现自己身体上有趣的东西，比如皮肤的感觉和拇指的大小。有研究者认为，胎儿在子宫内吸吮拇指的行为是探索的开始。

（二）新生儿的反射运动

新生儿最初的无条件反射便是“最早”的一批动作。新生儿在出生第一天就已获得了吮吸反射、觅食反射、呼吸反射，这些无条件反射总称为生存反射。新生儿的生存反射保证了其在外界提供的抚育条件下获得生存的可能。当然，仅仅靠这些反射本身还不能保证婴儿的生存，还需要有机体在与环境的相互作用中增长自身能力，如巴布金反射、抓握反射、游泳反射、行走反射等都是人类在与环境的相互作用中形成的条件反射，通常称为原始反射。原始反射是人类进化过程中残存下来的遗迹，人们常把它是否在个体身上出现，作为检测神经发育是否正常的方法之一。近年来的研究还发现，新生儿的反射活动有40多种，常见的有20种。

新生儿天生就具有无条件反射的能力，新生儿出生后为了适应全新的环境，其主要身体活动是无条件反射，常见的无条件反射主要有以下几种。

吸吮反射：当有物体，如乳头、手指甚至被子碰到新生儿的嘴唇或脸部时，新生儿会将头转向碰到他的物体，并开始做出吸吮的动作，这就是吸吮反射，这有助于新生儿寻找乳头吃奶，维持生存。

眨眼反射：当刺激物触碰或刺激到眼睛时，新生儿会做出眨眼反射甚至扭头向后仰的动作，这是一种自我保护的本能，也称为无条件防御反射。

抓握反射：当物体触碰到新生儿的手掌心时，新生儿的手会立即收缩，把物体紧紧握住，这就是抓握反射。

行走反射：双手扶着新生儿的两腋，使新生儿的双脚触碰地面或其他平面，他会做出迈步的动作，所以行走反射又称为迈步反射。

游泳反射：让新生儿趴在床上，用手托住他的肚子，他会抬头、伸腿，做出游泳的姿势。如果让新生儿伏在水里，他会本能地抬头，同时做出协调的游泳动作。

巴布金反射：当新生儿的手掌被东西压住时，他会转头张嘴，当手掌的压力减去时他会打哈欠。

这个阶段新生儿主要以先天无条件反射为主，无条件反射是个体心理发生的基础。此外，还有条件反射，条件反射的出现标志着个体心理的发生。新生儿通过视、听等方式开始认识世界，从出生时就开始表现出和他人交往的需要，这是人类特有的需要。新生儿通过自己的表情、哭闹等与他人进行交流，以此来满足自己的需求。

除此以外，新生儿还具有躲避事物和同步模仿与反应等能力。新生儿具有躲避事物的行为，比如缩头、后仰、眨眼等。新生儿是否能够模仿成人的伸舌动作和面部表情，还有待研究。

（三）乳儿和学步儿的运动机能

1. 乳儿动作发展的顺序或规律

乳儿期是儿童动作发展最迅速的时期，这种发展是按一定顺序或规律进行的。①从整体动作到分化动作。儿童最初的动作是全身性的、笼统的、散漫的，以后才逐步分化为局部的、准确的、专门化的动作。例如，奥地利心理学家彪勒指出：把毛巾放在2个月儿童的脸上，会引起其全身性的乱动；5个月的儿童开始出现比较有定向的动作，双手向毛巾方向乱抓，而8个月的儿童能毫不费力地拉下毛巾。②从上部动作到下部动作。如果使乳儿俯卧在平台上，他首先出现的动作是抬头，至于俯撑、翻身、坐、爬、站立，以至行走，则是按照一定顺序发展起来的。③从大肌肉动作到小肌肉动作。乳儿首先出现的是躯体大肌肉动作，如头部动作、躯体动作、双臂动作、腿部动作等，以后才是灵巧的手部小肌肉动作，以及准确的视觉动作等。

2. 乳儿手的动作发展

人类手部动作的发展，在儿童心理发展上具有巨大的意义。研究表明，出生4个月的婴儿已经开始了左利手与右利手的分化。从婴儿出生后下半年开始，手的动作有了进一步的发展。

儿童逐步学会拇指与其余四指对立的抓握动作，这是人类操作物体的典型方式。随着这种操作方式的发展，手才有可能从自然的工具（跟动物的肢端一样，五指不分）逐步变成使用和制造工具。

儿童在抓握动作过程中，逐步形成眼和手，即视觉和动觉联合的协调运动，这就发展了儿童对隐藏在物体当中复杂的属性和关系进行综合分析的能力，也发展了儿童知觉和具体思维的能力。手眼协调动作是指手和眼的动作能够配合，手的动作和眼球的运动协调一致，即能够抓住所看到的东西，这是手眼协调的主要标志。

儿童的手眼协调动作主要经历了手眼不协调的抓握到手眼协调的抓握。4个月之前的婴儿会触摸、无意抓握东西，对看见的东西想要伸手去拿，但由于手眼还不够协调，往往不能准确拿到东西。4个月以后，婴儿逐步能够用手够到并抓握自己看到想要的东西，但最初婴儿往往需要重复几次才能抓住自己想要的东西，经过多次抓握练习手眼协调的动作会发展得越来越好。

婴儿手眼协调动作的发展促进了婴儿对客观世界的认识，而且认识的程度也随着手眼协调动作的准确性在不断加深，进一步促进了婴儿心理的发展。

手的动作继续发展下去，情况就越来越复杂了。在眼睛的配合下，从两只手玩弄一个物体，到同时玩弄两个物体，再到用种种不同的方式来玩弄多个物体。例如，通过把小盒子放在大盒子里，用小棒敲击铃铛等，儿童就进一步认识了事物的各种关系。

随着儿童动作的发展，动作随意性也日益增长。但是，在整个乳儿期，有目的、有计划、有预见性的有意动作还是看不见的，因为有目的、有计划、有预见性的有意动作是跟儿童言语的发展相联系的。

3. 乳儿爬行和行走的发展

儿童行走动作的发展在儿童心理发展上的意义也是非常巨大的。行走动作的发展同样要经过一个漫长的过程。大约3个月的时候，婴儿开始能够翻身，到6个月的时候，能够坐起来；8或9个月的时候，开始会爬。爬行虽然被认为是乳儿期比较自然、简单易行的动作，但是婴儿需要较长时间，才能协调头和肩的运动及伸手和蹬的动作。

我国研究者针对乳儿期的爬行进行了许多研究：第一，爬行起始年龄。随着儿童出生季节不同，其爬行起始年龄存在显著差异。冬季出生的儿童与其他三个季节出生的儿童相比，其爬行起始年龄提前2～4周。第二，爬行与认知能力的关系。会爬的乳儿比不会爬的乳儿在完成绕过障碍物取得目标物的任务上表现得更为出色。爬行对乳儿注意力发展也有影响。婴儿到1周岁的时候就会站起来，并有可能开始行走。当然，由于种种条件差异，如营养状况、练习的机会等，儿童之间是有个别差异的。

（四）1～3岁儿童动作的发展

1～3岁的儿童和1岁前相比，最明显的特点是动作增多、熟练和复杂化。1～1.5岁的儿童会自己走路，2岁以后能跑、跳、爬高、越过小障碍。与此同时，手的精细动作也发展起来，爱做事情，初步学会使用工具和做游戏。

1. 走、跑、跳

1岁左右，儿童开始练习独立行走。迈出人生的第一步，对儿童来说是艰难的。在此之前，他们可以在成人的帮助下自如地走动，如果要求他们独立迈步，他们总是感到害怕。当成人离开儿童几步，引逗他们，鼓励他们，并伸出双手接他们，儿童会张开双臂，踉踉跄跄，急忙扑到成人怀里。如果成人离儿童过远，他们便犹豫起来，不敢贸然迈步。一旦迈开了最初几步，胆子就大了起来。在成人的耐心引导和帮助下，儿童渐渐学会了协调地独立行走。

儿童开始独自走路时，还走不稳，步子显得很僵硬，头向前，前脚掌着地，走得特别快，常常跌跤。造成这种状况的原因有三个：①身体各部位的比例同成人不同，头重脚轻，导致走路时难以保持平衡。②骨骼肌肉比较嫩弱，骨组织不坚硬，肌肉力量较差，还不能有力地支撑身体直立行走的姿势。③全身动作不能协调一致。刚开始学步的儿童常把两臂张开，有时甚至横着走，以保持身体平衡。

儿童学会自由走动，同时也发展了全身的各种动作。在这段时间里，儿童往往手脚并用。他们去爬楼梯，爬台阶，不但会向上爬，而且还会倒退着向下爬，如果成人领着他们的手，一岁半的儿童可以走上楼梯。2岁左右的儿童学会了双脚原地跳和原地站立踢球，学会了跑和攀登，并且很少跌跤。2岁左右的儿童动作虽然仍不够灵活，但是活动的积极性却非常高。看见一个小土堆，他们要爬上去；看到一个小水坑，他们要迈过去，看见一个小旮旯，他们要挤进去。在室内，他们喜欢在椅子上爬上爬下，或从椅子爬上桌子，又从桌子爬上窗台。他们不知道危险，爬到高处之后，还会带着胜利者的自豪喊叫："我站高高了。"这时，应把一切可能引起危险的物品放好，注意环境的安全，以免发生意外事故。以后，儿童又陆续学会越过小障碍，单独上、下楼梯，双脚学小兔向前跳。到了3岁时，儿童还学会了独脚跳等比较复杂的动作。这些动作的发展，使儿童得到了解放。他们可以自由地进行活动，从而大大开阔了视野，扩大了认识范围，促进了心理的发展。

2. 手的灵活动作

1～3岁的儿童逐渐能够根据物体的特点和功用，比较灵活、准确、熟练地运用物体。一岁半以后，儿童逐渐学会拿着物品做各种动作，他们不再只是敲敲打打，扔扔捡捡，他们开始把物品当"工具"来使用了。例如，端起碗来喝水、拿小勺子吃饭、用小毛巾把娃娃包起来、用积木搭高楼等。2岁以后，开始学着自己穿脱衣服、系扣子、洗手、用筷子吃饭等。可以说，这是人一生中开始使用"工具"的年龄。

儿童开始学习使用各种用具的动作要有一个过程，大致经过以下4个基本阶段。

①完全不按用具的特点进行动作。最初，儿童把拿到手的物品简单地当作自己手的延续。例如，拿勺子盛了东西送到嘴里，就像把自己的手送到嘴里一样。这个阶段，儿童不停地改变使用物品的方式，因此动作方式很多，但有效的方式很少。比如拿勺子，他们一会儿大把攥住勺子柄的顶端，一会儿又捏住勺子柄的低处，盛了汤以后，也不会保持勺子的平稳，往往勺子未到嘴边，大部分食物已经翻洒掉。偶然出现一些有效的动作，也由于不停地更换动作方式，使有效的动作无法得以巩固。

②进行同一动作的时间有所延长，不再连续变换新方式。偶然碰上一种有效的方式，会立刻抓住它，而且比较小心地完成某种动作。例如，用勺子盛满食物后，慢慢地平着端起来，到达嘴的高度，才向嘴里送。

③能够有意地重复有效动作，不再是等待有效动作的偶然出现。可以说，已经开始主动掌握经验中有效的动作方式。不过，这时的儿童常常会固执地运用某种动作方式，即使遇到困难和失败，也不肯放弃或改变动作。

④能够按照用具的特点来使用它，并且能够根据使用时的客观条件改变动作方式，如有不正确的动作，很快就会纠正。这一年龄阶段的儿童在学习使用物体的动作中，有时会出现倒退现象。例如，已经学会熟练使用勺子，忽然有一段时间不好好用勺子吃饭，而把饭粒撒得到处都是。遇到这种情况时，不要责怪儿童，这是表面倒退中的实际前进。原因是儿童对熟悉的动作已经失去新鲜感，对新的动作产生了兴趣。他们喜欢用手指去捡细小的东西，故意把饭粒撒在桌子上，然后再用手捡起来。儿童刚开始学习一种新动作时，往往是劲头十足，学会以后，很快又把精力转向别处。当儿童热衷于用拇指和食指捡小东西时，要防止他们把地上的东西放到嘴里，或是把小东西塞到鼻孔里。同时，还要防止儿童把食指放在电插头或其他有危险的小洞眼儿里。在直立行走和用手摆弄物体的动作发展的基础上，活动开始形成。此阶段儿童的活动，包括基本的生活活动和模仿性游戏，主要是实物活动。它对此阶段儿童心理的发展有着积极的促进作用。

（五）3～6岁儿童动作的发展

在生活中会发现3岁左右的孩子总是要自己穿衣、自己穿鞋、自己拿筷子等现象，还会有一些大人发现这一时期的孩子突然不听话了，他们开始有了自己做事的欲望。其实这些现象都是孩子内心和身体成长发育的一种需求。而往往现实中的孩子被家长过度保护着，养成了衣来伸手、饭来张口的习惯，家长凡事包办、替办，导致孩子失去了很多锻炼的机会，久而久之，孩子变"懒"了，身体的协调性有所欠缺。

1. 大动作的发展

在《3—6岁儿童学习与发展指南》的健康领域中要求3～4岁的儿童能沿地面直线或在较窄的低矮物体上走一段距离，4～5岁的儿童要能平稳地走一段距离，到5～6岁时能在斜坡、荡桥上较平稳地行走，说明3～6岁儿童在力量、平衡性等方面得到逐步发展。

儿童在3～6岁期间通过走、跑、跳等运动使大肌肉不断得到发展和强化，能完成的动作也越来越有难度，持续时间也会变长。例如，双手抓杠悬空吊起持续时间从10秒左右逐步增加到20秒左右，这就是大肌肉发展的结果。儿童在小班和中班时基本不会跳绳，到大班后开始学会跳绳，并逐步能连续跳绳，这是一个很大的进步。

2. 精细动作的发展

随着年龄的增长，手指力量发展到一定的程度，一般幼儿四五岁的时候就可以做“拧”的动作，但要到6岁时才基本可以做好。儿童精细动作的发展经过三个阶段：①简单控制阶段，如撕纸、用整只手拿饼干、推小车、捡拾树叶等。②较准确的操作物品阶段，如拧瓶盖、串小珠子、用铲子铲沙子等。③精准控制灵活协调阶段，如写数字、涂颜色、用筷子夹起物品、拉拉链、扣扣子、系鞋带等。手指动作的发展对于幼儿今后独立生活有着重要影响。在《3—6儿童学习与发展指南》中，儿童精细动作的发展目标要求3～4的儿童能用笔涂涂画画；能熟练地用勺子吃饭；能用剪刀沿直线剪，边线基本吻合。4～5岁的儿童能沿边线较直地画出简单图形；能边线基本对齐地折纸；会用筷子吃饭；能沿轮廓线剪出直线；构成的简单图形边线吻合。5～6岁的儿童能根据需要画出图形，线条基本平滑；能熟练使用筷子；能沿轮廓线剪出曲线；构成的简单图形，边线吻合且平滑。当然男孩和女孩还有一定的个体差异，关于穿衣方面女孩要比男孩早，女孩一般4岁就可以自己穿脱衣服了，男孩则要等到5岁才可以。在使用筷子方面，在儿童两三岁时开始训练使用筷子的效果并不是很好，儿童最初只是随意地握住筷子，勉强地夹起食物，经过反复的练习，儿童到了5岁时才能熟练地使用筷子。儿童想要熟练地使用筷子，除了需要手眼协调的反应，更需要手指头的灵活程度。

对于3～6岁儿童精细动作发展要重视发展儿童的手眼协调能力。例如：在室内时玩抛接气球的游戏，打保龄球的游戏；户外时玩传球游戏，投准游戏。蒙氏工作中的串珠、缝纫、削切等。在美术领域活动中幼儿园应尽可能多地提供丰富的材料，数量与种类能满足不同儿童的需要。

第二节　感知觉的发展

一、感觉的发展

感觉是人脑对直接作用于感觉器官的客观事物个别属性的反映，如物体的大小、颜色、气味、软硬等，这些个别属性在人们头脑中的反应就是感觉。在幼儿期，由于他们的各种感受器也已经发育完善，所以感觉迅速发展。主要表现在视觉、听觉、触觉、痛觉、味觉和嗅觉方面。

（一）视觉的发展

1. 视敏度

视敏度是指幼儿的眼睛能精确地分辨细小事物或远距离物体细微部分的能力，也就是通常所说的视力。

[微视频]
视觉的发生与发展

视敏度的发展是依靠晶状体的变化来实现的。胎儿眼部的肌肉和视觉系统在母亲怀孕早期已经开始发育。从出生那一刻，婴儿的视觉器官开始发挥作用，在他们刚出生的前几周需要花大量时间去学习如何“看”。新生儿和小婴儿晶状体的变形能力很差，因而投射到视网膜上的形象比成人模糊。

新生儿视觉调节比较差，视觉焦点很难随客体远近的变化而变化。据一些研究认为，视刺激在5厘米范围内，眼睛晶体的功能发挥得最好，视刺激理想的焦点是在距眼睛20厘米处。多数研究表明，婴儿要到2个月时才能改变自己的焦点，直到4个月时才能像成人那样改变晶体看形状，可以看清不同晶体的颜色。

新生儿只能专注20～30厘米的距离，还属于视力模糊的阶段。新生儿最初对人脸感兴趣，然后注意力陆续向周围扩散，新生儿一般对明亮的事物很感兴趣。1～2个月的婴儿，当成人拿着物体在婴儿的视野中来回移动时，婴儿会出现极不明显的追视。

在整个幼儿时期，儿童的视觉敏锐度随着年龄的增长而不断地提高，这种发展与幼儿的生活和活动密切相关。有研究证明，4～5岁幼儿平均距离为207.5厘米，5～6岁幼儿平均距离为270厘米，6～7岁幼儿平均距离为303厘米。5岁是幼儿视觉敏锐度发展的转折期。

因此，在制作教具或者给幼儿选玩具的时候，要充分利用幼儿视觉敏锐度的发展，对于年龄小的幼儿，应尽量把图片画面做大，对于桌椅的高度要与幼儿身高相适宜，学前儿童在学习的时候保证适宜的光线。

2. 颜色视觉

颜色视觉是指区别颜色细致差别的能力，又称为辨色能力。新生儿是看不见色彩的，他们最初看到的颜色是黑灰色和白色。一般认为，婴儿从3、4个月起分辨色彩与非色彩。早期的婴儿喜欢高对比度和大胆的色彩，一项研究记录了婴儿对蓝、绿、黄、红四色的不同亮度注视的时间，比较发现婴儿和成人的颜色偏好不同，出生1个月的婴儿没有表现出任何颜色的偏好，出生3个月的婴儿喜欢波长较长的红色和黄色，而成人喜欢波长较短的蓝色和绿色。学龄初期的幼儿颜色视觉是随着年龄的增长不断发展的，幼儿初期已经能初步辨认红色、橙色、黄色、绿色、蓝色等基本色，但在辨认混合色和近似色时，往往比较困难。幼儿中期，能认识基本色和近似色，并能说出基本色的名称。幼儿晚期，不仅能认识颜色，在画图时，能运用各种颜色调出需要的颜色，并能正确地说出混合色和近似色的名称。而这种颜色视觉的发展在良好的教育条件下会加速发展。

我国城市人口颜色喜好呈现出随年龄的增长而变化的趋势。幼儿期最喜爱的颜色是橙色、黄色、红色、绿色。到青少年时期，突出了蓝色，即以黄色、红色、蓝色为主。老年期则偏灰色。儿童6岁以后还表现出性别差异，男性喜爱黄色、蓝色，其次是绿色、红色，女性则喜爱红色、黄色，其次是橙色、白色、蓝色。

（二）听觉的发展

［微视频］
听觉的发展

听觉神经系统和其他感觉系统一样属于大脑的一部分，心理学研究表明，在胎儿时期就对声响有了反应。高频的音响可以使胎儿的活动增加，8～9个月龄的胎儿听觉开始迅速发展起来，并且还会朝着声源方向转头。

新生儿具有十分敏锐的听觉感知能力。据我国的实验证实，新生儿出生后，已经能对听觉刺激做出特殊的应答，引起听觉反应包括眨眼、动嘴、睁眼、皱脸、头扭动、有哭相、眼珠转动、哭闹等。经过听觉临床测试表明，83.31%的新生儿对听的刺激反应较快，只有16.69%的新生儿反应较慢。新生儿不仅能够听见声音，还能区分声音的音高、音响和声音的持续时间，音高低的声音比音高高的声音更容易引起婴儿的反应。连续不断的声音对婴儿有抚慰或者镇定的作用。此外，新生儿还能区分音色，例如，他们能辨认母亲声音与他人声音，当他们哭闹时，听到母亲的声音就能安静下来，表现出对母亲声音的偏爱。人的听觉感受性随年龄的增长而发生有规律的变化。尽管人与人的发展存在个别差异，但年龄特点是非常明显的。

（三）触觉的发展

触觉是指皮肤受到机械刺激产生的感觉。它一般是由皮肤与物体接触时的运动引起的，因此有人认为，触觉是肤觉和运动觉的联合。触觉也是儿童认识世界非常重要的手段。皮亚杰认为，触觉是儿童最初获得外部环境知识的一种方式，这对儿童早期的认知发展具有关键作用。

［微视频］
触觉的发展

新生儿从出生时就有触觉反应，许多天生的无条件反射，如吸吮反射、抓握反射等都可视为触觉反应的发展。婴儿通过触觉探索来认识事物，口腔是新生儿最主要的触觉器官，之后，手成为最主要的触觉器官。因此，婴儿的触觉探索有两种形式：口腔探索和手的探索。

1. 口腔探索

新生儿出生后，对物体的触觉探索最早通过口腔进行活动，并且通过口腔来认识物体，孩子喜欢把一切东西都放进嘴里，通过“尝”来认识物体的味道、性质、性状等，并以此获得心理的满足。在弗洛伊德的心理发展过程中，将0～18个月这段时间称为“口唇期”，儿童在这个时期主要通过吸吮、咀嚼、吞咽等口腔活动获得满足和快乐。

3个月的乳儿在吸吮时，对熟悉的物体吸吮的速度会降低，出现“习惯化”现象。可是换了新事物后，他的吸吮频率明显发生变化。这种事实证明，乳儿已经有了口腔触觉的探索活动，口腔触觉有了辨别力。8个月到1岁的婴儿，此时他们长了牙齿，快感主要来自撕咬和吞咽等活动。

鉴于此，家长可为婴儿准备一些大的防吞咽的玩具，满足他们的需要，另外需要注意的是，避免把一些小玩具、小珠子、尖利的物体、药片等放在孩子唾手可得的地方，以免婴幼儿触及和吞咽，还要注意避免给幼儿提供不卫生的或者含有毒素的东西玩，以免感染病毒。

2. 手的探索

婴儿刚出生，就有手的抓握反应，这是一种先天的无条件反射。这种先天的抓握反射随着儿童的生长发育会逐渐消失。新生儿继手的抓握反应后出现手的无意性抚摸，当儿童的手无意碰到东西时，他会随着这种无意触碰去抚摸物体。到了4、5个月，眼手协调动作开始出现，即视觉和手的触觉协调活动的出现，这是儿童认知发展的重要里程碑，也是运用手开始探索世界的真正开始。

这也是为什么1岁左右的孩子喜欢抠眼睛、鼻子、嘴巴，甚至还会打人的原因，他们开始进入触觉敏感期，大脑发育更进一步了，他们感知一个物体的质地是光滑的、粗糙的、冷的、热的、软的、硬的都是通过手去触摸的。

对于3岁以后的幼儿，手的探索依然是他们认识世界的重要手段，伴随手的操作，儿童能对事物进行思考和判断。同时，3岁前是大脑神经元发育最快、最关键的时期。如果没有刺激神经元就会终止发育。尤其对于早产儿和剖宫产的婴儿来说，需要用不断地刺激使婴儿全身感受器频频向中枢神经系统传递信息，使神经系统的发育得到最好的训练。此时，教师应设计促进幼儿手的触觉探索的游戏，比如：“摸摸他是谁”的游戏。

（四）痛觉的发展

［微视频］
温度觉和痛觉的发展

疼痛感是一种有意识的大脑活动，新生儿的痛觉感受性还是很低的。有研究表明，婴儿天生就有感受疼痛感的能力，当他们感到疼痛时，会通过哭声的大小和不同声调来表达他们的疼痛。

（五）味觉和嗅觉的发展

［微视频］
味觉和嗅觉的发展

有不少研究证明，无论是足月的婴儿还是早产的婴儿，已经能对甜、咸、苦等好几种味道有明显的偏爱和厌恶，而且溶液浓度越高，婴儿的表情越明显。婴儿一般喜欢甜食，可以对甜水做吸吮反射，而对酸水做出怪相。

一般婴儿期甜味觉发育得最完善，酸味觉次之，然后是咸味觉，苦味觉最晚发育。但他们对味觉上的差异还是很敏感的，遇到与习惯了的滋味有细微区别的东西，能立刻区分出来，所以有的婴儿会对新食物非常敏感，有的婴儿还会反抗。所以，儿童在小的时候就要尝试各种味道，以免造成长大后的偏食。

嗅觉感受器位于鼻腔顶端一个很小的部位。由于新生儿的视觉、听觉发育得不完善，所以他们很大程度上依靠在母体内建立的嗅觉认知来辨认母亲并寻找乳头和吸吮。有研究表明，新生儿已经能辨别不同的气味了，出生一周的婴儿能辨别母亲的气味和其他人气味的不同，并且明显表现出对母亲气味的偏好。同时，嗅觉具有保护功能，它可以保护婴儿免受有害物体的侵害，发达的嗅觉可以帮助幼儿认识、了解周围的人和事物。

二、知觉的发展

知觉是人脑对直接作用于感觉器官的客观事物整体的反映。

（一）空间知觉

空间知觉是一种比较复杂的知觉。它是指对客体的空间位置、空间特性及空间关系的知觉，即对物体形状、大小、远近、方位、距离等空间特性在人脑中的反应。

1. 大小知觉

儿童对物体大小判断的正确性，需依照物体本身的形状而定，如幼儿判断圆形、正方形和等边三角形的大小较容易，判断椭圆、长方形、菱形和五角形的大小较困难。儿童一般从2.5～3岁开始，辨别平面图形大小的能力急剧发展。

2. 形状知觉

形状知觉是人们对物体形状特性的认识，包括物体的轮廓和各部位的组合关系。形状知觉是人类和动物共同具有的知觉能力，它是视觉、触觉、动觉协同活动的结果。许多研究证明，人出生不久就能知觉到物体的形状，很小的婴儿就已经能分辨不同的形状。范茨在婴儿形状知觉和视觉偏好方面设计了许多经典实验，他专门设计了“注视箱”，让婴儿躺在小床上，眼睛可以看到挂在头顶上方的物体。观察者通过小屋顶部的窥测孔，记录婴儿注视不同物体所花的时间。该实验假定：看相同的两个物体要花同样长的时间，看不同的物体所花的时间则不同。范茨曾以8周的婴儿作为实验对象，让他们注视三角形图形和靶心图，他发现婴儿对两个三角形注视的时间相同，而对三角形和靶心图注视的时间不同，说明婴儿能区别两种不同的形状。范茨还发现，4～6个月的婴儿注视复杂图形（如人脸）的时间比注视简单图形或不规则图形的时间要长。格林堡等人也做过与范茨类似的实验，他们把方格、线条和圆点三种图形分别由简到繁分为三级出示给6～11周的婴儿，测定其凝视的时间。发现第6周的婴儿对中等程度的复杂刺激凝视较久，第11周的婴儿对更复杂的刺激凝视较久。这表明，不同年龄的儿童可能有一个与其发育阶段相适应的输入刺激和处理信息的最适宜水平。幼儿的形状知觉发展很快，一般在小班时已能辨别圆形、方形和三角形；中班时能把两个三角形拼成一个大三角形，把两个半圆拼成一个圆形；到大班时还能认识椭圆形、菱形、五角形、六角形和圆柱形等，并能把长方形折成正方形，把正方形折成三角形。研究者要求幼儿从11种或12种几何图形中按直观范例、指认法、命名法找出相应的图形，结果发现，形状配对最容易，命名最难，幼儿掌握形状的次序，由易到难依次是圆形→正方形→三角形→长方形→半圆形→梯形→菱形→平行四边形。

有人认为，4岁是图形知觉的敏感期，应趁此时让儿童学习汉字，因为汉字也是一种图形，一种特殊的有规则的图形。由于幼儿思维处于具体形象思维阶段，因此他们往往把几何图形与具体事物相联系，这是这个时期知觉的特点。例如，把正方形说成“窗格子”，把三角形说成“红领巾”。

3. 方位知觉

方位知觉是指对物体的空间关系和自己的身体所处的位置的知觉，如对上下、前后、左右及东、南、西、北的知觉。有研究表明，3岁儿童已经能辨别上下方位，4岁儿童已经能辨别前后的方位，5岁儿童开始能以自身为中心辨别左右方位，6岁儿童能完全正确地辨别上下前后四个方位，但以自身为中心的左右方位辨别能力尚未发展完善。在我国心理学家朱智贤的研究中表明，儿童对左右关系的掌握大致要经历三个阶段。

[微视频]
方位知觉的发展

第一阶段（5～7岁）：儿童能比较固定地辨认自己的左右方位，但不能辨认对面人的左右，还不能理解左右的相对性。

第二阶段（7～9岁）：儿童开始初步地、具体地掌握左右方位的相对性，儿童不仅能以自身为基准辨别左右，还能以他人的身体为基准辨别左右，但是在辨别别人的左右方位时还需要借助自己的身体动作（比如将自己的身体扭转成与对方一致的方向）和表象。

第三阶段（9～11岁）：能比较灵活地掌握左右的概念。在这个阶段上儿童已经能正确地指出三样并排放着的客体的相对位置。例如，让儿童说出中间的物体所处的位置，他已经知道这个物体既在左方，又在右方。但是在这之前，儿童还不能说出中间客体所处的位置，或者说“在左边”，或者说“在右边”，有的直接说“在中间”。儿童在方位知觉的发展上特别需要注意的是，由于方位本身具有相对性，儿童从具体的方位知觉上升到方位概念需经过较长一段时间，所以应有意识地指导儿童正确的知觉方位。此外，对儿童进行方位知觉的训练也能促进儿童方位知觉的发展。

4. 距离知觉

距离（深度）知觉即立体知觉或三维知觉，是对立体物体或两个物体前后相对距离的知觉。儿童的深度知觉是先天就有还是通过后天的学习获得的，这是一个有争论性的课题。为了解决这个争端，吉布森和瓦尔克精心设计了一个“视崖”实验，实验见图2-1。一块大的玻璃平台，中间放有一块略高于玻璃的中央板，板的一侧玻璃上铺有一块格子形的图案布，因为它与中央板的高度相差不多，看起来像个“浅滩”。在中央板的另一侧离玻璃几尺深的地面上也铺上同样格子形的图案布，使儿童造成一种错觉——这里像“悬崖”。然后把6.5～14个月的婴儿放在中央板上，让孩子的母亲分别在“浅滩”和“悬崖”两边招呼孩子。实验结果表明，36名被试中有27名愿

[微视频]
距离知觉的发展

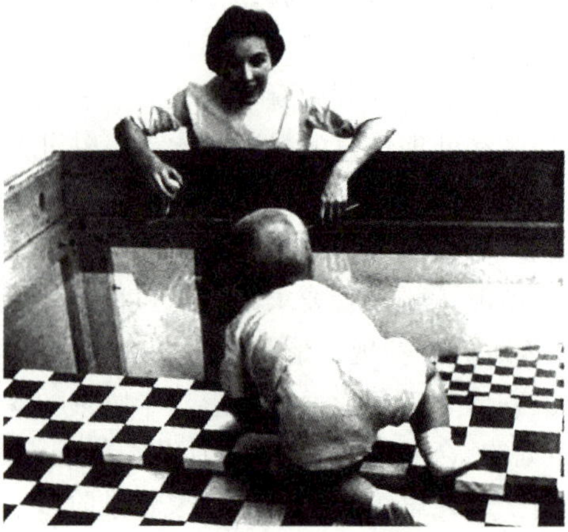

图2-1 视崖实验

意从中央板爬过“浅滩”来到母亲身边，只有3名“冒险者”爬过“悬崖”。大多数婴儿见到母亲在“悬崖”一边招呼时，不是朝母亲那边爬，而是朝离开母亲的方向爬，还有一些婴儿哭叫起来。这个实验表明，婴儿早期就有了深度知觉，但还不能由此断定深度知觉是先天的，因为婴儿在出生后的6个月当中可能会学会。于是坎坡斯和兰格采用更为灵敏的技术研究婴儿的深度知觉。他们的实验缩小到2～3个月甚至更小的婴儿，测定婴儿被放在“浅滩”和“悬崖”两边时的心率变化。结果发现这个年龄的婴儿被放在“悬崖”一边时，心跳速率会减慢，而放在“浅滩”一边时，心率并未减慢，这可能由于婴儿把“悬崖”作为一种好奇的刺激来辨认而未感到害怕，面部表情镇定也未哭泣。如果把9个月的婴儿放在“悬崖”一边，心率不是减慢而是加快了，说明经验已经使他们产生了害怕的情绪。另一种测定婴儿深度知觉的方法是视刺激逼近，向婴儿呈现一个以一定速度向其逐渐逼近的物体或影像，观察婴儿的反应。结果发现2～3个月婴儿有保护性闭眼反应，4～6个月婴儿有躲避反应。

（二）时间知觉

［微视频］时间知觉的发展

1. 感知时间的媒介

时间知觉是对客观事物运动的延续性和顺序性的知觉。虽然每个人都生活在空间和时间当中，但是由于时间和空间的抽象性，往往使人很难感知到它的存在，因此只能借助直接反应时间流程的媒介物才能认知它。这种媒介可以是自身的生理变化，如呼吸、心跳等，也可以是自然界的周期轮回，如太阳升起又落下，月儿圆了又变缺，还可以是专门测量时间的钟表或者日历等。另外，时间也具有很强的主观性，如在艰难困苦的条件，会感觉到“度日如年”，而在争分夺秒完成任务时，又会感到“光阴似箭”。

儿童起初感知时间主要依靠生理上的变化（依靠对吃奶的时间形成条件反射），以后逐渐学习借助于某种生活经验（作息制度、有规律的生活事件等）和环境信息（自然界的变化等）反映时间，到了幼儿晚期，他们已经知道“昨天”“今天”“明天”，也能辨别“前天”“后天”“大后天”等。

2. 时间知觉的发展特点及趋势

研究表明，儿童时间知觉的发展有以下特点：①随着年龄的增长，时间的准确性越来越高；②生活制度和时间制度在儿童的时间知觉中起着重要的作用，他们经常认为早晨就是上幼儿园的时间，晚上就是爸爸妈妈来接的时间，因此，严格地按照生活作息来进行有规律的生活有助于儿童时间知觉的发展，有助于培养儿童的时间观念；③儿童对于较小的时间距离（如几秒、几分、几小时）和较大的时间距离（几个月、几年、几十年），还不能准确理解，因为这是超出儿童经验范围的。7岁儿童开始利用时间标尺估计时间，但主要利用外部时间标尺，能利用内部时间标尺的很少。8岁儿童已经能主动利用时间标尺，时间知觉的准确性和稳定性开始接近成人。

方格等研究了4～7岁和5～8岁儿童的知觉时间的顺序，结果发现：儿童最早感知的是一日中的早中晚，然后是知觉一周内的时序，最后是认知一年四个季节的时序。4岁儿童对认知一日的时序仍有困难，5～6岁儿童对一年内的时序有困难。

学者黄希庭等进一步研究表明，5岁儿童还分不清空间关系和时间关系，常常把事物的空间关系代替时间关系。例如：让幼儿观察两只上了发条的蜗牛运动。把两只蜗牛放在同一起跑线上爬行，A蜗牛爬得快于B蜗牛，A到某处先停下，让B接着爬，B停止时仍然没有追上A，即A爬的路程要比B爬得远，问儿童“哪只蜗牛爬得时间长？”不少4～5岁的儿童都认为A爬得时间长，因为“它走得远”。6岁儿童已经开始把时空关系分开，但是准确性不高，7岁的儿童已基本能分清楚时间关系和空间关系，不再相互干扰。

三、感觉统合失调

（一）感觉统合

所谓感觉统合是指人的大脑将从各种感觉器官传来的感觉信息进行多次分析、综合处理，并做出正确的应答，使个体在外界环境的刺激中和谐有效地运作。皮亚杰指出，2岁以前的孩子，“感觉运动成熟与否，是日后智能学习或思考前期（3～6岁）孩子成功与否的基础”。缺乏这方面能力的孩子，即使能够用大脑做记忆性的学习，但在观察、组织、想象、推理上的大脑功能似乎有应用上的困难，出现感觉统合失调。

在儿童的最初六七年间，儿童的大脑是一部以处理感觉和运动信息为主的机器，感受世界、完成各项活动往往不是凭借某个感觉系统或运动系统就可以完美实现的，而是需要多个感觉系统在中枢的统一调控下运行，这就是“感觉统合”。

感觉统合理论由美国南加州大学艾尔丝博士提出，并于20世纪70年代在世界各国传播，20世纪80年代传入我国。感觉统合是指个体从视、听、触、味、嗅、前庭等不同感觉通路输入的感觉信息进行选择、解释、练习和统一的神经心理过程，是个体进行日常活动、学习和工作的基础。艾尔丝认为：感觉统合失调的主要特征包括躯体运动协调障碍、触觉防御障碍、身体平衡功能障碍、空间知觉障碍以及视觉、听觉、言语语言障碍五个方面。经过专业人士将这些特征归结为：前庭功能异常、触觉防御异常、本体感觉功能异常。

感觉统合系统包括：①前庭系统，它是平衡的代名词，是大脑获取及输出信息的门槛，在协调选择、过滤和整合中枢内外信息方面起着重要作用。②触觉系统，它是儿童较早发展的能力之一，丰富的触觉刺激对儿童的认知、情绪情感及社会交往的发展都有着重要的影响。③本体感觉功能，是感受个体身体所处的空间位置、运动状态及其变化的感觉。

（二）引起感觉统合失调的原因

儿童感觉统合失调问题如果得不到有效干预，很可能会伴随一生，影响个人及与之相关的生活或学习、工作、心理健康和社会交往。在胚胎发育及儿童成长过程中，许多因素会造成感觉统合失调：①生物因素，生物因素一方面是遗传因素，另一方面是儿童的生理生化代谢异常也会造成感觉统合失调，孕妇的妊娠和分娩过程中导致儿童脑损伤或功能异常。例如，剖宫产对子女及产妇都有许多负面影响，如适应能力要比自然分娩的孩子差，儿童更易出现感觉统合失调、认知缺陷、脾气暴躁、胆小、紧张、爱哭、偏食等生长发育障碍。②教育因素，首先是家庭教育存在许多缺陷，缺乏早期爬行的孩子容易出现感觉统合失调。在学校教育当中，课程的设置和教学资源方面的不足也会导致感觉统合失调及其他异常心理。③自然环境因素，一些化学物品、药品滥用会导致感觉统合失调，生活中物品的污染也会导致感觉统合失调。④社会环境因素导致的感觉统合失调，例如：家庭形态复杂，家庭结构复杂，社区环境等。

（三）感觉统合失调的表现

儿童感觉统合失调一般包括前庭感觉失调、触觉系统失调、本体感觉失调等。

前庭感觉失调的儿童表现为难以精准地完成肢体动作、动作不协调且笨拙、平衡与控制能力差、喜欢斜着眼睛看东西、读课文的时候经常跳读或漏读等。触觉系统失调的儿童表现为讨厌被触摸、躲避接触、动作不灵活、害怕陌生环境、害羞、黏人、反应慢、吃手指、咬指甲等。本体感觉失调的儿童表现为坐姿不稳、手脚笨拙、动作模仿不到位、方向与力度控制不好、不分左右、手脚用力做某些动作等。此外，有感觉统合失调症状的儿童还会伴有多动不安、耐心不足、走路容易摔倒、经常自言自语、重复别人的话、紧张、孤僻、偏食或暴饮暴食、脾气暴躁、爱打架等表现。

针对感觉统合失调的患儿，解决的办法就是进行训练疗法治疗。平时家长应鼓励患儿多爬行，多运动。例如：家长躺在地上，让患儿慢慢爬上家长的身体；或者家长制造障碍物，吸引患儿想办法躲过障碍物爬过去；还可以增加一些手部精细动作的训练等。

【幼儿园教师资格证考试：考点预测】

1．看见一朵小红花，这时人的心理活动为（　）。

A．感觉　　B．知觉　　C．视觉　　D．色觉

2．由于幼儿是以自我为中心辨别左右方向的，幼儿教师在动作示范时应该（　）。

A．背对幼儿，采用镜面示范　　B．面对幼儿，采用镜面示范

C．面对幼儿，采用正常示范　　D．背对幼儿，采用正常示范

3．婴儿手眼协调发生的时间是（　）。

A．2～3个月　　B．4～5个月　　C．7～8个月　　D．9～10个月

知识拓展

脑的机能系统结构

现代神经生理学研究把脑的机能系统区分为下面三种主要的机能结构。

1．运动功能系统：人类的一切随意活动是由大脑皮层调节的，中央前回是躯体运动的皮层代表区，大脑皮层相当广泛的区域都与有意运动有关。由于有意运动是为满足个体

的需要和保证种系生存而进行的，意志行为活动必然受到周围环境和体内环境传入信息的控制和影响，因而与大脑各皮层区域和下丘脑和边缘系统均有着广泛的联系。

2. 感觉功能系统：大脑通过各种感受器接受内外环境的刺激，大脑皮层对这些传入信息进行加工，从而产生相应的感觉。其中传送到人脑特定皮层投射区引起特定的感觉部分称为特异性传入系统；投射到大脑皮的非特定区域，不产生特定的感觉，因此称为非特异性传入系统，其功能：活动参与意识和觉醒维持；正常状态下的感觉功能具有特异性传入系统和非特异性传入系统功能整合的结果。

3. 联络功能系统：除了特异感觉投射区和运动区之外，还有更广大的区域。这些区域一般称为联络区，主要有感觉联络区、运动联络区和前额联络区。与各感觉区的特异神经元有着广泛的联系，感觉联络区的主要功能是解析进入感觉区的神经冲动，以便获得更精确的信息；运动联络区是控制和协调动作的精细化程度；前额联络区在意向形成、运筹规划、调节和监督自己的行动，使之在与目的、计划相适应的活动中起决定性作用。

以上分别叙述了人脑的三种机能结构，但在具体生活中，三种机能结构并不是各自单独活动，而是经常共同协作活动的。

本章小结

本章分为两个小节，主要从脑与躯体的发展和学前儿童感知觉的发展对学前儿童身体的发展进行阐述。在第一节的内容当中，主要讲到了神经系统和大脑的发展，神经系统的组成结构和人脑的发展进程，以及胎儿、乳儿、学步儿和先学前儿童的躯体发展和运动发展。不同的发展阶段有着不同的发展特点。在学前儿童感知觉的发展中，主要由学前儿童感、知觉的发展和感觉统合三个部分构成，其中，学前儿童感觉的发展主要包括视觉、听觉、触觉、痛觉、味觉和嗅觉的发展，知觉的发展包括空间知觉、方位知觉、距离知觉、形状知觉、大小知觉和时间知觉。同时在感觉统合部分，主要从感觉统合的定义和引起的原因进行介绍。

关键术语

神经系统　反射运动　感觉　视觉　听觉　触觉　痛觉　味觉　嗅觉　知觉　空间知觉　方位知觉　距离知觉　形状知觉　大小知觉　时间知觉　感觉统合

思考题

1. 学前儿童身体发展的特点是什么？
2. 如何保护幼儿的视力？
3. 试论述学前儿童视觉、听觉和触觉的发展。

技能训练/建议的活动

利用实习或见习的机会，观察幼儿的活动行为，分析幼儿园里哪些活动能促进学前儿童感知觉的发展。

第三章 学前儿童认知的发展

学习目标

1. 理解并掌握学前儿童注意、记忆、表征、想象、思维、语言发展的特点及趋势。
2. 能运用本章所学的知识，对学前儿童认知发展进行分析、评价、促进。
3. 树立科学的儿童发展观与学习观。

导入案例

威威今年5岁了，他很肯定地认为：如果把一个泥球搓成长条形，就要用到更多的泥土。

一个居住在太原的儿童明明，坚持认为自己不可能既是太原人，又是山西人，“我已经是山西人了，所以不可能是太原人”。

一个2岁的小男孩，看到一个小朋友正在哭泣，就拉着自己的妈妈去安慰这位小朋友，而事实上这位小朋友自己的妈妈当时就在现场。

应该怎么解释这些有趣的现象呢？

学前儿童是如何进行学习、思考和解决问题的？这些认知活动始于何时？记忆是从何时开始发展的？将会如何发展？孩子的想象力是不是比成人的更丰富？是不是有些孩子更聪明一些？这些问题均属于认知发展的研究范围。认知发展是儿童发展的重要组成部分，认知发展是指智力上的变化和稳定性，诸如注意、记忆、想象、思维和语言等的发展。儿童的认知发展经历了一个逐步发展的过程，其大致的趋势是：由近及远（从儿童身边的事物到远离儿童的事物）、由此及彼（由局部到整体、由片面到比较全面）、由表及里（从表面现象到本质属性）、由浅入深（水平的不断提升）。

第一节　学前儿童注意的发展

幼儿园的集体教学活动时间不统一，小班一般10～15分钟，中班15～20分钟，大班25～30分钟，这样的时间安排合理吗？这样安排的依据是什么？带着这些问题进入学前儿童注意发展的学习。

对于学前儿童而言，注意的功能体现在以下方面：①选择功能，儿童在一定的时刻不可能对所有的事物做出同样的反应，而只是有选择地指向那些重要的或符合需要的对象，并做出清晰的反应，从而可使儿童从周围环境中捕捉到更多有价值的信息。②维持功能，这种功能使儿童的心理活动对所选择的对象保持一种比较紧张、持续的状态，从而维持着儿童的游戏、生活、学习等活动的顺利进行。③调节功能，这种功能使儿童能够发觉环境的变化，并及时调整自己的动作，为应付外来刺激做出相应的准备，从而能更好地适应周围环境的变化。注意力好的孩子，能发觉环境微小的变化，从而及时调整自己的动作和心理，应付新的情况。

就具体的一个活动而言，注意在不同的阶段起到的作用一样吗？观察和研究表明，注意是学前儿童活动成功必备的基本条件：活动前，注意可以“激活”儿童的意识，使儿童进入活动的准备状态，使心理活动“选择”应当指向的对象；活动中，注意能使儿童“保持”警觉，排除干扰，及时“调整”活动，使活动始终朝向预定的方向或目标，保证活动的顺利成功。

注意工作时，是“单枪匹马”，还是需要大脑其他功能的“团体合作”？注意是心理活动的重要特性，但不是独立的心理过程。注意作为脑的一种功能和心理状态，是感知、记忆、想象、思维等心理过程所不可缺少的。任何心理过程的开始和进行，总是表现为注意指向和集中于这一心理过程所反映的事物。

一、注意在学前儿童心理发展中的作用

（一）注意与感知觉的发展

1. 感知觉是认识的开端，注意则是感知觉的先决条件

除了先天的条件反射以外，学前儿童的任何感知觉均由注意所引导而发生。注意像一道“阀门”，吸引适当刺激，摒除无关刺激进入感觉通道。学前儿童在观察同一情境时，往往由于“注意点”不同，所观察到的事物也不同。

2. 注意是研究婴儿感知发展的指标

研究婴儿的注意，可以了解婴儿的视敏度、对图形和颜色的辨别、视觉偏好等。比如，向婴儿展示不同复杂程度的格子板，婴儿注意集中于复杂模式的时间较长，注意简单模式的时间较短。由此可以知道婴儿能够辨别不同模式的对象，而且偏爱复杂的模式。第二章第二节介绍的一些感知觉研究实例实际上也就是注意研究的实例。

3. 注意与“客体永久性”认识的发展

学前儿童注意的发展，和皮亚杰所提出的“客体永久性”的认识分不开。特别是半岁到1岁半的婴儿，注意发生了较大变化。研究者根据皮亚杰所提出的儿童认知发展的阶段理论，系统地说明了儿童从出生到1岁半这一时期注意的发展情况。

第1阶段（出生～2个月）：婴儿能看着一个客体，但是当客体移出其视野时，他不去跟踪。

第2阶段（2～4个月）：客体移动时婴儿能够跟踪，甚至客体到了屏幕后面时，他也能够看着。他把视线移向屏幕边缘，预期在那里可以看到客体出现。但是，如果一个完全不同的客体从屏幕后面出现，他也毫不在乎。

第3阶段（4～6个月）：婴儿能拾起一个物体，除非这个物体被一块布盖着。但是他还不能理解，一个被遮盖的物体仍然存在。

第4阶段（6～12个月）：婴儿能够寻找在一块布下面的客体，但是如果布下面的客体被移到对面，他仍然看着那块被放回原处的平平的布的下方，然而，他能知道物体可以从一处移动到另一处，也知道放在一起的两个相同的客体不是同一个客体。

第5五阶段（12～15个月）：婴儿能够找到先后藏在两个位置的一个客体，但是只有当他看见藏的动作时才能找到，如果他没有看见藏的动作就找不到。

第6阶段（15～18个月）：婴儿能找到不论在什么情况下藏起来的客体。他已经掌握了一个规律：两个客体不能同时处于同一位置，除非一个藏在另一个里面。

（二）注意与记忆的发展

感觉登记即感觉记忆，也称瞬时记忆，是记忆系统的开始阶段。感觉记忆的信息是未经心理加工的信息，其内容不为人们所意识。只有当这些信息受到特别注意或被及时识别，才能转入短时记忆，否则，很快（如图像仅能保持0.25～1秒）就会衰退而消失。进入短时记忆的信息，只有“注意复述”，才能进入长时记忆系统，引起大脑皮层记忆神经元的某些变化，得以长期保存。否则，也会在很短的时间内（5～20秒，最长不超过1分钟）迅速遗忘。研究表明，注意发展水平低的儿童，其记忆发展水平也低。

（三）注意与表象的发生

1.5～2岁儿童的表象开始发生。从此，儿童的注意开始受表象的直接影响。当眼前事物和已有表象或事实与期待之间出现矛盾或较大差距时，儿童会产生最大的注意。研究指出，虽然1岁以后儿童的注意一般不再表现出心率减速的变化，然而在一个对2岁儿童的实验中，半数以上的被试在看见幻灯片中一个女人把自己的头拿在手里时，表现出明显的心率减速，产生了最集中的注意。

（四）注意与言语的发生

言语活动不仅能够引起学前儿童的注意，而且支配着学前儿童注意的选择性。比如，当学前儿童听到别人说出某个物体的名称时，便把注意指向这个物体，不论它的物理强度如何，是否新异刺激，是否能直接满足学前儿童机体的需要。

言语的发生发展使学前儿童注意的事物又增加了一个重要而广阔的领域。1岁半以后，儿童开始能够集中注意看图片，念儿歌，听故事，看电视、电影等，为学前儿童的记忆和学习活动提供了更为广阔的、新颖的和丰富的认知世界。

（五）注意与坚持性的发展

注意能加强行动的力量，行动的坚持性和注意是不可分的。幼儿只有在集中注意时，才能坚持某一行动；如果注意转移到别处，原来坚持的活动也将中止。注意力差的幼儿，不但智力发展受到影响，而且往往不能遵守集体行为规则，并由此影响到他的人际交往关系，甚至形成不良的道德品质和性格。

（六）注意与认知的发展

学前儿童总是用新奇的眼光注视周围的情况，观察着，学习着。20世纪80年代有许多心理学研究者采用不同的方法对婴儿早期（0～6个月）注意水平与2岁后认知能力发展的关系进行了实证研究，发现3个月时的注意水平与2岁时认知能力的相关系数是0.61；4个月婴儿的注意水平与5岁时认知能力的相关系数为0.60；4.5个月婴儿的注意水平与6.5岁幼儿认知能力的相关系数高达0.66。我国学者陈帼眉进行的个案追踪也证明了这一结论。

二、学前儿童注意发展的趋势

（一）定向性注意的发生先于选择性注意的发生

1. 定向性注意

外来的新刺激或环境中特别明显的刺激会引起新生儿的全身反应，巴甫洛夫称之为定向反射。原始的定向反射是不学而能的生理反应，也是学前儿童最早出现的最初级的注意。这种无条件定向反射在出生前已经具备，它是生物性的，发生在脑的低级部位，但对于新生儿的发展意义重大，是新生儿学习的基础。

婴儿的全身反应是研究注意的极重要的指标。因为，定向反射是婴儿心理活动的外部表现。定向反射表现为新刺激所引起的复合反应，包括：血流、心率、汗腺分泌、胃的收缩和分泌、瞳孔扩大、脑电变化等。上述变化是研究注意的重要指标，这些生理指标可以直接测量，不需要用语言报告，而婴儿是没有能力用语言报告的。

研究新生儿注意的常用指标包括以下几种：

（1）觉醒状态

觉醒是一种整体状态，可以分为若干水平，其两端是深度无意识和极度兴奋。科勒等认为觉醒状态可以分为：规则的睡眠、不规则的睡眠、昏昏欲睡、不活跃的清醒、哭闹五种水平。觉醒和注意有倒置的U形关系，即规则睡眠和哭闹的注意水平最低。由此可以得出，要想学前儿童注意集中，活动水平不能太低，也不能太高。

（2）习惯化

如果一个新的刺激多次连续出现，或延续一段时间，新生儿就不再去注意，这种现象称为习惯化。换句话说，习惯化是对熟悉的刺激所发生的注意减退现象。习惯化是广泛用作测量新生儿注意的指标，因为它是新生儿日常行为的自然表现，并且可借以发现基本的注意现象。新生儿对视觉、听觉等刺激物都有习惯化现象。研究材料指出，刺激物的性质会影响习惯化的速度，如唧唧声作用6次，即出现习惯化，而纯音则需40次。

（3）心率变化

心跳对环境的变化非常敏感，是定向反应的一种比较普通的表现。研究指出，心率减慢是定向注意的表现，而心率加速，则是防御和恐惧的反应。心率变化是比较常用的心理生理测量指标之一。

（4）瞳孔扩大

婴儿注意时，瞳孔的大小也有变化。研究发现：1～4个月的婴儿注意人脸时，瞳孔大于注意非社会性刺激；4个月婴儿注意陌生人时，瞳孔大于注视母亲的时候。但是通过瞳孔扩大或收缩研究学前儿童的注意定向，比用心率变化的研究困难，其可用范围也较小。

（5）吸吮抑制

新生儿注意新刺激时，会停止身体其他部分的活动。最常见的是新生儿看见或听见某种新刺激，会停止吸吮活动。学者发现，1～3天的新生儿在注意一个活动的光点时，出现吸吮的抑制，但是呈现一个稳定的光点时，则不出现。3～5天的新生儿，由于一个纯音出现而抑制了吸吮。

最初的定向性注意主要是由外界事物的特点引起的，也就是无意注意的最初形式。本能的定向性注意在儿童以至成人的活动中不会消失，比如，突然出现的巨大声响，总是会引起本能的“是什么”反射。但是，这种定向性注意随着年龄的增长而占据的地位日益缩小，选择性注意逐渐发展。

2. 选择性注意的发生和发展

选择性注意指学前儿童偏向于对一类刺激物注意多，而在同样条件下对另一类刺激物注意少的现象。学前儿童注意的发展体现在选择性注意的发展上。选择性注意在新生儿时期已经出现，其发展有以下几个特点。

（1）注意的积极性增加

新生儿已经对刺激物有一定的选择性反应。学者黑斯提出，新生儿总是在积极寻找信息，而不是消极等待外界环境去推动他的心理活动。他认为，新生儿已经具备一种对世界进行扫视的动作，甚至在黑暗中，或在面对无图案的情景时，他都以有组织的方式进行扫视。物体的活动、黑白对照、声音大小、节奏和声调的变化，都会吸引和维持新生儿的注意。他认为新生儿的注意具有以下五点规律：

①新生儿在清醒时，只要光线不是过强，都会睁开眼睛。

②在黑暗中，新生儿也会对环境进行有控制地、仔细地搜索。

③在明亮的环境中，面对无形状的情景时，新生儿会对相当广的范围进行扫视，搜索物体的边缘。

④新生儿一旦发现了物体的边缘，就会停止扫视，视线停留在物体边缘附近，并试图用视线去跨越边缘。如果边缘离中心太远，视线不可能达到边缘，就会继续搜索其他边缘。

⑤当新生儿的视线落在物体边缘附近时，他会去注意物体的轮廓。比如，新生儿看见一个白色背景上有一个黑色长方形时，他的视线会跳到黑色轮廓上，在它附近徘徊，而不是在整个视野范围内扫视。这说明新生儿比较注意对比鲜明的东西，注意轮廓或形状的边缘，不是注意图案的内容。

（2）从关注外在，转向关注内在

随着选择性注意的发展，由刺激物的物理强度（声音强度、颜色的亮度等）转向刺激物对学前儿童的意义，即满足学前儿童需要的程度。例如，新生儿喜欢注意人脸，喜欢听妈妈的声音，因为妈妈对他来说，具有重要的意义。

（3）注意的范围扩大

注意的范围也称注意的广度，是指一个人在同一时间里能清楚地把握对象的数量。一个人的经验越多，他的注意广度就越大。1971年文格在实验中要求儿童从一些长短不同的小棍中，找出一根和样本木棍长短相等的小棍。结果是3～4岁幼儿只看了几根小棍后，便取出一根认为与样本长短相等的小棍，即使错了，下次扫描范围也不扩大；4～5岁幼儿扫描范围增大，也比较系统化；6～7岁幼儿，扫描更系统化，并且把注意集中在与样本木棍长短近似的小棍上。比如让幼儿看一幅图画，年龄小的学前儿童看一遍后只能说出两三样东西，而随着年龄增长，对图片的描述越来越全面。另外，个体的情绪对注意的广度也有影响，情绪越紧张，注意广度就越小。

（4）注意的对象越来越复杂

出生初期偏好简单图形，1岁前偏好复杂的刺激物：偏好曲线多于直线；偏好不规则的模式多于规则的模式；偏好密度大的轮廓多于密度小的轮廓；偏好集中的刺激物多于分散的刺激物；偏好对称的刺激物多于不对称的刺激物。

头3个月婴儿对简单几何形体的注意有两个明显发展趋势：

第一，从注意局部轮廓到注意较全面的轮廓。新生儿在注意简单的物体时，把焦点集中在形体外周单一的突出的特征。3个月的婴儿的注意则已经比较全面。

第二，从注意形体外周到注意形体的内部成分。新生儿在注视某个形体时，如果该形体既有外部成分，又有内部成分，他很少去注意其内部成分，他的注意倾向于外部轮廓。可是2个月婴儿的注意就发生了变化，他开始有规则地注视形体的内部成分。

随着年龄的增长，学前儿童注意的选择性在很大程度上是由学前儿童的兴趣和情绪引起的，与学前儿童的理解水平和学前儿童的经验有着密切关系，同时也受强化方式的影响。

（二）无意注意的发生和发展早于有意注意的发生和发展

从是否付出意志努力来分，注意分为无意注意、有意注意、有意后注意。无意注意是事先没有预定的目的，也不需要付出意志努力的注意。有意注意是有预定目的，需要一定意志努力的注意。往往有这样一个过程：困难、单调→不吸引人注意→不感兴趣→非做不可→意志。有意后注意是事先有预定的目的，但不需要意志努力的注意。有意后注意是在有意注意的基础上发展起来的。

1. 无意注意的发展

3岁前幼儿的注意基本上都属于无意注意。3～6岁幼儿的注意仍然主要是无意注意，但是和3岁前儿童相比，幼儿的无意注意有了较大发展。

引起无意注意的条件是什么呢？从刺激物的特点来看，首先，刺激的强度，比如大的声音、鲜艳的颜色、浓重的气味都容易引起学前儿童的无意注意，所以教室环境创设应活而不乱，教师本人的服饰不要过于花哨；其次，刺激之间的差异程度，比如白底黑字，鹤立鸡群也易吸引学前儿童，所以幼儿教师讲话时抑扬顿挫更容易引起学前儿童的注意；再次，刺激的变化，比如当学前儿童注意人脸时，被注意者一直眨眼的话，学前儿童注意的时间会更久；最后，刺激物的新异性也易引起学前儿童的无意注意，所以教育内容及教学方式和方法要新颖、丰富。

是否引起学前儿童的无意注意还与个体的主观状态有关，包括个体的需要和兴趣、精神与机体状态及生活经验。学前儿童最初表现出来的注意的选择性是原始的、先天的，随着学前儿童逐渐长大，后天习得的选择性就产生了。研究表明，学前儿童更趋向于注意物体的形状，但是如果当学前儿童偶尔对颜色表现出注意时，母亲立刻温柔地抚摸他，学前儿童就会逐渐趋向于注意颜色。这是一个非常典型的后天训练或强化过程影响学前儿童注意选择性的事例。

3个月以后的婴儿，生理成熟对他的注意的制约作用已经不像以前那么重要，经验开始对婴儿的注意起作用。学者格林贝格先测验了婴儿对点子和格子模式的注意，然后对婴儿进行训练。他把婴儿分为三组。第一组在8～10周时看4×4的格子板，到10～12周时看6×6的格子板。第二组看最复杂（24×24）的格子板。第三组看灰色（无格子）的板。最后，向三个组的婴儿展示最复杂的格子板时，第三组比其他两组注意这个最复杂的模式的时间少得多。总的来说，8～10周的婴儿偏好8×8的格子板，12周的婴儿偏好24×24的格子板。他由此得出结论：即使在这样幼小的年龄，认知的发展也是可以训练的。换句话说，经验在注意的选择上已经起作用。

2. 有意注意的发展

在学前期有意注意处于发展的初级阶段，水平低，稳定性差，而且依赖成人的组织和引导。研究发现，很小的婴儿不会追踪、寻找在他的视线中消失的物体，七八个月以后，能注视物体藏匿的地方甚至能把它找出来。用视线引导寻找的动作，说明婴儿的注意已带有预期性，即某种目的性的萌芽。婴儿末期，随着婴儿活动能力及言语理解能力的发展，成人开始要求他们做一些力所能及的事（如让他们到卧室拿衣服等），为此，他们必须使自己的注意服从于所要完成的任务。这样，有意注意就开始萌芽了。研究指出，学前儿童有意注意的形成大致经过如下三个阶段：①学前儿童的注意由成人的言语指令引起和调节。七八个月以后，成人常用言语指引学前儿童的注意："宝宝，看！帽帽！""宝宝，听！谁唱歌了？"边说边用手指向帽子或人，成人的言语指令使儿童的注意具有外加的目的，这时学前儿童的注意就不再完全是无意的了，而开始具有有意性。②学前儿童通过自言自语控制和调节自己的行为。掌握言语之后，学前儿童常常一边活动（如绘画或游戏等）一边自言自语："我要画一只小猫"，"可别忘了画小猫的胡子哦！"自觉地用自言自语使注意指向和集中到当前的活动上。③运用内部言语指令控制和调节行为。随着内部言语的形成，学前儿童逐渐学会自己确定行动目的、制订行动计划，并排除干扰，使注意稳定又指向和集中到与活动任务有关的对象上，这已是高级水平的有意注意了。

学前儿童的有意注意有以下特点：①学前儿童的有意注意受大脑发育水平的局限，有意注意是由脑的高级部位控制的，大脑皮质的额叶部分是控制中枢所在，额叶的成熟，使学前儿童能够把注意指向必要的刺激物和有关的动作，主动寻找所需要的信息，同时抑制对不必要的刺激的反应，即抑制分心。额叶在青年期才达到成熟水平，因此，学前期有意注意开始发展，但远未发展成熟。②学前儿童的有意注意是在外界环境，特别是成人的要求下发展的，在幼儿园里必须遵守各种行为规则，完成各种任务。所有这些，都要求学前儿童形成和发展有意注意，注意服从于任务的要求。因此，各种生活制度和行为规则，是使学前儿童有意注意逐步发展的主要因素。因此，学前儿童的有意注意需要成人的指引。成人的作用在于：帮助学前儿童明确注意的目的和任务，产生有意注意的动机；用语言组织学前儿童的有意注意。成人提出问题，往往能够引导学前儿童有意注意的方向，使学前儿童有意地去注意某种事物。所以，幼儿园的集体教学活动中，教师的提问显得尤为重要。好的集体教学活动，一定是由几个恰到好处的提问，引导学前儿童进行思考和学习。

学前儿童逐渐学习一些注意方法。从根本上讲，有意注意是自觉进行的，保持有意注意需要克服一定的困难，因此有意注意要有一定的方法。学前儿童在成人的教育和培养下，逐渐能够学会一些组织有意注意的方法。例如，用自己的语言来组织注意，或用各种动作来保证。

学前儿童的有意注意，由于发展水平不足，需要依靠活动进行。把智力活动与实际操作结合起来，让注意对象成为学前儿童的直接行动对象，使学前儿童处于积极的活动状态，有利于有意注意的形成和发展。所以，可以从注意发展的角度来解释，为什么在《3—6岁儿童学习与发展指南》中强调："最大限度地支持和满足幼儿通过直接感知、实际操作和亲身体验获取经验的需要。"

（三）注意控制的时间在延长，注意的稳定性在发展

注意的稳定性是个体在较长时间内将注意集中在某一活动或对象上的特性。与之相反的注意品质是注意的分散。半岁以上的婴儿能对特定的事物或对象较久地保持在心理定向之中。他们对熟悉的、偏爱的刺激物，在注视和倾听上驻守较长的时间。对陌生的人或物常常产生较长时间的警觉性注意，是经过内在比较、匹配过程的有意注意。

许多研究表明，学前儿童注意的稳定性随着年龄的增长而增强。实验证明：在良好的教育环境下，3岁幼儿能够集中注意3～5分钟，4岁幼儿能够集中注意10分钟左右，5、6岁的幼儿能够集中注意15分钟左右。如果成人组织得当，5、6岁的幼儿注意稳定性可保持20分钟左右。

（四）注意分配能力的增强，分配性注意在发展

注意的分配是指个体的心理活动同时指向不同的对象的特点，即常说的"一心多用"。对于学前儿童来说，如果对同时进行的几种活动都比较熟练，或者对其中一种活动掌握得非常熟练，甚至接近于自动化的程度，那么注意的分配就比较好。比如，学前儿童一边唱歌，一边跳舞时，必须一项已经非常熟练，才能很好地配合。或者是同时进行的两种或几种活动，在头脑中形成密切的联系。

（五）对注意的监控和调节在增强

大脑的前额叶对于注意的监控和调节起着非常重要的作用。随着大脑功能的逐渐发展，注意的监控和调节能力也在发展，表现在根据任务主动、及时地将注意从一个对象或一种活动转移到另一对象或另一种活动中去。例如，学前儿童要从游戏状态转移到睡眠状态，从听故事到穿好衣服去散步，从画画到吃饭，等等。

三、促进学前儿童注意发展的途径

（一）培养学前儿童专注做事的好习惯

当学前儿童非常专心地从事一项活动时，不管从成人看起来多么不合常理，也不要轻易地打断，不要对学前儿童的活动横加干涉或粗暴地制止。

当学前儿童为某事大哭时，很多家长的哄劝方式是：转移学前儿童的注意力，如让他听什么声音或看谁来了。其实这样做是对学前儿童注意力的干扰，学前儿童大声哭时注意力很专注，可以让他哭闹一会儿，等他渐渐平静下来，再对哭闹行为给予讲解。

（二）营造安静、简单的环境

学前儿童注意稳定性差，容易因新异刺激而转移，这是学前期儿童的普遍特点。因此，成人应根据这一特点，排除各种可能分散学前儿童注意的因素，为学前儿童创造安静、简朴的物质环境。

（三）明确活动的目的和要求

注意是为任务服务的，任务越明确，完成任务的愿望越迫切，注意就越能集中和持久。要想使学前儿童的注意持久，成人不能强迫他做什么，而要让他知道为什么要这样做，激发他做好这件事的愿望。因此，在活动之前，家长应当帮助学前儿童明确活动的目的和要求。在活动过程中，家长应当及时提醒学前儿童，使其注意力始终指向某个方向。

（四）运用语言指导学前儿童的注意

从学前儿童能听懂语言开始，就可以用语言指导学前儿童的注意。2岁的婴儿可以听懂简短的故事、民谣，并能理解其含义。到了学前期，学前儿童开始注意语言及其含义。可以用语言把学前儿童的注意从游戏转移到看图书和听、讲故事上来，从画画转移到收拾玩具上来。

（五）在游戏中培养注意的良好品质

用游戏的方式来支配学前儿童的注意，往往容易被学前儿童所接受。学前儿童常常会连续几分钟不停地玩弄新的玩具，不时地敲敲、看看，然后把玩具扔在一旁，又去玩另一种东西。遇到这种情况，成人可以待他不玩时，马上拿起它，接着与他一起玩，并且可以变换一下玩的方法，这些新的玩法会把学前儿童的注意力集中在一种玩具上。

学前儿童的自控能力较差是注意力容易分散的另一个重要原因。通过不同的游戏活动，学前儿童可以慢慢地将外在的游戏规则内化为内在的自我约束。

（六）有规律的生活

学前儿童一日生活的节奏以及各种活动的时间长短都会影响他的注意力。因此，家长应当注意安排好学前儿童的生活作息。不要睡得太晚，周末不要玩得太久，让学前儿童的生活有张有弛、动静交替。

（七）培养学前儿童注意事物的广度

学前儿童注意力差的另一表现是不能同时注意多个事物。为此，成人应当有意识地设计一些活动来培养儿童的注意广度。

（八）激发学前儿童对活动的兴趣与需要

兴趣与需要是学前儿童活动的内在推动力，是直接影响学前儿童注意力的情感系统。为维持学前儿童对某一活动的持续兴趣，教师应当注意活动内容的难度要适合学前儿童的水平，既要让学前儿童体验到成功的快乐，同时又能感受到一定的挑战。

【幼儿园教师资格证考试：考点预测】

1. 学前儿童认真完整地听完老师讲的故事，这一现象反映了幼儿注意的什么特征？（　）

A．注意的选择　　B．注意的广度

C．注意的稳定性　　D．注意的分配

2. 学前儿童有意注意的特点是（　）。

A．受刺激物强度的影响　　B．受刺激物新异程度的影响

C．受个体需要的影响　　D．在外界环境，特别是成人的要求下发展

3. 以下描述中不属于1岁前儿童注意偏好的是（　）。

A．偏好复杂的刺激物　　B．偏好曲线多于直线

C．偏好不规则的模式多于规则的模式　　D．偏好密度小的轮廓多于密度大的轮廓

4. 教师可以从哪些方面观察幼儿的注意是否集中？

知识拓展

人们平常所说的“多动症”，学名叫作“注意缺陷多动障碍”，是比较常见的儿童期心理障碍之一。

蒂姆是一名学龄前儿童，总是精力充沛，他不是在家具上爬爬跳跳、晃椅子、跑来跑去、摔玩具，就是大喊大叫，似乎他的“马达”总是在高效运转。上幼儿园以后他总是给其他小朋友捣乱，一遇排队就很难受，坐不了多久就要起身。他的父母和老师都认为充满活力是好事，但是敦促他端正坐姿、集中注意力、耐心排队等候时，总是令人疲惫不堪。

多数儿童喜欢到处活动，他们更愿意通过移动和行动而非静坐听讲来学习。但如果儿童的活跃程度远远超过他们年龄的正常范围，就可能患上了注意力缺陷多动障碍（多动症）。多动症患儿过度活跃，很难集中注意力和控制冲动，其表现与其发展水平不符。多动症症状出现得很早，一般在7岁之前，并一直贯穿整个童年时期，常延续至青春期和成年时期。可以想见，多动与注意力缺陷两种症状联合，非常麻烦。儿童进入童年中期后，多动症状会逐渐减少，但是注意力问题仍然存在。现在，临床医生将多动症分为以下4类：①主要问题是注意力不集中。②主要问题是多动。③两者都有。④无明显特征。

根据家长和老师的描述，很多幼儿园多达一半的儿童“过度活跃”，其中只有4%～8%

确实达到多动症的临床条件，男孩患多动症的概率比女孩高3倍。多动症的原因尚无法确定，但多数研究结果都指向遗传因素和大脑额叶区域存在的问题，额叶区域控制注意力、组织，以及行为的抑制与管理。研究人员推测多动症的遗传率估值高达0.89。同卵双胞胎出现的相同多动症症状多于异卵双胞胎，儿童与亲生父母身上出现的相同多动症症状多于养父母。分子遗传学研究表明，控制大脑多巴胺和血清素水平的若干基因也对多动症有较小的影响。不知为何，虽然多动症在社会经济地位较低的群体中比较普遍，但是研究人员发现，在各个经济水平的国家都有多动症存在。部分疑似原因在仔细研究中遭到否定，其中包括糖过量、食物过敏、教养不当、学校环境不佳、城市生活、看电视过多——科学研究无法提供证据证明以上各种因素是造成多动症的原因。多动症儿童所处家庭普遍存在家庭冲突。多动症儿童比正常儿童更加健谈叛逆，也更难满足，而父母（特别是母亲）往往反应消极，较少积极回应。父亲与多动症儿童之间相处问题较少，可能由于父亲与孩子相处时间更短，或父亲往往带孩子打打闹闹，更适合与过度活跃的孩子相处。如果子女患有多动症，父母更易产生婚姻矛盾，分居率、离婚率更高，饮酒更多，母亲更容易抑郁。目前尚不清楚到底是这些家庭问题造成了多动症，还是父母面对多动症儿童压力过大进而产生家庭问题，但是证据似乎倾向于后者。

多动症儿童不仅有家庭问题，在学校也不顺利。在美国，到青少年时期，约40%的多动症儿童已经接受某种形式的特殊教育。患多动症的学生中，25%被学校开除，35%留级至少1年，辍学人数高达30%，大多数没有继续上大学。临床医生认为约50%的多动症儿童直到成年之后仍表现多动症症状，并因此在工作和社会关系中出现严重问题。还需指出，很多患病的青少年和成人都找到了解决多动症的方法，很多人也上了大学，事业有成。

多动症无法治愈，但存在有效的治疗方法。讽刺的是，最常用也最有效的治疗方法是使用精神兴奋药物。利他林等兴奋药物可以激活大脑部分区域，帮助儿童控制冲动，集中注意力。使用药物后，80%的儿童在集中注意力、运动控制、与人合作、专注任务的能力等方面明显好转。如果同时进行父母培训和学校干预，父母和学校对儿童与人合作、专注任务的行为予以奖励，对儿童错误行为予以剥夺特权或计时隔离等惩罚，治疗就会取得更好的效果，如果父母和老师分别在家里和学校实施行为管理计划，并保持一致，治疗效果最好。美国儿科学会建议针对多动的学龄前儿童应优先用行为疗法，对小学儿童应该结合采用行为疗法和药物疗法。

第二节　学前儿童记忆的发展

人们经常发现这样一种现象：幼儿教师花大力气教幼儿记住某首儿歌，有时候幼儿不能完全记牢，但他们偶尔听到小伙伴自己改编的童谣，看到某个电视广告，只需一两次他们就把广告词熟记心中，要解释这种现象就要了解学前儿童记忆的特点。

俄国著名的科学家谢切诺夫曾说过，一切智慧的根源都在于记忆，记忆是整个心理活动的基本条件。人的知识、经验的积累，技能、技巧的获得，各种习惯的形成都离不开记忆。同时，记忆也是想象、思维、情感、意志等心理过程和能力、性格等个性心理发展的基础。

一、记忆在学前儿童心理发展中的作用

（一）记忆与知觉的发展

记忆是在知觉的基础上进行的，知觉的发展离不开记忆。知觉中包括经验的作用。比如，幼小的婴儿经常用奶瓶吃奶或喝水，当他只看见奶瓶的一个侧面时，就"知道"那是可以给他提供食物的东西，能够马上做出吃奶的反应。婴儿听见母亲的声音就安静下来或活跃起来。这些对奶瓶的知觉或对母亲声音的知觉，已经和经验发生了联系，而他之所以能够和过去的经验相联系，依靠的是记忆。再比如，学前儿童观察图画时，小兔子的身体被花草树木挡住了，只露出一双长耳朵或一条短尾巴，学前儿童依然把它作为一整只兔子辨认出来，这是以往经验的补充作用的结果。

（二）记忆与表征、想象、思维的发展

学前儿童的表征、想象和思维过程都要依靠记忆。正是记忆把知觉和表征、想象、思维联结起来，使学前儿童能够对知觉到的材料进行想象和思维。记忆不仅是联系感知与表征、想象、思维的桥梁，而且为表征、想象、思维活动提供"原材料"，是表征、想象、思维活动的"基础"或"前提"。学前儿童最原始的想象和记忆不容易区分，2岁左右的儿童的想象基本上是记忆的简单加工或记忆表象在新情境下的"复活"。比如，学前儿童曾看见大人抱小娃娃，他也抱玩具娃娃。在皮亚杰的一个典型事例里，小女孩在厨房桌上看见一只拔了毛的死鸭子，深为震惊。当天晚上，她沉默不语地躺在沙发上，别人以为她得了病，她也不回答任何问题。过了一会儿，她大声回答说："我就是厨房里那只死了的鸭子。"这个女孩把记忆中的死鸭子躺着不动的表象迁移到了自己躺着不动的情境中。

（三）记忆与语言的发展

学前儿童学习语言也要依靠记忆。学前儿童有时说了后面的话忘了前面的，就明显暴露了言语活动与记忆联系的不足。第一，学前儿童只有记住某个声音所代表的语义，才能理解语词。第二，语义记忆或语词–逻辑记忆，其本身就是对用语词概括的各种有组织的知识的记忆，学前儿童的语义记忆和学前儿童的语词概括能力关系尤为密切。第三，在语言交际过程中，在听别人说完一句话之前，要把这句话前面那部分暂时记住，才能和后面所说的词联系起来理解；自己说完一句话或一段话时，也要把自己说过的词或句暂时记住，才能做到说话前后连贯。

（四）记忆与学前儿童情感的发展

学前儿童是通过记忆所保持的经验才能对与经验有关的事物发生一定的情绪体验，这一点尤其突出地表现在学前儿童的情绪记忆上。通过记忆，学前儿童对与经验有关的事情发生一定的情感体验，学前儿童的情感从而丰富起来。

（五）记忆与学前儿童意志的发展

学前儿童的意志行动，也离不开记忆。意志是有目的的行动，在行动过程中必须始终记住行动目标。幼小儿童和失去记忆能力的病人在意志行动中有相似之处，他们往往在行动过程中

忘记了原先激起行动的动机和目的，因而不能坚持完成任务。比如，孩子奉命去拿一个勺子，走到半路看见地上有一个球，于是忘了去拿勺子的任务，踢起球来。

二、记忆的发生

（一）记忆发生的指标

婴儿记忆发生的指标有三个：①习惯化，在本章第一节注意部分已讲述过，此处不再赘述；②条件反射，条件反射的建立，可以作为记忆的另一种指标，对条件刺激物做出条件性反应，表明再认的存在；③重学记忆，当学前儿童学习了一种知识或技能以后，经过一段记忆消失的时间，重新用同样的方法学习，第二次学习所需要的时间或次数比第一次要少一些，这就是重学记忆。

（二）记忆发生的时间

作为记忆的指标，习惯化是不学而能的，新生儿出生后不久即出现对刺激物的习惯化，这是原始的记忆因素。经过训练，出生后两三天的新生儿能在30分钟内学会对一种声音（如“沙沙”声）连续两次向左转头45°，以得到糖水；对另一种声音（如“嗡嗡”声）连续两次向右转头45°，以得到糖水。隔半小时后，把要求改变为对“沙沙”声向右转头两次，对“嗡嗡”声向左转头两次，这种逆转学习也只需要30分钟左右的时间。这项人工条件反射的实验研究表明，新生儿出生后两三天就有记忆。另一项人工条件反射的实验研究发现，新生儿记忆发生的时间更早：布拉斯的实验材料指出，刚刚出生2小时的新生儿就可学习并认识到条件刺激物和食物之间的预示性关系，在几小时之内就可以形成初步的条件反射。

三、学前儿童记忆发展的趋势

（一）记忆提取方式的发展

学前儿童最初出现的记忆全都是再认性质的记忆。例如，偶然相逢童年伙伴，但还能够认出来。又如，过去听过的歌曲再次播放时能够确认这是曾经听过的，这是再认；谈起过去某个同学的名字，脑中就出现了此同学的形象，可这个同学此时并不在场，这就是回忆。回忆和再认的差距随着年龄的增长而缩小。婴儿出现怕生是再认能力提升的体现。1岁前再认的潜伏期只有几天；2岁可能延长到几周；6个月以后回忆能力有很大发展，开始用行动表现出初步的回忆能力。延迟模仿是婴儿回忆能力逐步走向成熟的表现。比如，他们喜欢做藏找东西的游戏。他们常常能够替成人找到东西。有时甚至是只看过一次的东西，也能够找出来。1岁左右的儿童能够回忆几天或十几天前的事情，2岁左右可以保持几个星期，3岁以后能够达到几个月或更长时间。还有人观察到1岁左右的儿童甚至能找到不在眼前的已知物体。这与皮亚杰所说的儿童客体永久性的发展是一致的。

学前儿童在整个学前期回忆都落后于再认，比如，让学前儿童看12张图片，4岁学前儿童能再认12张，却只能回忆2～3张；10岁儿童能再认12张，回忆8张。回忆和再认的差别，是由于其活动机制的不同。再认主要依赖的是感知，回忆主要依靠的是表象。感知是学前儿童自出生以后就已经具有或开始发展的。表象则在1岁半至2岁才开始形成。另外，感知的刺激是在眼前的，立即可以引起记忆痕迹的恢复；表象的活动，还有待学前儿童在头脑中进行搜索，而记忆的首要问题不在于储存，而在于检索。

（二）记忆的广度增加

学前儿童记忆中所保留的信息容量起先是很小的，随着年龄增长，记忆容量逐渐增加。

米勒在1956年发表了《神奇的数字7±2：我们信息加工能力的局限》。研究发现短时记忆的容量是7+2个组块，组块是指人们在过去经验中已变得相当熟悉的一个刺激，独立组块后扩展了短时记忆的容量。列昂从工作记忆角度探讨学前儿童记忆容量的变化：3岁儿童能记住3.91个信息单位，4岁儿童能记住5.14个信息单位，5岁儿童能记住5.69个信息单位，6岁儿童能记住6.10个信息单位，7岁儿童还没有达到7个信息单位的广度。

学前儿童记忆广度的增加受生理发育的局限。学前儿童大脑皮质的不成熟，使他们在极短的时间内来不及对更大的信息量进行加工，因而不能达到成人的记忆广度。学前儿童记忆容量的增加，主要不在于记忆广度的扩大，而在于把识记材料联系和组织起来的能力有所发展。

（三）记忆内容的种类增多

1. 运动记忆

按照记忆内容的不同，把记忆分为运动记忆、情绪记忆、形象记忆和语词记忆。

运动记忆，又称动作记忆，是指所识记的内容是人的运动或动作的记忆。学前儿童最早出现的就是运动记忆。对喂奶姿势的食物性条件反射、婴儿学会各种动作和技巧，都是依靠运动记忆，更多由皮下系统支配。

2. 情绪记忆

情绪记忆是对体验过的情绪或情感的记忆。学前儿童喜爱什么、依恋什么、厌恶什么、害怕什么都是情绪记忆的表现。学前儿童对带有感情色彩的东西容易记忆和保持。情绪记忆出现也较早。情绪记忆与皮下结构，特别是丘脑有密切关系。

3. 形象记忆

形象记忆是以感知过的事物的具体形象为内容的记忆。比如，婴儿认识自己的奶瓶、认识妈妈、能分清熟悉的人和陌生人，都是形象记忆的表现。在学前儿童的记忆中，形象记忆占主要地位，所占比重最大。幼儿的形象记忆主要是依靠视觉表象进行的。

4. 语词记忆

语词记忆是以语言材料作为内容的记忆，这种记忆是在学前儿童掌握语言的过程中逐渐发展的。学前儿童的语词记忆发展得最晚，要求大脑皮质活动机能的发展，特别是语言中枢的发展作为生理基础。

学前儿童记忆发生发展的顺序：运动记忆（出生后2周）→情绪记忆（6个月左右）→形象记忆（6~12个月）→语词记忆（1岁左右）。

随着学前儿童动作的发展，学前儿童和外界交往范围的扩大，活动的多样化，记忆范围也随之扩大。记忆范围的扩大是指记忆材料种类的增多，内容的丰富。婴儿期，由于接触的事物数量和内容都很有限，记忆的范围较小，多属于与事物的形象、自己的情绪和动作特征有关的记忆。随着学前儿童动作的发展，和外界交往范围的扩大，活动的多样化，记忆范围随之扩大，记忆材料也由形象、动作、情绪逐渐扩展到以语言形式存在的间接经验。

（四）无意记忆占优势，有意记忆逐渐发展

按心理活动是否带有意志性和目的性分类，可以将记忆分为无意记忆和有意记忆两种。学前教育主要是帮助学前儿童实现从“无意”记忆和学习向“有意”记忆和学习转化。这一转化

不仅是幼小衔接的要求，从发展心理学的角度，这也是学前儿童发展过程中对认知的自我意识和认知控制的重要部分。它可以促进推理、思考、问题解决、决策等更高级心理过程的发展。因此，学前教育工作者面临的挑战是，为学前儿童设计的活动和经验里要呈现一些学前儿童容易理解和可以记忆的观点和信息，同时还要有助于培养他们的记忆和学习能力，或帮助他们成为更加独立、更能自我调节的学习者。

1. 无意记忆的发展

（1）无意记忆的效果优于有意记忆

苏联心理学家陈千科的一项实验里，实验桌上画了一些假设的地方，如厨房、花园、睡眠室等，要求幼儿用图片在桌上做游戏，把图上画的东西放到实验桌上相应的地方。图片共15张，图片上画的都是学前儿童熟悉的东西，如水壶、苹果、狗等。游戏结束后，要求学前儿童回忆所玩过的东西，即对其无意记忆进行检查。另外，在同样的实验条件下，要求学前儿童进行有意记忆，记住15张图片的内容。实验结果表明，幼儿中期和晚期记忆的效果都是无意记忆优于有意记忆。到了小学阶段，有意记忆才赶上无意记忆。这个实验的结果可以帮助人们从记忆的角度来理解，为什么《幼儿园教育指导纲要》（试行）中规定："幼儿园教育应尊重幼儿的人格和权利，尊重幼儿身心发展的规律和学习特点，以游戏为基本活动"。

（2）无意记忆效果随着年龄增长而提高

由于记忆加工能力的提高，学前儿童无意记忆随着年龄发展。比如，给小、中、大三个班的学前儿童讲同样一个故事，事先不要求记忆，过了一段时间以后，进行检查。结果发现，年龄越大的学前儿童无意记忆的成绩越好。据上海市徐汇区对107名学前儿童的调查，学前儿童对直观物体的无意记忆，小班的记忆完整率为21%，中班为29%，大班为50%。天津幼儿师范学校心理组对4～7岁儿童无意记忆的研究也说明，对10张画有常见物体的图片进行无意记忆，其效果随年龄增长有所提高。

（3）无意记忆是积极认知活动的副产物

学前儿童的无意记忆，不是由于学前儿童直接接受记忆任务和完成记忆任务而产生的，而是学前儿童在完成感知和思维任务过程中附带产生的结果，是一种副产物。事实证明，学前儿童的认知活动越是积极，其无意记忆效果越好。

学前儿童无意记忆的效果依赖于下列因素：①客观事物的性质。直观、形象、具体、鲜明的事物，以其突出的物理特点，容易引起学前儿童集中注意，也容易被学前儿童在无意中记住。②客观事物与学前儿童（主体）的关系。对学前儿童生活具有重要意义的事物，符合学前儿童兴趣的事物，能激起学前儿童愉快、不愉快或惊奇等强烈情绪体验的事物，都比较容易成为学前儿童注意和感知的对象，也容易成为无意记忆的内容。比如，感人的道德故事，就比空洞的道德说教容易使学前儿童记住。学前儿童挨重打后的痛苦，有时使他久久不忘，也和这种因素有关；学前儿童认知活动的主要对象或活动所追求的事物，如果使识记对象成为学前儿童活动任务中的主要对象，学前儿童在活动过程中始终不能离开对该对象的认知，那么，对这种对象进行无意记忆的效果也较好。比如，发给学前儿童15张图片，每张图片中央画有学前儿童熟悉的物体，图片的右上角画有同样醒目的符号，如·，+，○等（图3-1），把学前儿童分为两组，一组的任务是按物体的特点分类，如猫和狗放在一起，另一组的任务是按符号分类，如把有·符号的放在一起。分类完毕后，要求学前儿童回忆各图片上的物体。结果发现，按图形所示物体分类的学前儿童，平均记住10.6个物体；按符号分类的学前儿童，平均只记住3.1个物体。说明由于活动中辨别的主要对象不同，对图形的无意记忆效果也不同。

图3-1 不同标准的分类

又如，在日常生活中，学前儿童经常在院子里玩，却不知道院子里有哪几种树，树叶有什么不同。在老师组织了拾落叶的活动以后，由于活动要求尽可能多找出几种叶子，学前儿童自然而然地记住了院子里的树和树叶的形状。

多种感官参加有助于提高无意记忆的效果。比如，同一年龄班的学前儿童分为两组进行实验，学习同一首儿歌。第一次，甲组边看图片边听歌词，乙组不用图片，只听歌词。第二次，两组交换识记方法，学另一首儿歌。结果，通过视听两个通道记忆时，儿童平均得分为76.7分，而单纯通过听觉记忆的平均成绩仅为43.6分。活动动机不同，无意记忆的效果也不同。例如，在完成学习任务和竞赛性游戏这两种不同条件下，让大班幼儿分别按事物的意义联系（如，锤子—钉子，河—船）或事物的特性联系（如，公鸡—喔喔啼，小鸟—会飞）去想出10个词，把学前儿童分为活动动机不同的两个小组，一组是为了完成学习任务而做，另一组是为了在游戏中和别人竞赛。结果表明，学前儿童在竞赛性游戏中积极性较高，无意记忆的效果也较好。

2. 有意记忆逐渐发展

有意记忆的发展，是学前儿童记忆发展中最重要的质的飞跃，学前儿童有意记忆的发展有以下特点。

（1）有意记忆是在成人的教育下逐渐产生的

成人在日常生活和组织学前儿童进行各种活动时，经常向他们提出记忆的任务。比如，在家里，父母会对孩子说："记住，去问问老师……"在幼儿园，老师也会嘱咐："回家告诉爸爸妈妈……"在讲故事前，预先向学前儿童提出复述故事的要求，背诵儿歌时，要求他们尽快记住。这一切，都是促使有意记忆发展的方法。

（2）有意记忆的效果依赖于对记忆任务的意识和活动动机

学前儿童意识到记忆的具体任务，影响学前儿童有意记忆的效果。比如，学前儿童在玩"开商店"游戏时，担任"顾客"的角色，"顾客"必须记住应购物品的各种名称，角色本身使学前儿童意识到这种识记任务，因而也就努力去识记，记忆效果也有所提高。

活动的动机对学前儿童有意记忆的积极性和效果都有很大影响。一些专门的实验或测验，把学前儿童带到实验室里，简单地要求他们完成记忆任务，学前儿童对这种活动缺乏积极性，记忆效果往往比较差。而在游戏中，有意记忆的效果比较好，表3-1说明学前儿童在完成实验任务和游戏两种不同活动动机下有意记忆效果的差异。在实际生活中，如果成人提出的要求恰当，使学前儿童明确记忆的目的任务，那么，在完成任务中，有意记忆的效果甚至超过游戏的效果。

表3-1　不同活动动机下的有意记忆效果

年龄（岁）	完成实验任务（个）	游戏（个）	完成实际任务（个）
3	0.6	1.0	2.3
4	1.5	3.0	3.5
5	2.0	3.3	4.0
6	2.3	3.8	4.4

（五）机械记忆和意义记忆的发展

根据对记忆材料是否理解，记忆可分为机械记忆和意义记忆。机械记忆指对所记材料的意义和逻辑关系不理解，采用简单的、机械重复的方式进行的记忆，也就是平常所说的“死记硬背”；意义记忆，是指根据对所记材料的内容、意义及其逻辑关系的理解进行的记忆，因此，也称为理解记忆或逻辑记忆。学前期是意义记忆迅速发展的时期，概括起来有以下特点。

1. 机械记忆用得多，意义记忆效果好

（1）机械记忆用得多

学前儿童给人的印象是大量利用机械记忆。实际上，学前期意义记忆在迅速发展。学前儿童在记忆过程中越来越多地依赖于理解，并把记忆材料加以系统化。

学前儿童较多运用机械记忆，可能出于两个原因。第一，学前儿童大脑皮质的反应性较强，感知一些不理解的事物也能够留下痕迹。第二，学前儿童对事物的理解能力较差，对许多识记材料不理解，不会进行加工，只能死记硬背，进行机械记忆。

（2）意义记忆的效果优于机械记忆（表3-2）

许多研究材料证明，学前儿童对理解的材料，记忆效果较好。在日常生活中，学前儿童对儿歌的识记比不理解的诗词效果好。在天津幼儿师范学校心理组的实验中，学前儿童对常见物体和不熟悉的无意义图形的识记效果也明显不同。

表3-2　意义记忆与机械记忆效果比较

年龄（岁）	常见物体（个）	无意义图形（个）	比率
4	47	4	11.75 : 1
5	64	12	5.33 : 1
6	72	26	2.77 : 1
7	77	48	1.6 : 1

学前儿童对理解了的内容记忆保持的时间也较长。有研究为证：给两组学前儿童讲两个女孩子的故事，对第一组被试不用这两个女孩原来的名字，而以其主要特征“勤奋”和“懒惰”作为名字，有利于儿童理解故事内容。第二组则用两个普通名字。结果，第一组学前儿童在1个月后还能够正确描述这两个女孩的形象，第二组在5天之后已不能正确描述，而在1个月后，20名被试中已有12名把两个女孩描述成完全是中性的形象，而忽略了她们的主要特性。

为什么意义记忆比机械记忆效果好？原因如下：

第一，意义记忆是通过对材料理解而进行的。理解使记忆的材料和过去头脑中已有的知识经验联系起来，把新材料纳入已有的知识经验系统中。关于语义记忆加工的研究对有效教学有诸多重要启示。首先，这清楚地说明为什么帮助儿童将新信息或观点与他们已知的东西联系起来是很重要的。学前儿童从已有知识中搜寻有助于形成联系的东西不如成人那么有效；成人需要建构一些策略来帮助和鼓励他们这样做。在向儿童介绍新的事物时，比较有帮助的做法是提醒他们，或者最好通过精心设计的提问促使他们自己回忆与该新事物相关的已有知识。其次，在向学前儿童呈现新的信息或观点时，要求他们用这些信息或观点做点什么和让他们被动接受，两者效果会明显不同。为此，有学者曾就智力活动的重要性做出很有说服力的阐述。要求孩子用多种媒介（谈话、写作、绘画、造型等）重新表达新的观点，或请他们创造性地使用新的信息，或利用新的信息解决问题，所有这些过程都会促使他们广泛建立联系，重组他们的语义网络。这一过程必然包含新的学习。

第二，机械记忆只能把事物作为单个的、孤立的、小单位来记忆，意义记忆使记忆材料互相联系，从而把孤立的小单位联系起来，形成较大的单位或系统。

2. 机械记忆和意义记忆都在不断发展

在整个学前期，无论是机械记忆还是意义记忆，其效果都随着年龄的增长而有所提高。

年龄较小的学前儿童意义记忆的效果比机械记忆好得多，而随着年龄的增长，两种记忆效果的差距逐渐缩小，意义记忆的优越性似乎降低了。这种现象并不表明机械记忆的发展越来越迅速，而是由于年龄增长后，意义记忆和机械记忆效果的差异减少，机械记忆中加入了越来越多的理解成分，机械记忆中的理解成分使机械记忆的效果有所提高。比如，学前儿童对一些不熟悉的词，有时会按自己的理解来识记。可见两种记忆效果差距的缩小是由于两种记忆的区别越来越少，两种记忆越来越多地相互渗透，主要是意义记忆渗入机械记忆中。

（六）元记忆和记忆策略逐渐发展

1. 元记忆

元记忆的发展是指儿童对自己的记忆过程的认识或意识的发展。元记忆的发展表明了记忆过程有意性的发展。按照弗拉威尔的观点，元认知是主体对自身认知活动的认知。元记忆是一种元认知，是人们关于自己的记忆过程的认识和评价。

提高对自己记忆能力的自我意识，并在此基础上发展和运用相关策略，这样有助于使有限的工作记忆容量得到更有效的利用。这种为学习和执行较复杂认知任务而发展起来的“元认知”能力首先是由弗拉维尔等人在研究“复述”时发现。他们想探讨的问题是，学前儿童不复述是因为他们不具备这种能力，还是因为他们没意识到这是一种有用的策略。他们用一个简单的记忆任务，让一些5岁幼儿记住一些图片，并尝试教幼儿复述。这些幼儿完全能够复述，其表现与较年长儿童一样好。然而，接下来请他们完成另一项类似任务时，约一半学前儿童回到自己最初的方式，没有用复述，也没能记住。

这一研究引发了关于儿童“元记忆”发展的大量研究，这些研究探讨儿童如何发展对自己记忆能力的意识，如何建构和运用越来越复杂的策略，以及二者的相互关系。很多研究证明儿童缺乏自我意识。例如，韦尔曼考察了“话到嘴边”现象，结果显示，对于自己知道但一时说不出来的情况，儿童的判断不如成人那么准确。伊斯托明纳通过一项特别的记忆任务揭示了幼儿自我意识的发生过程。在游戏场景中，研究者要求幼儿到“商店”去买五样事先商定的东西，以便为茶话会做准备。被试瓦莱里克展现了3岁儿童的典型行为。当研究者请他去商店时，瓦莱里克很明显对这一要求很感兴趣，头快速转向商店方向，拿起篮子。“好。”他没等实验者说完就跑开了。在商店里，他好奇地查看货架上的所有货品。当售货员（实验助手）问他：“他们让你来买什么？”瓦莱里克对着玩具点点头，然后说：“糖果。”“还有呢？”售货员问。瓦莱里克有些紧张地四下张望，皱起眉头，“我可以当售货员吗？”他问道。儿童在4岁时，一些初级策略开始出现，被试艾戈尔耐心地听要求，带着慎重的表情聚精会神地盯着实验者，然后他跑开，甚至忘了拿篮子。“给我面条、一个球、黄油，就这些。”他说得很快，“请快一点，孩子们很饿。”艾戈尔知道他需要聚精会神地听，然后他冲出去执行任务，这都表明他对自己的记忆能力及其局限有一些意识。伊斯托明纳发现，儿童到5岁时通常能开始复述并对遗忘有所了解，被试塞里沙很注意地听实验者读单子上的每件东西，并低声重复。他回忆起四样东西，忘了第五个。他有些困惑地看看实验者，又一次背出那些词。“还有一样东西我要买，但我忘了是什么。”他说。

通过上述实验描述，可以看出学前儿童元记忆能力随着年龄逐步发展。

2. 记忆策略

记忆有意性的发展和记忆策略的形成有密切联系。记忆策略是指为了提高记忆效果而采取的方法，以及对记忆活动有意识控制的心理活动。

学者们对于学前儿童记忆策略的形成问题，存在不同的看法：一种观点认为5岁以前的儿童没有记忆策略；另一种观点则认为较年幼的儿童也能够运用记忆策略。格尔曼创设了一些条件，使儿童运用记忆策略的能力得到充分发挥。这些条件包括两个：一是消除一切不重要的认知成分，用最简单的形式把认知要求显露出来；二是在熟悉的环境中进行实验。格尔曼认为，明确记忆活动的要求和熟悉的环境，有助于儿童选择记忆策略。还有实验甚至发现，1岁半的儿童经过训练后，也能够有计划地进行记忆。他们让学前儿童玩找玩具的游戏，找出藏在房间里（椅子背后、枕头下面等）的玩具。他们把18～23个月的学前儿童分成两组，一组在实验室进行实验，另一组在家中，用视频记录学前儿童在记忆潜伏期的表现。他们发现学前儿童的表现如下：①说出玩具的名称或玩具所藏之处；②看着藏玩具的地方；③用手指着藏东西的位置；④走近藏东西的地方或者在它旁边走来走去；⑤偷看被藏的玩具；⑥试图伸手去拿被藏的玩具。以上表现都是为未来的回忆所做的计划行动。该研究还发现，在实验室计划的外部行为指标比在家中高出一倍。研究者认为，这说明了在不熟悉的情景下才感到有做计划的必要。但是，研究者又指出，学前儿童能够有记忆计划，并不等于能够使用最佳记忆方法。

根据以上研究可以发现，2岁以后儿童能够开始形成记忆策略。一般说来，4～5岁儿童的记忆过程比较被动，没有策略、计划和方法。5～7岁是一个转变期，7～8岁以后的儿童运用记忆策略的能力比较稳定。

20世纪90年代以后，一些研究者所得的结果几乎都揭示了一个同样的现象：随着年龄的增加，儿童使用记忆策略的有效性越来越高。

（1）复述策略

复述是非常重要的记忆策略。

弗拉维尔等做过一项实验，被试是5岁、7岁和10岁的儿童。实验时先呈现给被试7张物体图片，主试依次指出3张图片要求被试记住。15秒后，要求儿童从中指出已识记的那3张照片。在间隔时间内，让儿童戴上帽子遮住眼睛。这样儿童看不见图片，主试可以观察到儿童的唇动。以唇动次数作为儿童复述的指标。

结果显示：5岁儿童，有10%的儿童显示出重复行为；7岁儿童，有60%的儿童有复述行为；10岁儿童，有85%的儿童有复述行为。在每个年龄组，采用复述策略的儿童的记忆效果优于不进行复述的儿童。

（2）组织性策略

如果说复述策略是机械的记忆，那组织策略则是意义的记忆。人们可以通过对记忆内容的组织加工，把新材料纳入已有的知识框架之中或把材料作为合并单元而组合为某个新的知识框架，从而获得更好的记忆效果。对记忆材料可以用多种方式组织加工。例如，进行采购时，按照蔬菜类、肉类、水果类、零食类、用具类等进行分类，从而帮助记忆。大多数儿童都要在7岁以后才能逐渐表现出这种策略，学前儿童通常不会使用。

随着儿童对自己记忆和学习方式的自我意识逐渐增强，他们越来越善于生成自己的策略，并使这些策略与特定的任务更好地匹配起来。尼斯比特和舒克史密斯和其他研究者一样，也发现可以教儿童记忆策略，并且儿童会采用那些与成功表现有明显联系的记忆策略。成人对策略的清晰讨论和示范可以有效地鼓励儿童尝试各种记忆策略。还有研究表明，一旦儿童能成功使用一种记忆策略，那么他们就更有可能在其他场合运用这种策略。

四、错误记忆的发生和表现

案例

小班幼儿下课自由游戏的时间到了，宝宝和骏骏都拿来了自己喜欢的玩具一起玩，两个男孩凑在一起甭提多高兴了。宝宝拿出了飞机给骏骏玩，骏骏则拿了吊车给宝宝玩，两个小家伙交换着一会儿玩飞机，一会儿玩吊车，玩得痛快极了，特别是骏骏的吊车，宝宝总是舍不得还，玩了一次又一次，还是觉得玩不够，就连上课了还抱着吊车不肯放呢！直到下课宝宝又马上自己去拿吊车，可是这回骏骏不肯让他玩了，于是两个孩子就为了玩具吊车你争我夺地吵了起来。老师连忙赶过去劝阻，说："宝宝怎么可以未经允许拿别人的玩具呢，去还给骏骏吧！"但宝宝紧紧地抱着吊车，大声嚷着："不！这吊车是宝宝的呀！"说什么宝宝都不肯放，老师又说："不，这辆吊车是骏骏今天带来的，你今天带来的是飞机！"宝宝说："宝宝家也有的！"于是老师就请宝宝把吊车给自己暂代保管一下，这下宝宝才放手。可是到了放学回家时，宝宝又想把吊车带回家，幸好老师及时发现阻止了，可宝宝不肯回家了，非要那个吊车不可。于是老师说道："吊车是骏骏的，你不能随便带回去，如果你很想玩，可以明天来和骏骏商量，'这辆吊车真好玩，能借我玩几天吗？我一定会还给你的'。"听了这句话后，宝宝这才跟着奶奶回家了。

这个案例中的宝宝是在撒谎吗？其实不是，他可能只是发生了记忆错误。

（一）错误记忆概述

错误记忆是对过去发生事物的歪曲或是对没有发生过的事物的错误回忆。巴特莱特曾指出，错误记忆可能更简略、更概括；更完整、合理和有意义；更具体或某些特点更突出、夸张和歪曲；更生动、离奇、更具有特色。

（二）错误记忆的原因

有一个心理实验：给儿童讲述一个故事，成人给实验组A儿童错误的暗示信息，7岁儿童给实验组B儿童错误的暗示信息，实验组A的儿童错误率更高，这说明儿童更易因成人的暗示而产生记忆错误。还有一个实验：普尔和林塞在实验中让学前儿童直接跟“科学先生”进行交流。交流过程中，“科学先生”要他们示范如何通过加热苏打水和醋来给一个气球充气。三个月后，这些学前儿童的父母连续三天给他们读关于他们自己与科学先生的故事。在这个故事里，父母们描述了一些他们经历过和没经历过的事情。当一个陌生的访问者问这些学前儿童，他们和科学先生在一起做过些什么，如“科学先生用绳索拉动过机器吗?”这时，10个孩子中有4个会情不自禁地回想起，科学先生在故事里做过不是真正做过的事情。

还存在一种儿童记忆错误是无法分清楚事情是否真实地发生过，还是自己的假象。与成人相比，6岁儿童更容易混淆自己想象的事件和自己真正做过的事件。

五、“自传式记忆”能力突出

“自传式记忆”，指的是发生在个人身上的具体事件的记忆。这是关于个人经历的长期记忆。自传式记忆是情景记忆的一种类型。不同的是自传式记忆指的是“发生在‘我’身上的事情”，而情景记忆指的是“发生了的事情”。自传式记忆的内容是个人的重要经历。这些对个人意义重大的回忆构成了儿童“人生故事”的核心。不难想象的是，自传式记忆往往是生动具体的，有时甚至包括情绪、视觉和声音元素。学前儿童在小时候就开始形成自传式记忆，到2岁大的时候，就可以描述这些过去发生的事情。3～6岁的时候，学前儿童对过去事件的描述会更加具体和有条理。在童年中期时，儿童的回忆里会加入更多的背景信息和事件发生时的情境，比如事件发生时他们在哪里、他们当时的想法和感受、在场的其他人等。在与成年人交流的过程中，学前儿童学着用讲故事的方式来描述自传式的记忆。成年人会帮助学前儿童将故事更加具体化，比如通过提问题来澄清细节或者是引出更多的信息。在这个过程中，成年人教会学前儿童一种讲述自己经历的文化范式。比如，大人经常会问孩子：“你上大班时从台阶上摔下来了，你还记得吗？你还记得事故的原因吗?”通过这样的互动，学前儿童可以学会讲述记忆的一种范式，这样也可以帮助学前儿童回忆起更多已经忘记了的细节。也就是说，这样的对话可以强化那些原本在记忆中可能找不到的信息，从而促使学前儿童可以更好地回忆这些内容。互动方式与文化倾向不同会影响学前儿童最早形成记忆的年龄和儿童叙述细节的多少。互动方式包括母亲向学前儿童讲述过去发生的事情的方式，比如，有的母亲会帮助学前儿童填充细节，然后对事情做出评价；而有的母亲则几乎不做阐释与评价。文化倾向有两种：一种是仅仅将讲故事作为一种娱乐方式，另一种是将讲故事作为一种道德说教。

自传式记忆很有趣，因为它不同于对于事实和分类信息的记忆。自传式记忆对于帮助学前儿童形成自我认同也非常重要。现在还尚不清楚神经层面对自传式记忆和语义记忆的处理过程是否相同。有研究表明，处理自传式记忆和处理其他记忆用到的大脑结构不同。也有研究表明：处理自传式记忆时，要用到大脑的不同区域，包括处理事实、情绪、视觉信息的区域。

六、幼年健忘

3岁前儿童的记忆一般不能永久保持，这种现象称“幼年健忘”；3～4岁后出现可以保持终生的记忆。幼年健忘与幼小儿童大脑皮质的发展有密切关系。有一种观点认为，学前儿童在2岁以前，不具备将短时记忆中的信息转入到长时记忆系统中的能力。另一种观点认为，个体在婴儿期对信息进行编码的方式与在以后各个阶段中对信息的摄取方式不匹配而造成的。还有观点认为，3岁前儿童脑皮质的各个区域还没有完全成熟。脑的各区域成熟有先后，后发育的脑区的结构控制了先发育的脑区，妨碍了原先记忆的东西，使人不能回忆起更早发生的事情。另外，中枢神经系统神经细胞间的连接——突触的功能成熟水平也和记忆有关。幼小儿童脑细胞的树突，生长过程较慢，2~4岁才接近成人的分枝形式。4岁后树突结构发生精细的变化，对长时记忆有促进作用。

七、促进学前儿童记忆的发展的策略

1. 明确记忆的目的

有意识记的形成和发展是学前儿童记忆发展中的重要质变，识记的目的性影响记忆的效果。在日常生活和各项活动中，家长和教师要向学前儿童提出明确具体的任务和识记要求，并进行言语指导，调动学前儿童的积极性。

2. 以直观性教育为主

提供直观、形象的教育和记忆材料。让学前儿童尽可能地接触大自然，结合事实、实物进行教育。

3. 帮助理解识记材料

学前儿童以机械记忆为主，意义识记效果优于机械记忆，所以要帮助幼儿在理解的基础上进行记忆。

4. 让多种感觉参与记忆过程

感觉存储过程的另一个重要特征是，每种感官就像是一个单一通道，一次只能传输一项信息。其结果是，同一感觉通道的不同信息要一个接一个地进入。因此，同时听两个人说话是不可能的，即便他们在告诉你同一件事，但来自不同感觉通道（如听觉和视觉）的相关信息却可以彼此支持，相互强化。

在向学前儿童介绍新的信息、观点、概念时，发挥多感官信息的相互支持作用是很重要的。单纯靠听别人说或读一份材料来获取知识，这对学前儿童来说特别困难，这可以由学前儿童图画书和知识图册里的图画的重要作用来证明。特别是在向学前儿童介绍新的事物时，需要提供看、听、触摸的机会，让学前儿童以尽可能多的方式充分体验这些事物。利用多感官方式的设计，旨在帮助学前儿童学习的活动往往最容易取得成功，这就是为什么对一手材料的丰富感知经验总会对学前儿童的学习有所帮助的原因。

5. 帮助进行及时、合理的复习

学前儿童记忆的特点是记得快、忘得也快，记忆的保持性差，所以，要组织及时、合理的复习。复习形式要多样、及时，避免靠简单的重复、机械的识记来复习。结合内容用游戏、讨论、操作等让学前儿童在活动中对识记的材料进行强化，提高记忆的准确性。

6. 帮助增大记忆容量

丰富幼儿的知识经验，通过游戏来提高学前儿童的记忆能力。

7. 创造良好的学习环境，培养记忆兴趣和信心

歌德说过："哪里没有兴趣，哪里就没有记忆。"培养学前儿童对记忆材料的兴趣非常重要。对于记忆信心的培养，可以进行"阳性强化"，对学前儿童能够回忆出规定的部分给予

及时的表扬；忽略另外的记不起来的内容或另外的内容进行提示，让学前儿童有个反复学习的过程。

【幼儿园教师资格证考试：考点预测】

1．3岁的乐乐特别喜欢看动画片，能记住动画片的内容，这属于（　　）。

A．有意记忆　　B．无意记忆　　C．动作记忆　　D．语词记忆

2．妈妈只要侧抱小婴儿，小婴儿就张嘴准备吃奶，这属于（　　）。

A．情绪记忆　　B．形象记忆　　C．动作记忆　　D．语词记忆

3．以下关于学前儿童记忆的说法错误的是（　　）。

A．学前儿童机械记忆的效果优于意义记忆

B．学前儿童不能很娴熟地运用多种记忆策略

C．学前儿童存在幼年健忘现象

D．学前儿童自传体记忆能力突出

4．请谈谈学前儿童发生错误记忆的原因。

知识拓展

儿童的目击证词

因为儿童年幼，在法庭上所做的目击证词大多不被认可。但是，随着对儿童记忆研究的深入，儿童目击证词的可信度及其存在的问题已受到心理学家们的瞩目。

（一）儿童目击证词及其问题概述

随着涉及儿童犯罪尤其是性虐待犯罪的增多，研究者提出了关于儿童证实其所经历或目击事件的能力这方面的一些重要问题。在这类犯罪中，常常只有儿童是犯罪目击者。

围绕着儿童的目击证词，其主要问题有：不同年龄的儿童对所目击的事件有多少的记忆能力？在被重复提问时，儿童是否易受错误信息或误导信息的影响，从而他们所“记住”的是由他人所给予的错误事件后的信息，而不是他们真正经历的事件？在事件发生时，儿童的情绪状态是否影响他们对事件的回忆？提取是否受讯问期间所提的问题类型的影响？在一般的案例中，从案发到审讯之间至少要经历6个月，这么长的时间能否期望3岁和4岁儿童保持最初的记忆痕迹？基础研究解决了其中一些问题。正如前面所述，经过相当长的一段时间后，婴儿和幼儿对事件的记忆往往是相当好的，尤其是对突出事件的记忆。4岁儿童可以准确地报告发生于2岁半以前的事件，5岁儿童可以将关于某一事件的记忆储存至6年以后。

其消极的一面是，儿童像成人一样，具有以与某一图式相一致的方式在已编码的信息中添加细节的建构性记忆。就像在“儿童虐待程式”中一样，在发生过许多类似的虐待事件之后，儿童可能难以准确地报告某个虐待事件。但是，这种建构性记忆问题也存在于成人的目击证词中。

（二）影响儿童目击记忆的因素

根据相关研究，影响儿童目击记忆的因素有外部因素和内部因素，外部因素包括问题的开放程度、误导信息、询问次数等，内部因素包括儿童自我效能感和语言能力等。

1. 问题的开放程度

有研究发现，尽管儿童在以形象性提示问题时可以做到不虚构事件，但在回答带有引导性问题时，诸如“他触摸了你的手臂，是吗”，则会表现出更多的混淆和偏差的迹象，并且儿童可能屈从于成人的暗示性提问。

2. 误导信息的暗示

儿童容易受到误导信息的暗示。例如，第一天，向3～12岁儿童讲述关于一个名叫小红的小女孩的故事，说这个小女孩因为吃鸡蛋吃得太急，结果引起肚子痛。第二天，半数儿童得到的是错误信息，即小红吃粥太急结果引起头痛；另一半则得到中性信息，即小红吃早饭吃得太快，结果生病。两天以后，儿童必须在小红是吃蛋还是吃粥以及觉得肚子痛还是头痛之间加以选择。结果发现，年龄最小的儿童最易受错误信息的影响。

3. 询问次数的多寡

一些实验室的研究或医学事件的研究，对律师和法官特别有帮助，因为这些研究关注儿童受害者所必须接受的各类提问，特别是在几周甚至几个月里来自官员、父母和律师的重复提问。如果在同一时间里一再向他们提相同或相似的问题，则年幼儿童有时比年长儿童更可能改变他们的答案，这或许是因为他们以为访谈者认为他们最初的答案是错误的。这样一种重复提问的效应是令人担忧的，因为在一次调查过程中，儿童目击者平均要接受12次正式提问，这还不包括父母、朋友和心理健康专业人士非正式的额外提问。

4. 自我效能感

研究者发现，自我效能感越高的儿童，其记忆易受暗示性越低，但是这一效应是从年龄较大的儿童而非学龄前儿童的样本中获得。例如，戴维斯等发现能自信地指出成人错误的儿童往往能够成功地抵制诱导性提问，但是这种情况通常发生在6岁半以上的儿童且必须在支持性访谈的情况下。换句话说，支持性的访谈环境很可能促进了年长儿童的自我效能感，从而降低了记忆的易受暗示水平。

5. 儿童语言能力

不同年龄的儿童掌握言语技巧的水平不同，对用于检验记忆的词汇和句法结构的理解也会存在年龄差异。此外，由于儿童在产出语言的技巧上的限制，造成成人经常无法正确理解儿童的口头报告。一些研究认为儿童产生暗示效应是由成人所运用的语言结构引起的。还有学者发现，与面对复杂语法结构的诱导问题相比，语法结构简单的诱导问题会大大降低儿童记忆报告的易受暗示程度。

尽管关于儿童目击记忆的研究，尚不能为儿童证词的可靠性提供确定的答案，但它们的确鉴别出儿童记忆中特别脆弱的敏感处。成人必须与儿童建立起良好的关系，使用中性的声调，避免表现出社会要求倾向——使儿童觉得他们必须同意由成人的提问所暗示的答案。当提问为开放式问题时，学前儿童所能回忆的往往不多，因此对他们应该问一些比较具体的问题。同时，这样的提问应该十分小心，以免暗示某一特定的回答。在某些情境下，学前儿童尤其易受错误信息的影响，因此应该慎用重复提问或引导性提问。

第三节　学前儿童表征的发展

教师把所有娃娃家里的菜集中起来增设了一个“绿色超市”，超市正常营业了，生意好得不得了。

情况一：娃娃家的妈妈出来买菜，随后爸爸又出来，到超市里大肆购物，家里的灶台上、餐桌上全堆满了各种蔬菜和水果。

情况二：爸爸和妈妈一起出门，途中不断争抢篮子。孔晨豪爸爸说：“你回家做饭吧，我去买菜，把篮子给我!”朱美芬妈妈说：“我是妈妈，我去买菜，你要不要去抱娃娃?”两人商量未果，一直争论到超市里。但是，到达超市以后，爸爸妈妈买菜时却能有商有量。

情况三：经过调整以后，爸爸妈妈知道只能有一个人去超市买菜，家里需要留一个人看家和照顾娃娃。思齐妈妈一个人到超市以后，“买”了大量的蔬菜和水果，可是离开时却没有付钱，而超市营业员只一味地给客人拿东西，自己一个人沉浸在发放材料的乐趣中，根本不记得要收钱。

你小时候玩过“过家家”吗？你喜欢玩吗？这个游戏有什么价值呢？本节的学习会为你回答这个问题提供帮助。

表征问题是认知科学的核心问题。表征是对象不在的情况下，替代这个对象的任何符号或符号集。表征在学前儿童心理发展中具有重要的内化作用和过渡作用。内化作用的出现，使外部的动作转变为了内部的心理操作，比如提到“跑步”这个词的时候，即使眼前没有看到有人在跑步，但是头脑中会出现跑步的形象。这就是“跑步”这个动作已经内化，已经纳入了头脑中的知识结构系统。在表征功能出现之前，学前儿童的世界里只有此时此地，表征功能出现后，学前儿童的世界中有了过去和未来。这种能力的发展按照一定的顺序进行，而且它是持续学习的基础，因为它使学习他人的经验成为可能，从而可以使一个人的视野得以开阔。

表征是表象形成的过程，表象是当人们在想象某个人或某个东西时，心中似乎就会出现相关的形象。表象是一个富有特色的心理过程，在现代心理学发展的早期即已得到研究。从表象产生的主要感觉通道来划分，表象可分为视觉表象（如想起母亲的笑脸）、听觉表象（如想起吉他的声音）、运动表象（如想起舞蹈的动作）等。根据表象创造程度的不同，表象可分为记忆表象和想象表象。记忆表象是在记忆中保持的客观事物的形象，如想起朋友的音容笑貌。想象表象是在头脑中对记忆形象进行加工改组后形成的新形象，这些形象可能从未经历过，或者世界上还不存在，因而具有新颖性。心理学将表象和知觉紧密地联系起来，将表象看作是已经贮存的知觉象的再现（记忆表象），或经过加工改造而形成的新的形象（想象表象）。表象还可分为具象表象和符号表象两种。具象表象就是形成的客观事物的具体形象，这主要是大脑皮层第一信号系统的活动，如提到“苹果”一词，在人脑中出现的苹果形象；符号表象是运用言语、文字或其他符号所形成的客观事物的象征性形象，如“苹果”一词在人脑中的语言或文字形象等。它是大脑第二信号系统的活动，是人类特有的能力。

皮亚杰常用的表征其实就是“符号表征”。他认为儿童在1岁半到2岁之间才产生这种能力，而有研究表明，儿童在1岁以后，已有可能产生最早的符号表征能力，其主要标志就是学前儿童用信号物作为事物的象征。学前儿童的记忆表象中增添了符号表象的内容，并能和具象表象进行相互转换“激活”，如“苹果”一词的符号表象或一个黄色象征苹果的圆圈在人脑中就可以激活关于苹果的具象表象，反之亦然。

符号表征可以采取多种形式，它在两种基本水平上出现：初级水平是认识到一种事物（如狗的图片）可以代表另一种事物（如狗本身）的能力，比如用玩偶代表婴儿，用玩具车代表真正的车等；较高的水平是创造符号的能力，创造一个事物来代表另一个事物，学前儿童在角色游处中（学前儿童自己代表爸爸，一个椅子代表坐车）、搭建积木、画画和玩橡皮泥的时候可以创造符号。存在于儿童行为和活动中的符号表征能力是智能的一种表现，在童年早期阶段，它最有可能出现在角色游戏和材料的使用中，而非书写和阅读中。

一、表征在学前儿童心理发展过程中的作用

［微视频］
表征能力的概述

（一）表征与感知

对事物变化的知觉需要表象，事物前后变化比较时，事物之前的形象是以表象的形式存在的，如果没有这个表象的存在，比较是没办法进行的。

表象是以生动具体的形象在头脑中出现的。人头脑中产生某种事物的表象，就好像直接看到或者听到这种事物的某些特征一样。例如，有研究发现，在学前儿童中可能发生一种“遗觉象”。给学前儿童呈现一张内容复杂的图片，30秒后把图片移开，让其看灰色的屏幕，这时他会“看见”同样一张清晰的图片。学前儿童还能根据当时产生的表象准确地描述图片中的细节，就好像图片仍在眼前一样。

表象是在知觉的基础上产生的，因此表象和知觉中的形象具有相似性，但是表象和知觉的形象又有所不同。知觉的形象鲜明生动，表象的形象比较暗淡模糊；知觉的形象持久稳定，表象的形象不稳定、易变动；知觉的形象完整，表象的形象不完整，时而出现这一部分，时而出现另一部分，甚至有些部分脱落。例如，一棵树的表象不如树的知觉形象鲜明，它的形状、颜色和大小都不是很清楚，而且表象的浮现常常不是很完整，一会儿想到树干，一会儿想到树枝等。

表象是人们多次知觉的结果，它不表征事物的个别特征，而是表征事物的大体轮廓和主要特征或关键部分，因此表象具有抽象性。例如，“大象”的表象，可能只是长鼻子、大耳朵、深灰色的毛皮等庞大的身体等主要的外部特征。这些特征代表了大象的一般的、概括的形象，而不包含大象的某些个别特征。可见，表象是关于某个事物或某类事物的概括形象。

（二）表征与记忆

没有表征就没有记忆，表征同记忆的整个过程密切相关。再现、再认都需要表象，有了表征，幼儿的回忆，主要靠表象。

表象、知觉和记忆是一个整合的认知系统。由于知觉和记忆提供了表象生成的材料，并激活广泛而相似的脑区，然而在认知加工过程上三者存在一定的差异。与知觉相比，表象的编码方式更抽象、更依赖过去经验的参与且处理细节能力更弱；与记忆相比，表象更容易受无关信息的干扰。表象与短时记忆、工作记忆和长时记忆的加工过程均存在不同程度的差别。

总之，表象、知觉与记忆共享相似的表征。知觉能以表征的形式加工外界信息，从长时记忆中提取的信息也能以表征的形式暂存在工作记忆中。从知觉中获取的外界信息和从长时记忆中提取的过去经验均有助于表象的形成，因而表象依赖于对表征的加工，但表象、知觉和记忆的认知加工过程并不相似。其主要原因在于，表象的形成既可以来源于知觉信息，也可以来源于记忆中储存的信息。

（三）表征与思维

表征是外部事物在心理活动中的内部再现，因此，它一方面反映客观事物，代表客观事物，另一方面又是心理活动进一步加工的对象。表征具有内化作用，内化是指外部动作向内部

头脑转化的过程。同时表征具有过渡作用，它架起了感知和思维的桥梁。

学前期是心理活动中象征性功能充分发展的时期，也就是表征最活跃的时期。

学前儿童表征是指学前儿童使用大量的图像和符号来表达学前儿童自己的记忆、想法、设想和感受，并运用这些图像和符号来与他人进行交流。

二、表征的发生与发展

（一）表征的发生

表征发生的时间是1.5～2岁，表征出现的标志是：表象必须完全内化；表象必须是在心理能被唤起的形象；表象能用于回忆或预期。

（二）表征发生的表现

原物与表征物之间是可以区分的不同物体，而不是原物的一个部分或者一个方面，而且表征物是原物的替代物。表征物和原物具有相似性。例如：学前儿童把长积木当作手机，积木是手机的替代物，而不是手机，但是，积木和手机有相似性。学前儿童表征水平越低，原物与表征物相似性越大，而表征水平越高，相似性越小。所以，给学前儿童提供象征性游戏材料时，年龄小的学前儿童可以买逼真的材料，如外形和真手机很相似的玩具手机；而年龄大的学前儿童只需要提供低结构化的材料，他可以在头脑中自己加工。

（三）从单一表征向多元表征发展

幼儿以其特有的方式表达对周围事物的独特理解，随着幼儿的不断发展，幼儿的表征形式也越来越丰富，呈现出多元化，幼儿自主表现和创造性的表现需求也不断增加。对于小班的幼儿而言，主要的表征形式为简单的语言、肢体动作，通过幼儿能尝试的方式进行记录。中大班的幼儿随着思维能力、合作意识的加强，表征的形式比小班幼儿更加丰富，会增加图像类语言中的符号和简单文字、自制作品、绘画、图标记录、数字统计等方式。学前教育的经典著作《儿童的一百种语言》介绍了瑞吉欧的经验，瑞吉欧正是非常注重学前儿童各式各样的表达方式，才派生出“百种语言”的观点。瑞吉欧教育工作者认为，学前期的儿童口头语言已不同程度地发展起来。学前儿童的日常表达除了语言交流外，还可以用绘画、手工、剪纸、折纸、行为等方式来表达内心的喜悦、快乐、愤怒、伤心等情绪，这种千变万化的表达方式是一种符号性语言，在孩童期这种符号一般具有指代性，因此，表达的方式更是一种象征性符号的表达样式，代表着他们对事物的态度。瑞吉欧称这种象征性的符号为学前儿童的一百种语言，这些语言可以是音乐、美术、动作、文字、戏剧、雕塑等，学前儿童通过各自独有的不同的表达方式来认识和探索周围的世界。

（四）表征内容从简单到复杂

学前儿童的表征内容经历了从简单到复杂的阶段。

①3～4岁学前儿童尝试对事物明显的外在特征进行表征。

②4～5岁学前儿童能够对事物的外在特征及简单的科学现象进行表征。

③5～6岁学前儿童开始对事物的内在本质特征及复杂科学现象进行表征。

（五）表征方式受文化与教育的影响

学前儿童的表征受文化与教育的影响。中国的孩子画出的龙和西方国家的孩子画的龙完全不同，“中国龙”是吉祥的象征，是风调雨顺的保证，是民族和谐的标志。而西方的龙在《圣经》里是邪恶和暴力的象征。

三、幼儿表征的形式

感知运动阶段的学前儿童刚刚开始在思维中创造心理表征，代指他们在现实世界中看到的具体事物或事件。3～6岁的学前儿童处于前运算阶段，这一阶段的学前儿童够借助表象符号联想到现实生活中的事物或事件，即使是他们没有亲身看过、听过或触摸过的事物。根据皮亚杰的理论，3个月大的婴儿在他没有抓、摇或用嘴咬一个玩具的时候，是无法想到这个玩具的。抓、摇或者用嘴咬的动作，都是处于感知运动阶段的婴儿的思维方式。而3岁大的学前儿童就可以内化他对玩具的理解，并在玩具不在身边的时候依然可以想起这个玩具。他们能记起昨天玩的玩具，能想象用以前没玩过的方式玩这个玩具，甚至不用把玩具放在嘴里就能想象出玩具的味道。处于前运算阶段学前儿童的心理表征极大地丰富了起来。皮亚杰还认为，这一阶段的学前儿童在思考时使用的是直觉逻辑。

处于前运算阶段的学前儿童能练习心理表征能力，甚至会因为觉得好玩而故意夸大自己新获得的能力。下面是学前儿童在语言、艺术、游戏和数学中使用的表征或象征符号。

（一）延迟模仿

不是直接模仿眼前事物（原型），而是在原型消失后进行模仿。比如：一个17个月的小男孩，出门看到一个跛脚走路的爷爷，一个星期后，他伴着音乐跳舞的时候，突然开始伴着音乐模仿跛脚走路的动作，这种延迟模仿就是表征的开端。

（二）绘画

处于前运算阶段的学前儿童使用心理表征的能力日益增强，这一点在他们创造的艺术作品中表现尤为明显。一个3岁的女孩，在纸上画了两条线，上面是一条浓黑色横线，下面是一条亮红色横线。她嚷着：“看，妈妈，我给你画了张像。这是你的头，上面是头发，这是你最喜欢的红衬衫。”要创作出这样的艺术形象，学前儿童必须有心理表征，不仅代表妈妈的脸和头发，还代表她最喜欢的红衬衫，尽管一个3岁学前儿童最初的涂涂画画在成年人眼里可能什么也不像，但这恰恰证明了学前儿童已经开始创造心理表征。

（三）语言

和一个快2岁的学前儿童说话，你会发现对话很简单，而且只局限于身边的事物或事件。但跟一个4岁的学前儿童说话就完全不一样了，你会觉得像是真正的对话。因为学前儿童在2岁之后，语言能力会飞快提升。学前儿童的语言技巧为什么会迅速提升呢？皮亚杰认为，学前儿童的语言发展基于他们的心理表征能力，即他们用一个象征符号（比如一个单词）代表现实世界中的事物的能力。即使一个物品不在学前儿童身边，这种能力也能够让学前儿童谈论该物品。

（四）游戏中的象征符号

学前儿童玩游戏的时候，也明显运用了很多表征符号。在象征性游戏中，学前儿童用一件物品代替生活中的另一件物品，比如假装一条毯子是魔毯，用香蕉代替电话等。18个月大的孩子很少玩这种游戏，比如他们只有在手里有个电话玩具模型的时候，才会玩假装自己在讲电话的游戏。到2岁的时候，学前儿童就会用跟实物不太相像的物品做替代，比如用香蕉代替电话。5岁的孩子则能把几乎所有物品假装成电话。他们创造心理表征的能力已经发展到这种程度——使用的象征符号可以与实物没有任何相似之处。处于前运算阶段的学前儿童会经常玩假装游戏，是因为他们喜欢玩假装游戏，这能满足他们发展的需要。这就是在幼儿园中设立“娃娃家”“商店”“理发店”等区域的原因之一。

（五）数学

数学符号作为一种重要的表征符号，它是非常抽象的，学前儿童的数学学习是一个从实物到具象表征再到符号表征的渐进过程，所以学前儿童数学学习提倡“多元表征”——动作表征、图像表征、符号表征。对于学龄前的儿童来说，早期数学概念的发展既离不开具体的客观环境和生活经验，又依赖于具体的动作操作和体验，它是学前儿童在不断积累感性经验，借助于具体事物和形象逐步在头脑中建构起一个抽象逻辑概念的渐进性发展过程。在过程中，学前儿童必须努力地去摆脱具体事物的其他无关特征，而抽离出事物一般化、抽象化的量的特征，并能够用抽象的符号去理解和表征，它是一个不断内化、抽象和概括的思维过程。有学者曾提出可以用来体验和描述数学的四种方式，包括具体实物经验、符号、语言和图画。他们指出，要真正理解数，学前儿童必须能在这些不同的方式之间建立起联系，并以此来认识、解释和验证数学。也就是说，学前儿童必须能够在心理上把4辆玩具汽车（实物表征）和一张有4辆汽车的图片（图像表征）、数字“4”（符号表征）以及文字的“四”（符号表征）联系起来，才可以被真正认为具有了数学意义上对“4”这一数概念的理解。

学前儿童早期的数学能力和概念发展往往不够稳定，它通常是与具体情境相连的，学前儿童越小，就越需要移动自己的身体或周围的物体来探索和感知环境中的数学，关于脑的研究证实，儿童的身体运动能力是最早发展起来的，而在学前儿童的学习与发展中，学习者接触的表征形式越多，学习就越深刻，当用很多不同的方式来表征一个新概念的时候，学习者的大脑就会在这些概念和其他他们已经熟悉的事物之间建立更多的联系。因此，为了更好地帮助学前儿童将具体实物情境迁移和应用到其他的、变化的情境中，实现从具体到逐步抽象的渐进发展过程，教师在数学教学中要重视对数学的多元表征（指能够用实物情境、教具模型、图形或图表、口语以及书面符号等多种表征的手段来表达数学的概念、解决问题或演示和解释数学的现象），而不仅仅是动手操作。

对于学前儿童来说，具体实物的表征是最基础的，它最接近于学前儿童的日常生活，而书面符号的表征则是最抽象和高级的。由于学前儿童在具体实物、图片和符号理解之间的联系不是自动建立的，因此需要教师在活动的设计和组织过程中去关注这一原则，针对同样的概念提供多种不同的表征方式让学前儿童感知；鼓励学前儿童在具体实物、图片和符号等对概念的表征方式之间进行转换，这样不仅有助于加强学前儿童的数学联系，同时也会有助于使学前儿童的数学思维更加流畅。

（六）一些棋类游戏可以很好地提升学前儿童的表征能力

因为在下棋的过程中学前儿童需要表征对方的操作，也要表征自己后面一步乃至几步的操作，所以可以提升幼儿的表征能力。

（七）运动是训练学前儿童表征能力的有效途径

表征包括运动表征，当然，除了鼓励学前儿童运动，同时可以让学前儿童参与各种劳动，在劳动中学前儿童要计划，要顺利完成任务，表征能力都是不可或缺的。

四、提升学前儿童表征能力的策略

1. 丰富学前儿童的经验

让学前儿童多听、多看、多感受，能使其在头脑中储存丰富的表象。

2. 多参与象征性游戏

在象征性游戏中，学前儿童不仅学会了以物代物，还学会了以人代人，这些都是表征能力的重要体现。

3. 前书写是学前儿童表征能力形成的重要途径

围绕一个主题，让学前儿童进行自主观察，探索现象和事物。而这些主题的选择，往往是学前儿童熟悉的周围生活中所常见的现象，感兴趣的，愿意去观察和表现的内容。在过程中发展学前儿童的前书写能力，不仅为正式书写打下基础，使学前儿童了解符号的意义，而且本身也会训练学前儿童的表征能力，如在科学实验中的操作记录，种植活动中的植物生长记录等。

4. 鼓励学前儿童多参与艺术类活动

美术、音乐、舞蹈等活动都可以促进学前儿童表征能力的发展。需要指出的是，艺术类活动并不是对技能的过度强调，而是让学前儿童学会欣赏，把艺术语言和自己的情感经验相联结，在欣赏的基础上，用艺术语言来表征自己的内在世界。

5. 空间表征能力在基础学科（如科学、技术、工程和数学）中极其重要

爱因斯坦说过，他自己在思维加工过程中使用的是空间图像而不是语言描述。发展空间表征能力非常重要。心理学家建议训练学前儿童空间能力的一些有趣的方法，其中一个典型的任务是要求学前儿童心理旋转一个图像，直到它与五个选项中的一个相同。同时在积木、折纸活动中也可以提升学前儿童的空间旋转能力，如七巧板就是能够发展学前儿童空间旋转能力的玩具。表象的可操作性可以用“心理旋转”的实验来说明。在库泊等人的一项研究中，每次给被试呈现一个旋转角度不同的字母R，呈现的字母有时是正写的，有时是反写的。被试的任务是判断字母是正写的，还是反写的。被试在完成任务时，对表象进行了心理操作，由于表象是知觉的类似物，因此人们可以在头脑中对表象进行操作，这种操作就像人们通过外部动作控制和操作客观事物一样，即他们倾向于把倾斜字母在头脑中旋转到直立的位置，然后再做出判断。该实验还说明，人们在完成任务时确实可以借助表象进行形象思维，形象思维的支柱就是人们已经形成的各种各样的表象。很多中学生和大学生认为他们的空间能力是不可能提高的，其实空间能力的训练可以提高任何年龄的人在空间任务上的成绩。

【幼儿园教师资格证考试：考点预测】

1. 小班同一个“娃娃家”中，常常出现许多“妈妈在烧饭，每位幼儿都感到很满足”。这反映小班幼儿游戏行为特点是（　）。

A. 喜欢模仿　　B. 喜欢合作

C. 协调能力差　　D. 角色意识弱

2. 中班角色游戏中，有幼儿提出要玩“打仗”游戏。他们在材料柜里翻出好久不玩的玩具吹风机当“手枪”，仿真型灯箱当“大炮”，“哒哒哒”地打起来，玩得不亦乐乎。李老师看见此情境非常着急，连忙阻止：“这是理发店的玩具，不能这么玩。”

（1）李老师的阻止行为是否合适？请说明理由。

（2）如果你是李老师，你会怎么做？

3. 角色游戏中，大二班在教室里开展理发店主题游戏，教师为了提升幼儿的游戏水平，主动为幼儿制作了理发店的价目表。

问题：请结合你对角色游戏的理解，分析教师提供价目表这一做法是否适宜，并提出建议。

知识拓展

影响幼儿美术创作的心理因素

（一）感知

1. 美术形象来源于视觉经验

在美术创作活动中，感知主要是视知觉。也就是说，幼儿通过观看获得的关于事物的种种视觉经验，这是他们美术创作中形象的来源。一幅作品，无论是再现某件事物的，还是高度抽象的，都包含着最基本的视觉经验。幼儿画一只飞鸟、一个苹果、一棵大树，这些东西都是他曾经见过的，是视觉经验中所有的。即使是一幅想象性的作品，例如《大鞋的联想》，其中人物、景物和活动，都是幼儿们见到过的，是他们亲身经历过的生活。没有一定的视觉经验，进行美术创作是不可想象的。

2. 知觉力的强弱影响作品形象的深入和精确程度

美术形象来自视知觉，知觉对幼儿美术创作有什么影响呢？知觉力的强弱、敏感与否影响幼儿的美术创作的质量。一个对事物的形、色很留心，观察力又强的幼儿画出的形象总是完整入微的。一个空间感很强的幼儿将擅长于造型、构图。而一个对色彩敏感的幼儿会将一幅画画得色彩斑斓，具有装饰性。凡此种种，说明视觉对幼儿美术创作有着明显的影响。

3. 美术形象来自审美知觉

美术形象来自知觉，但不是一般的知觉，而是审美知觉。什么是审美知觉呢？审美知觉不带有功利的目的，是对于事物的整体和情感性的把握。因为功利目的的知觉只知觉事物局部少量的有用信息，而不是对事物的整体和情感性的把握，所以难以进入美术表现。

产生审美知觉是有条件的，条件是主体对所感知的事物有一定程度的新鲜感和距离感。一个陌生的事物初入眼帘的时候，人们“往往是只能知觉到一个模糊不清的整体”，不能准确地把握它的一般结构特征。而且，一个十分陌生的事物往往引起人们的警觉，难以形成审美态度，因而也难以引起表现的愿望。同样，一个常视久见的事物，在视觉中的新鲜感和距离感都会下降，而且，由于这种经常性、反复性，它成为人们生活中的一个物品，人们往往对它采取实用的态度，更注重它的实用特征而忽视它的审美特征。上述情况下，再现一件事物会发生困难。

（二）情绪、情感

知觉是美术创作中的重要因素，但不是唯一因素，幼儿愿不愿意画，画什么，效果如何还会受其他因素的影响和制约，这其中，就有情感因素。

1. 创作的愿望由情感而生，创作的内容由情感而定

幼儿美术创作是在脱离眼前事物的情况下进行的，即使面对一个物体来画，幼儿也会将已知的和想象的内容放进作品。因此，创作的基础是大量的观察、多次的感知和丰富的经验，然而这些丰富的记忆形象虽然是创作的基础，却不是动力所在。因为在创作时不是随便将那些记忆图像恢复出来的，记忆机制复现哪一种形象全部要由情感选择决定。当知觉对象与主体的内在情感有某种一致性时，主体为其所感动，产生情感上的共鸣或者说同构。其后，主体就会渴望再现那曾感动过他的事物，这样就产生出创作的愿望，同时也就决定了表现的内容。

2. 情感的强度影响创作愿望的产生

对幼儿来说，创作愿望的产生，除了取决于事物与情感的关系性质外，还与事物引起的情感的强度有关。当幼儿对某个事物的情感过于强烈时，他倾向于占有、摆弄、操纵它。相反，事物引起的情感过于微弱，幼儿则无意去再现它。只有在适度时，幼儿的心灵处于一种活跃的状态，创作的愿望才会产生。因此，情绪情感的强度必须适度，既不过于强烈也不过于微弱。

3. 情绪、情感使作品内容充实

情绪、情感不但制约幼儿表现愿望的产生、对表现内容的选择，还决定着作品的质量。幼儿依情感选择表现的内容，将自己的情感融进了作品中，由此，作品获得丰富和充实的内涵。作品对情感的表达是其质量的重要部分，也是评判作品优劣的标准之一。一幅充分表达了幼儿自己情感的作品是生动的，而被动、复制的作品则是枯燥无味的。

4. 情绪、情感推动幼儿对高级、完美表现形式的追求

在幼儿美术创作中，情感不但与创作内容有关，还关系到表现形式的运用。幼儿追求高级、完美的表现形式的愿望也产生于特定的情绪情感。当幼儿稍年长些的时候会主动地追求更高级、完美的表现形式，这也受情绪、情感的推动。阿恩海姆曾描述过这种现象，他说：“幼儿对一个更加高级的阶段的探索，是出于他们对初级阶段上的构图式样的不满，他们在刚开始的时候并没有对自己把一个人画成垂直—水平关系的式样不满，这个式样不能把一个正在奔跑的人和一个静止站立的人区别开来的事实也没有使他感到烦恼。但是到后来，他们会对自己作品的那种无区别的模棱两可感到不满，希望在自己的作品中看到事物呈现出现实的样子。幼儿极力想克服模棱两可性的要求，就成了促进他们的作品

向更高级阶段发展的动力之一。”

以上可以看出，情绪、情感在幼儿美术创作过程中起着重要的作用。

（三）再现能力

幼儿对所看到过、观察过，也想表现的事物，就能够表现吗？不是的，这还受他的再现能力的制约。

1. 视觉经验、情绪情感通过再现转化为美术形象

什么是再现呢？再现有心理的再现与艺术的再现之分，心理的再现（回忆）指记忆表象的重新浮现，艺术的再现是将内心所知所想外化，以物质手段体现出来，其实质是运用一定的媒介创造与物体的结构相同的结构等同物。

什么是结构等同物呢？举例来说，幼儿在纸上画一个圆圈代表人的头，这个圆圈具有的一般结构特征是它的圆形性，而真人的头的一般结构特征也正是这种圆形性，虽然绘画使用的是二维的媒介，但在圆形性这一点上它们是等同的，于是画纸上的圆圈可作为人的头的代表。这就是说，绘画使用的媒介与真人的头的物理性质截然不同，但是它具有与其相同的结构却是可能的，纸上的圆圈即是头的结构等同物。幼儿头脑中的种种视觉印象、愿望所指、情绪体验都有其结构特征，通过再现变为可触知的艺术形象。

具有一定的再现能力是进行美术创作必不可少的。专家认为，艺术家与普通人体验世界和生活的方式没有什么不同，区别在于，他们能形成再现概念，也就是为经验找到能体现其意义的外部形式——结构等同物，而普通人则不能。如果幼儿缺乏为他的经验找到一个合适的外部式样的能力，他进行美术创作是困难的。这就说明了，为什么面对一件事物，具有同样的经验，有的幼儿能画得有声有色、栩栩如生，而有的幼儿却无从下手。

2. 再现能力的差异影响着幼儿的美术表现的形式

如果说缺乏再现能力就画不出来，那么，有了再现能力是不是就一样能画了？不是的，幼儿的再现能力是有高低，有差异的，是有规律地由低到高呈阶段发展的。这影响着幼儿美术创作的水平，使其在形式上也呈现出发展的阶段性与差异性。这种发展的阶段性与差异性与幼儿的学习和成熟有密切的关系，不是可以任意塑造的。

例如，幼儿必须经过体验以动作为乐趣的涂鸦阶段，才能进入以描绘物体为目的的绘画阶段。再如，在形象期，绘画造型上的一大特点是形象由简单形状结合而成。形象的结合关系是由垂直水平关系到倾斜角度关系。当一个幼儿没有掌握垂直水平关系时，他表现不出物体的方向性。当他未能掌握倾斜角度关系时，他表现不出人或动物的动作姿态。这说明，幼儿美术创作的水平取决于他的再现能力的发展水平。

再现能力是如何获得发展的呢？是不是只是依赖于成熟呢？其实不是的，再现能力来自于主体在活动中主动地建构，且与下面提到的动作活动有着密切的联系。

（四）动作活动

动作活动是又一个与创作有关的因素。这里指的是主动的动作活动，暂时把它分为一般的动作活动和艺术创作中的动作活动来分析。

1. 一般动作活动的作用

动作活动连接了主体与客体，它的作用分为两个方面：一方面，幼儿通过动作活动变革客体，了解客体。同时，另一方面，他也了解自己，体会自己的力量作用，形成个人

的行为方式。

一般说来，在活动过程中，被操作的物体处于被动状态，幼儿通过对它的操作，增加了有关的知识，但随着对它支配程度的增长，它的吸引力降低。因此，它较少转化为幼儿作品中的形象。而由动作活动带给主体的变化对幼儿的美术创作具有很强的推动作用。

早期幼儿画中人物形象的发展可以说明这一点。最初，幼儿画中出现的人，头与身躯不分，但有四肢、眼睛；稍年长些以后，将头与身躯分别画出，出现嘴与手指，但身躯仍是混沌一团的。一般运用得早、运用得多的身体部分优先出现，造型肯定而清晰，而运用得少、动作不明显的身体部分往往难以分化出来。例如，很多幼儿画人时常省略耳朵、鼻子、眉毛、脖子等。罗文菲尔德曾谈到过他启发幼儿画人嘴的经验。他说："有一次，我参观小学一年级时，看到幼儿画一条线作为'嘴'的符号，我故意在我的口袋里装一袋糖果，使它在这袋子里嘎嘎作响后，我问幼儿：'在我的袋子里有什么?'幼儿回复'糖果'。'你想它是硬的还是易于咀嚼的?'从声响中幼儿推断它是硬的糖果，我问：'你喜欢硬的糖果吗?'，幼儿回复'是的'；把一些糖果放在每一个幼儿的桌上，我要他们在得到信号之前不要放进嘴里，'现在你们可以咬糖果来发现它们是有多么硬了'。所有的幼儿把糖果咬得碎碎的，在经历过这次经验后，我要幼儿画'吃糖果'，在教室中的每一位幼儿都在他们的表现中画进去了'牙齿'，这种个人的经验开发了他们的消极知识；……将幼儿所画的各类题材的形象比较一下，一定会发现，幼儿画中人物的表现水平提高得最为迅速，大大优于对其他物体的表现。这与幼儿自我体验的增长是分不开的。幼儿关于节奏、平衡等艺术规律的理解也得之于他控制动作活动的体验。"

2. 艺术创作中动作活动的作用

艺术创作过程中的动作活动与上述一般的动作活动有所不同，对主体和客体两个方面的了解对幼儿的美术创作都有推动作用，对客体的了解，在这里成为对表现媒介的理解，任何一点对媒介特征的了解，都将增进幼儿对它的驾驭程度。而自我体验使幼儿的创作活动更有目的和控制。

幼儿从涂鸦期到形象期的转变有力地说明了这一点。在幼儿两三岁的时候，他还不知道用笔画出形象，拿到笔以后只知道乱涂乱画，画一些凌乱的线条。在不断地涂画的动作活动中，他熟知了自己的动作和动作的结果，了解到笔和纸的性质，特别是了解了线条的特性，这种二维的表现媒介能够形成许多形状，而且与他见过的东西相似。于是他开始重复那些动作，使之产生某些图形，代表印象中的事物。由此，发生了一项根本性的变革，幼儿能够有目的地画某些东西了。

动作活动始终是重要的，它架起了主客体之间联系的桥梁。当幼儿年长些的时候也是如此。

第四节　学前儿童想象的发展

3岁的灵灵一边画画一边念着：我画了一个水母。接下来是章鱼、海葵、海马、珊瑚……

听到电视里的广告播放，灵灵又边画边念着，又来了一个大厨师，于是大家都躲进了石头里。最后，灵灵的这幅画作上出现了一团各种颜色交织而成的大色块。边角上依稀能看到一些螃蟹的形状。只是在成人看来，这是一副乱七八糟的画，但是玲玲自己却很满意很开心。学前儿童以想象过程为满足，一个学前儿童常常给小朋友讲故事，看起来有声有色，既有动作，又有表情，但细听起来却发现毫无中心，没有说出任何一件事情的情节及其来龙去脉。可是，讲故事的学前儿童却津津乐道，听故事的学前儿童也听得津津有味。他们都沉浸在自己的想象中。本节将重点来学习学前儿童想象的发展。

想象是在头脑中对已有表象进行加工、改造、重新组合形成新形象的心理过程，而创造则是产生新思想、发现和创造新事物的能力。学前儿童的想象非常丰富，创造则有着自己独特的表现形式。对学前儿童而言，"新"并不是对所有人的新，而是对自己来说是"新"。正是从这个意义上讲，皮亚杰曾有过"儿童发明算术""儿童重新发明算术""理解即发明"的论述。

一、想象在学前儿童心理发展中的作用

（一）想象与认知的关系

想象与记忆、思维等认知活动有着密切的联系，想象与思维同属于人类的高级认知活动。想象与思维同源，都起源于1.5～2岁出现的表征功能。儿童1.5～2岁开始出现表征功能，早期的表征功能基本上是一种想象。比如，当学前儿童用缺口饼干表征月亮、用小玻璃管象征听诊器时……实际上也是在进行想象活动。早期的表征功能的出现也就是早期想象的发生，标志着学前儿童的认知由只能对具体事物进行直接反映进入到以反映事物的关系和联系（如某种相似性）为特征的高级认知阶段。

（二）想象是学前儿童游戏的首要心理成分

学前儿童的主导活动是游戏，特别是象征性游戏，即便是学习，也往往通过游戏的方式进行。想象在学前儿童的游戏活动中起着十分重要的作用，这突出地表现在想象是象征性游戏的首要心理成分方面。如果没有想象，也就不可能进行任何游戏活动。在游戏中，学前儿童正是不断依靠想象而变换着物体的功能，才使游戏得以顺利进行。比如，一根木棍，先当枪使，后又当马骑；小椅子，一会儿是"汽车"，一会儿又变成"拖拉机"；游戏中的人物也可以变化，一会儿是老师，一会儿是医生，一会儿又可能是售货员；游戏的情节更是经常根据学前儿童的需要和兴趣而千变万化。所有这些变化都离不开想象，可以说没有想象也就没有游戏。

（三）想象是学前儿童理解乃至学习的基础

儿童对事物的理解离不开联想，即把当前感知的事物与已有的经验联系起来，利用旧经验来同化新事物，而联想是想象的一种重要形式。

想象是学前儿童学习活动所必不可少的。没有想象，就没有理解，而没有理解，就无法学习、掌握新知识。例如，教学前儿童学习《悯农》这首古诗，如果学前儿童想象不出"锄禾日当午，汗滴禾下土"的艰苦劳动情景，就不可能真正理解"谁知盘中餐，粒粒皆辛苦"的含义，也就不能从中受到教育。

（四）想象能使学前儿童预见活动的结果并指导学前儿童活动的进行

想象与思维一样，都产生于问题的情境，由个体的需要所推动，并能预见未来。想象的预见是以具体形象的形式出现的。正因为人类的想象具有预见作用，所以，人类在从事某种活动或劳动之前，就能预先想象到活动或劳动的结果。正如马克思所指出的："蜜蜂在蜡房的建筑方面使某些建筑师感到惭愧。可是最拙笨的建筑师比最灵巧的蜜蜂所优越的地方就在于建筑师用蜂蜡来建筑蜂房以前，已经在自己的头脑中把这个蜂房构造成了。在劳动过程的终结时所获得的结果，是在劳动过程的开始时就已经存在于劳动者的表象之中了。"当1.5～2岁的学前儿童想象萌芽后，随着年龄的增长，学前儿童的想象逐渐发展。尤其是幼儿期，想象贯穿于学前儿童的各种活动，使学前儿童不仅能预见活动的结果，而且指导或调节着活动进行的方向。

二、学前儿童想象的发生

想象的生理基础是大脑皮质上已经形成的暂时神经联系进行新的结合，也就是旧的暂时神经联系经过重新配合构成新的联系。2岁前儿童脑的发育很不成熟，不能形成大量的神经联系，因而使暂时联系的重新组合受到限制。2岁左右，学前儿童大脑神经系统的发育趋于成熟，头脑中有可能储存较多的信息材料，其排列组合的可能性也就更多；学前儿童头脑中具有相当数量的、稳定性的表象储存作为想象的加工材料。婴儿虽然生而具有原始的感知和记忆（如各种感觉、形状知觉与无意识记的形象记忆等）可以获取某些客观事物的映象，但这些映象往往很不稳定，而且基本上是事物的具体表象，缺乏概括性，保持的时间又很短，很难成为想象的加工材料。到1.5～2岁，学前儿童才可能形成具有一定稳定性的记忆表象；语言的发生，是学前儿童想象发生的重要因素。词具有概括性，想象正是借助词的这种概括性联系，对各种具体事物在大脑皮质所留下的痕迹及其相互之间的联系，进行加工改组、重新配合，形成新形象。1.5～2岁，学前儿童基本具备了想象的基础。此时学前儿童出现的想象的萌芽，主要是通过动作和语言表现出来的。孩子把日常生活中的行动迁移到游戏中去，就有想象成分的参与。

学前儿童最初的想象，非常简单，可以说是记忆材料的简单迁移。具体表现为以下三个特点：①记忆表象在新情景下的复活。2～3岁幼儿的想象和记忆非常接近，它们之间的界限并不是很明显。想象表象只是新情景的某些特征和旧表象的某些特征的等同或相似性联想。换句话说，只是在新的形象中"认出"已经熟悉的物体，比如在插积塑片的活动中，一个2岁9个月的女孩，在开始插塑片时，成人多次提问："你想插什么？"她都不回答，只是紧张地去插。小女孩在翻来覆去看手里的形体后，突然说出"床！"此时她在头脑中检索记忆所储存的形象，看看哪一个形象和当前的感知形象有相同的特征。经过缓慢的再认，从感知形象中找到了记忆表象的成分，根据这些成分组成了想象表象。②简单的相似联想，最初的想象是依靠事物外表的相似性而把事物联系在一起的，如一个2岁左右的学前儿童正在吃饼干，忽然对着手中残缺的饼干看了片刻，高兴地喊着："妈妈，看月亮！"。③没有情节的组合。儿童最初的想象只是一种简单的代替，以一物代替另一物。比如，儿童从生活中掌握了把小女孩称为"小妹妹"的经验，于是在想象中就把玩具娃娃代替小妹妹。但是没有更多的想象情节，没有或很少把已有经验的情节成分重新组合。

三、学前儿童想象发展的一般趋势

（一）学前儿童无意想象与有意想象的发展

在学前儿童想象中，无意想象占主要地位，有意想象在教育的影响下逐渐发展。无意想象是一种没有目的的、不需要意志努力，由外界刺激直接引起的想象。它是人们在某种刺激的作用下，不由自主地想象某个事物形象的过程。例如，幼儿看到天上白云的形状，一会儿想象它是一匹飞奔的“骏马”；一会儿想象它是一座会动的“山”……听老师讲故事，随着老师生动地讲述，学前儿童头脑中不由自主地浮现出故事中的情景等。无意想象是最简单和初级形式的想象。有意想象是根据一定目的、自觉进行的想象，如幼儿根据教师的要求，设计理想的各种奇特造型的房子。在教学活动中，学前儿童看图片创编不同情节、不同结局的故事等。

1. 无意想象的发展

学前儿童的想象无目的，依赖于成人的语言提示，使有关表象活跃起来。

2~3岁是想象发展的初级阶段，想象活动完全没有目的。想象活动开展之前不能形成想象的表象。如果没有成人的提示，他们的活动可能停留在无意义动作阶段，不产生任何想象活动。2~3岁的学前儿童在造型活动中，想象是缓慢展开的。3~4岁的学前儿童进行想象时仍然没有目的，没有前后一贯的主题。比如绘画活动中，他们在动笔画之前不能说出绘画的主题，想象完全依赖于行动过程。在成人的提示下，小班幼儿有时也能在活动之前说出主题，但是后来的行动并不实现自己所说的主题，前后主题发生了变化。

2. 有意想象的萌芽和发展

有意想象在学前期开始萌芽，主要体现在活动中出现了有目的、有主题的想象；想象的主题逐渐稳定；为了实现主题，能够克服一定的困难。

4~5岁的学前儿童仍以无意性为主，但出现了有意成分，他们的想象过程常常随着感知形象、外来因素和自己的情绪而变化。想象的有意成分，表现在行动之前能够说出想做什么，行动能够按目的和计划进行。目的计划非常简单，这个阶段的学前儿童常常是边想、边说、边行动。但他们在画完之后的描述比画前要丰富得多。

5~6岁学前儿童想象的有意性相当明显。在想象活动前已经有明确的主题，整个行动过程能够有秩序地按计划进行，比如，一个大班学前儿童画“大街上的人”，整个过程画了37分钟，所画的内容都没有脱离主题。

总的来说，学前儿童有意想象的水平还很低。

（二）学前儿童再造想象与创造想象的发展

按照想象内容的新颖程度和形成方式分为再造想象和创造想象。再造想象是根据语言文字的描述或图形、图纸、符号的示意，在头脑中形成相应的新形象的过程。再造想象需要正确理解语词描述和图形或符号标志的实物意义，以及丰富的表象储备。换位思考也是属于再造想象。再造想象和创造想象是根据想象产生过程的独立性和想象内容的新颖性而区分的。创造想象是根据自己的创见，独立地构造新形象的过程。工程师发明的新机器，艺术家创作的新的艺术形象，创意建筑等都是创造想象。

1. 再造想象的发展

学前儿童最初的想象都属于再造想象，再造想象在学前期占主要地位。在再造想象发展的基础上，创造想象开始发展起来。学前儿童再造想象的特点表现在：学前儿童的再造想象常常依赖于成人的语言描述，常常根据外界情境的变化而变化。实际行动是幼儿期进行想象的必要条件。学前儿童最初的想象和记忆的差别很小，谈不上创造性。

学前期是大量吸收知识的时期，学前儿童依靠再造想象来理解间接知识。他们听故事、看图像需要再造想象，理解文艺作品和音乐作品也需要再造想象。比如，成人在讲故事时说“下雨了”，学前儿童复述时则说“哗啦啦，下大雨”。又如，当老师讲到散文诗中出现的词语“笔直的大路”时，学前儿童不理解，当老师引导学前儿童想象大路像笔一样直时，他们就理解了。同样，音乐学习中学前儿童依靠“走楼梯”的形象，理解音阶。空间想象力更是学前儿童看图和理解物体的空间关系所必需的。比如，学前儿童看着书上所画的模型，用积木搭起一幢楼房，就运用了空间想象。

2. 创造想象的发展

儿童创造想象的发生，主要表现为能够独立地从新的角度对头脑中已有的表象进行加工。具体表现在两个方面：一是独立性。这类想象不是在外界指导下进行，不是模仿，受暗示性少。二是新颖性。它改变原先知觉的形象，摆脱原有知觉的束缚。记忆表象和知觉原型基本相同，想象表象与知觉表象的区别在于有新的加工改造，而创造想象比再造想象有更多从新的角度进行的联系或联想。

学前期是创造想象开始发生的时期。这个时期的创造想象有如下特点：

①最初的创造想象是无意的自由联想，可以称为表露式创造。这种最初级的创造，严格说来还不是创造。

②学前儿童创造想象的形象和原型（范例）只是略有不同，或者在常见模式的基础上有一点改造。可以说，既是模仿，但又不是完全的模仿。例如，原型是“田”字式的4个正方形，学前儿童的创造是5个正方形。

③学前儿童创造想象发展的表现在于：情节逐渐丰富，从原型发散出来的数量和种类增加，以及能够从不同中找出非常规性的相似。比如，从三个“品”字形套在一起的圆圈想象出三角形。

学前儿童创造想象发展的水平：苏联心理学工作者契雅琴科等研究发现，幼儿创造想象的发展可以分为6种水平。该研究运用的方法是：给儿童20张图片，上面分别画有物体的某个组成部分，如带一根树枝的树干、有两只圆耳朵的头等，或者是一些简单的几何图形，如圆形、三角形、正方形等。要求儿童把每个图形加工成为一张成形的图画。从这个研究中发现儿童创造想象发展有以下6种水平：①最低水平。儿童不能接受任务，不会利用原有的图形进行想象。他们只是任意地想象，在图形旁边另画些无关的东西。②儿童能在图片上加工，画出图画，但画出的物体形象（如女孩、树等）是粗线条的，只是轮廓，没有细节。③能够画出各种物体，已有细节。④所画的物体包含某种想象的情节。例如，画出的不仅是一个女孩，而且是女孩在做操。⑤根据想象情节，画出几个物体，它们之间有情节联系。例如，一个女孩带着小狗散步。⑥按照新的方式运用所提供的图形。不再把原来的图形作为图画的主要部分，而把它作为想象形象的次要部分。例如，三角形已不作为屋顶，而成了孩子画画用的铅笔头。这种水平的儿童，在运用图片所提供的成分去组合想象形象时，表现出相当大的自由，较少受知觉形象的束缚。

随着学前儿童生活、知识经验的丰富及抽象概括能力的提高，学前儿童创造想象的水平逐渐提高。具体表现概括如下：①时常提出一些不平常的问题。如有的学前儿童问：“如果把天上的星星摘下一颗，安在北京，全中国是不是都不用灯了？”“萤火虫的尾巴上是不是有一个小电灯啊？”……②自编新故事。有的学前儿童能把过去听过的故事以及他生活经验中的各种事物加以综合、改造，编成新的故事；看图说话时，能说出和主题有关但画面上没有表现出来的情节。③创造性的游戏活动。学前儿童的创造想象在游戏中尤其是角色游戏和建筑、造型游戏中表现得最充分：不仅能重复反映在家庭或幼儿园里发生过的事情，而且还能反映在商店、医院、公园、公共汽车等公共场合的事情，游戏的内容日益丰富，游戏想象的空间距离日益扩大。不仅如此，学前儿童还能预见到某些活动的进程。例如，在游戏之前，大班幼儿能够想象游戏的情节，商讨游戏的规则，分配游戏的角色，等等。④创造性的绘画活动。绘画时，不少幼儿，尤其是大班幼儿，能够完全不按照老师的范例去画。比如画《春天》，老师提供的范例画面上有发芽的小树、青绿的小草，小朋友在阳光下做操。有的学前儿童因看过人们春天放风筝，就把做操的小朋友画成了放风筝的。在良好的早期教育和训练下，幼儿的创造性想象可以达到相当高的水平。

（三）学前儿童想象的夸张性

1. 学前儿童想象夸张性的表现

学前儿童想象的一个突出特点是喜欢夸张。这种夸张性表现在以下两个方面。

（1）夸大事物某个部分或某种特征

学前儿童在想象中常常把事物的某个部分或某种特征加以夸大。例如，一个学前儿童画的小孩放风筝，把小孩子的手画得很长，比身体几乎长了3倍。幼儿说话也喜欢夸张，比如说："我家的花开得可大了！""我家种的那个瓜可大了！"幼儿喜欢童话故事，原因之一就是童话的内容夸张，"大人国""小人国"里，大人"特别特别的大"，小人则只是像手指头那么"一点儿"。

（2）混淆假想与真实

学前儿童常常把自己想象的事情当作真实的事情。例如，一个学前儿童的妈妈生病住院了，他很想去看妈妈，但是，大人不允许。过了两天，他告诉老师："我到医院去看妈妈了。"实际上并没有这么一回事。学前儿童混淆想象与真实的表现，常常被成人误认为他在说谎。学前儿童在游戏中，常常沉迷于想象的情景，把自己当作游戏中的角色。学前儿童喜欢游戏的重要原因之一，就是在游戏中可以充分展开想象，做到他渴望做到而在真实活动中做不到的事情。学前儿童在生活中也常常把自己的强烈愿望当作真实的东西。例如，学前儿童告诉老师："我爸爸出差回来给我带来了一个电动火车，可好玩了！"经老师了解，他爸爸正准备出差，这个孩子渴望爸爸从外地给他买个电动火车，他爸爸答应了，但是现在还没有买。

2. 学前儿童想象夸张的原因

（1）认知水平的限制

学前儿童观察事物常常只感知到某种突出的特点，这些特点往往是非本质的。对事物特征掌握不全。思维概括性不足，往往走极端。

（2）情绪对想象的影响

学前儿童想象容易受情绪的影响，这种影响也是形成想象夸张性的原因之一。由于情绪的作用，学前儿童常满足于想象的过程，游戏中的想象更多地表现了幼儿的情绪和愿望。比如，学前儿童把自己喜欢的人画得大大的，把不喜欢的人画得很小，而且把他放在角落里。

（3）想象受表现能力的局限

想象总要通过一定手段来表现，幼儿想象的夸张与事实不符，往往受表现能力和材料的限制。这一点在各种造型活动中尤为突出。有个6岁学前儿童在拼图中说："我拼不好，我再拼一个别的吧。"又说："要是再有两个（圆形）就好了。"一个女孩拼了一只船，因缺少船上的桅杆而拆掉，她又想拼花，又因缺少一片叶子而拆掉，最后拼了一个"小孩拍皮球"。拼完后她说："这个小孩的头太小，身子太大，不像。"后来因老师说："没关系。"她才不拆了。

四、学前儿童想象力的培养

科学发展史表明，科学家的发明、作家的人物塑造、艺术家的艺术造型、工人的技术创新，都离不开人的想象。所以，物理学家爱因斯坦说：“想象力比知识更重要，因为知识是有限的，而想象力概括着世界上的一切，推动着社会进步，并且是知识进化的源泉。严格地说，想象是科学研究中的实在因素。”

1. 要丰富学前儿童头脑中的表象储备

想象不是凭空产生的，想象是对头脑已有的表象进行加工改组，形成新形象的心理过程。表象是想象活动的“原材料”：一定数量的表象储备是想象发生的必备条件；想象随着表象的丰富而发展。因此，成人（包括家长和幼儿园老师）要有目的、有计划地引导学前儿童直接亲近大自然，广泛接触人类社会，比如，到城镇的街道、社区参加公益活动，到农村的田间、地头游览、采摘……多看、多听、多动手，运用多种感官感知事物，丰富表象。

2. 要发展学前儿童的语言，并用语言指导学前儿童的想象

语言的发生是儿童想象发生的重要因素。不仅如此，语言还是指导儿童想象尤其是有意想象，使其围绕一定主题进行的“工具”。例如，当老师发现幼儿抱着“娃娃”呆坐时，可以说：“你的娃娃是不是饿了？喂她吃点东西好吗？”在这种语言的引导下，幼儿头脑中“妈妈喂饭”的表象就会被“激活”，孩子就会去玩“喂娃娃”的游戏。

3. 要逐步提高要求，促进学前儿童积极想象

比如，对小班的幼儿要多提供具体的玩具、实物，以引起他们的想象；对中、大班的幼儿，老师可多用语言描述，以启发他们想象，同时创设条件和机会鼓励他们用语言表达自己的想象，促使想象逐步发展。研究和教育实践证明，成人提出一些简单的任务引导幼儿为了完成这一任务而积极想象，是促进想象发展的一个行之有效的方法。例如，老师可以请小朋友看着黑板上画的圆圈，要小朋友们想一想：“什么东西是圆的？这个像什么？”以圆圈为题，小班幼儿也可以想出好多形象，如太阳、皮球、烧饼、扣子、汽车轱辘、元宵等。对大班幼儿则可以提出更高要求，比如，发给他们每人一张画着许多圆圈的纸，要求他们把这些圆圈改画成各种各样的物体图形。这种方法，既可以培养学前儿童的有意想象能力，又能促进学前儿童创造性想象的发展。

4. 要珍惜学前儿童的奇思妙想，启发、鼓励学前儿童大胆想象

学前儿童的好奇心、求知欲特别旺盛，他们经常问这问那，甚至会提出一些稀奇古怪的问题。在这些稀奇古怪的问题中常常闪烁着创造的火花。著名的发明家爱迪生小时候看到母鸡孵小鸡，自己也蹲下孵蛋，企图养出小鸡。这种想法和行为让人感到啼笑皆非，然而正是这种古怪的想法和行为促使他去探究、去发现，终于成为享誉全球的发明家。想象是创造发明的前提。成人应及时发现并珍视学前儿童的奇思妙想，应从小培养学前儿童爱想、敢想、多疑多问的习惯和性格。古人说：“学贵有疑，小疑则小进，大疑则大进。”如果没有各种各样的疑问，就无法推动探索、发现。成人不但不能打击学前儿童敢想、敢说、敢做的积极性，而且还要积极组织、开展各种创造性活动，如游戏、美工、音乐等，不断为学前儿童创设发展想象的良好的物质条件和心理氛围。

【幼儿园教师资格证考试：考点预测】

1. 小彤画了一个长了翅膀的妈妈，教师合理的应对方式是（　）。

A. 让小彤重新画，以使其作品更符合实际

B. 画一个妈妈的形象，让小彤照着画

C. 询问小彤画长翅膀的妈妈的原因，接纳他的想法

D. 对小彤的作品不予评价

2. 一名学前儿童画小朋友放风筝，将小朋友的手画得很长，几乎比身体长了3倍，这说明学前儿童绘画特点具有（　）。

A. 形象性　　B. 抽象性　　C. 象征性　　D. 夸张性

3. 在“秋天的树”美术活动中，教师不适宜的做法是（　）。

A. 让学前儿童按照教师的范画绘画　　B. 组织学前儿童观察幼儿园的树

C. 提供各种树的照片组织学前儿童讨论　　D. 引导学前儿童观察有关树的名画

4. 主题活动中，中班幼儿对画汽车产生了兴趣。为了提升幼儿的会话能力，郭老师提供了面包车的绘画步骤图，鼓励每个幼儿根据步骤图画出汽车。

（1）郭老师是否应该投放绘画步骤图？为什么？

（2）如果你是郭老师，你会怎么做？

第五节　学前儿童思维的发展

一天，幼儿园的轩轩（3岁）走进积木区，把所有形状的积木拿了出来并进行分类，该过程花了大约10分钟。然后，他用五块圆柱体积木搭了一座塔。“看我搭的!”他向老师喊。老师看了一下，意识到他在对物体进行分类和组合，因此决定为其提供一些其他的材料，以便他深入分类和组合活动。老师在一个大篮子里摆放了不同颜色的泰迪熊，在接下来的几天，轩轩会从玩具架上拿一些小盒子，根据颜色把泰迪熊进行分类。他把红色的泰迪熊放在一起，把黄色的泰迪熊放在一起，如此反复。最后，他把蓝色和紫色的泰迪熊放进了同一个小盒子里。有一天，他拿了一些彩色的小木钉，在地板上把它按照某种循环模式进行排列。

如果让你对轩轩的发展进行评价，你会从哪些方面进行评价呢？

思维是高级的认识活动，是智力的核心。思维是在感知、记忆等过程的基础上产生的，也是人类认识活动的核心。学前儿童思维的形成是在2岁左右，学前期是儿童思维开始发展的时期。思维和感觉、知觉一样也是人脑对客观现实的反映。不过感觉和知觉是对客观现实的直接的反映，它们所反映的是客观事物的外部现象或个别属性；而思维则是对客观事物间接的、概括的反映，它所反映的是客观事物的共同的本质特征和内在联系。间接性和概括性是思维的主要特点。

所谓间接性，就是人凭借已有的知识经验或其他媒介，理解或把握那些没有直接感知过的或根本不可能感知到的事物以推测事物过去的进程，认识事物现实的本质推知事物未来的发

展。例如，人类学家根据古生物的化石及其他有关资料，就能推知人类进化的规律；气象工作者根据已有的气象资料就能预知今后天气的变化；教师根据学前儿童的行为表现可以推断出学前儿童的内心世界，等等。这些都是间接的认识，是通过人脑“由此及彼，由表及里”的加工活动（即思维活动）来实现的。

思维是人脑对客观事物的概括反映，所谓思维的概括性包含两层意思：第一，把同一类事物的共同特征和本质特征抽取出来加以概括。例如，人们把形状、大小各不相同而能结出枣子的树木称为“枣树”；把枣树、苹果树、梨树等依据其根、茎、叶、果等共性统称为“果树”等。第二，将多次感知到的事物之间的联系和关系加以概括，得出有关事物之间的内在联系的结论。例如，儿童数学学习中的模式，也就是找规律，是考察和训练儿童思维概括性的途径。每次看到“月晕”就要“刮风”，地砖“潮湿”就要“下雨”，就能得出“月晕而风”“础润而雨”的结论。这种概括促使人对客观事物的内在关系和规律性有了认识，也有助于人对客观环境的适应、控制与改造。

一、学前儿童思维的发生

人类典型的思维——抽象逻辑思维大约在2岁左右萌芽，这时儿童出现了最初的语词概括，具有思维的本质特点，即对事物反映的概括性和间接性，这是人类典型思维发生的标志。当然，这时的抽象逻辑水平还很低，抽象性和概括性都只是最初级的，而且不稳定。所以，从实质上来说，是抽象逻辑思维的萌芽。这之前，大约从1岁开始，儿童出现了语词，但是，并没有掌握语词所代表的概念，因此不具有概括功能，属于人类典型思维发生的准备时期。另外，在2岁前，儿童的思维以动作和感知为中介，属于直观行动思维。

抽象是在头脑中把同类事物或现象的共同的、本质的特征抽取出来，并舍弃个别的、非本质特征的思维过程。例如，我们对人的认识，人可以分为男性、女性；大人、小孩；白种人、黄种人、黑种人。通过分析、比较，抽出人类具有的共同的、本质的属性，即能说话、能思维、能制造工具等，舍弃能吃饭、能睡觉、能喝水、能活动等其他动物也有的非本质属性，这就是抽象过程。抽象一般要经历三个阶段：①通过分析，找出具体事物的个别属性。②通过比较，找到事物之间的共同属性。共同属性又有本质属性与非本质属性之分。③通过抽象抽取出事物的本质属性，而舍弃其非本质属性。本质属性指的是这类事物所独有而为其他类事物所没有的属性。学前儿童的抽象发展也是遵循了这一发展阶段。

概括是在头脑中把抽象出来的事物的共同的、本质的特征综合起来，并推广到同类事物中去，使之普遍化的思维过程。例如，我们把“人”的本质属性——能言语、能思维、能制造工具综合起来，推广到古今中外一切人的身上，指出：“凡是能言语、能思维、能制造和使用工具的动物都是人。”这就是概括。

二、学前儿童思维发展的趋势

（一）思维方式的变化

1. 直观行动思维

（1）直观行动思维的特点

①思维在直接感知和实际行为中进行。思维不能离开对具体事物的直接感知和儿童自己的动作。换句话说，直观行动思维依赖于一定的情境，直观行动思维离不开儿童自身的行动，思

维只在动作之中进行。例如，儿童身旁如果有布娃娃，他就拿起来做喂布娃娃的“游戏”，布娃娃被拿走了，游戏也就停止了。当儿童骑在竹竿上面的时候，就想到骑马的活动，等把竹竿丢掉了，骑马的事就忘掉了。因此，儿童还不能离开物体和行动来主动地思考和计划什么。观察证明：当儿童的皮球滚到床下的时候，他为了找回皮球，会立刻往床下爬，如果成人提醒他：“你想想该怎么办?”儿童常常回答说：“不是要想，是要把它拿出来”。

②思维内容主要是感知和动作的概括。直观行动思维活动的典型方式是尝试错误，其活动过程展现的是具体动作。动作是展开的，概括水平低，更多属于感知和动作的概括，而且有许多无效的多余动作。

③直观行动思维是行动的客观结果。在行动之前，学前儿童主观上并没有预定目的和行动计划，也不可能预见自己行动的结果。如请一个2岁的小朋友把放在桌子中央的玩具拿下来，这个小朋友没有任何“想”的表现，而是马上去“拿”。他伸长胳臂、踮起脚尖，拿不到时，偶尔扯动桌布，桌子上的玩具移动了一点，它马上用力拉，玩具就到达手边。此阶段手势具有工具意义，具有表意性。如果学前儿童想出去玩，他会拉着大人朝门的方向走，或是用手指窗外。

直观行动思维是最低水平的思维，这种思维方式在2～3岁的学前儿童身上表现最为突出，在3～4岁的学前儿童身上也常有表现。

（2）直观行动思维的发展

①行动思维解决的问题复杂化。学前儿童头脑中已经储存了一定数量的表象，能够更多地用相同的行为方式对相似的情景做出反应，用间接的手段达到自己的目的，变得越来越“狡猾”了。2岁儿童的直观行动思维只能解决一些非常简单的问题，比如，游戏动作很简单，基本上没有主题和情节；绘画只能画一个孤立的形象，如气球、太阳；泥工中只会“搓香肠”等。3岁以后，学前儿童在有主题、有情节的游戏和绘画、泥工等活动中，解决的问题比以前复杂。在日常生活中，学前儿童会用间接的方式提出要求，有时不直接问妈妈要某个东西，而是缠着妈妈讨论这个东西。

②思维解决问题的方法概括化。2岁左右儿童的思维方法是依靠详尽的、展开的实际行动。思维的每一步都和实际行动分不开，而且常常是由行动中的“顿悟”解决问题。例如，在一个实验里，教师把玩具放到高处，下面放着一根小棒，要求被试把玩具拿下来。学前儿童一般都是先用手去拿，拿不到，看见下面有一根小棒，于是拿起小棒去拨玩具。当玩具掉下来时，孩子们都高兴地笑了。在这个实验里，70名1岁半儿童中，有42名（62%）是这样在直观和行动中解决问题的。3岁后儿童思维所依靠的行动逐渐概括化，解决问题过程中的某些具体行动可以压缩或省略。比如，玩具掉到地上时，3岁前的学前儿童，捡一个放进玩具箱，再捡一个放进玩具箱，3岁后的学前儿童会捡几个一起放进玩具箱。这种时候学前儿童已经对捡玩具的动作进行了概况。在游戏中，学前儿童端起碗来比画一下，就算吃了饭。学前儿童在完成第一步时，开始思考下一步行动。

2．具体形象思维

具体形象思维即依靠事物的具体形象或事物在头脑中形成的表象的联想进行的思维。随着动作的熟练，一些动作（试误性的无效动作）逐渐被压缩和省略，而由经验来代替。这样一些表象就可以代替一些实际动作，遇到问题时就可以不再试误，而是先在头脑中搜索表象，以便采取相应有效的动作，这时，学前儿童不再依靠动作而是依靠表象来思考。学前儿童思考和解决问题的动作开始分离，其内部表象已经可以支配外部行动，从手的思维到脑的思维，有顿悟了。在此阶段中，表象在思维中的地位越来越突出，外部行动日益在头脑中内化，具体形象思维就在直观行动思维中孕育起来，并逐渐分化出来，以至于成为幼儿期思维的主要形式。

（1）具体形象性思维的主要特点

具体形象性思维的主要特点是具体性和形象性。

具体性是指学前儿童思维的内容是具体的，能够掌握代表实际东西的概念，不易掌握抽象概念。比如，“家具”这个概念比“桌子”“椅子”概念抽象，幼儿就较难掌握。

形象性表现在学前儿童依靠事物在头脑中的形象来思维。学前儿童的头脑中充满着颜色、形状、声音等生动的形象。比如，兔子总是“小白兔”，狗总是“小花狗”；认为老奶奶总是白头发的。

（2）具体形象性思维的派生特点

①经验性：学前儿童的思维是根据自己的思维经验来进行的。幼儿一一把开水倒进了花盆，老师问他为什么这样做，他回答：“老师说小朋友不能喝生水，喝了会生病，教室里的花开得这么好，不能让它生病，所以要喝开水。”

②拟人性：学前儿童往往把动物或一些物体当作人。他们把自己的行动经验和思想感情转移到小动物或玩具身上是常有的事，所以他们会沉浸于动画片和童话故事。

③表面性：学前儿童的思维只根据具体接触到的表面现象来进行，所以，学前儿童的思维往往只是反映事物的表面联系，不能反映事物的本质联系。例如，学前儿童对成人的评价往往看表面现象，比如评价谁好时，往往是谁给好吃的谁就好。再如，一位妈妈说：“那个小女孩长得多甜呀！”学前儿童问妈妈说：“妈妈，你舔过她吗？”；学前儿童也不能理解成人的反话，建议家长和教师不要因为赌气，对幼儿说反话。

④片面性：学前儿童不能抓住事物的本质特征，所以学前儿童的思维常常是片面的，不善于全面地看问题。在皮亚杰的守恒实验中，这一特点很好地体现出来，当学前儿童看到一杯液体倒入另一杯中，学前儿童只看到杯子高度的变化，却没看到杯子粗细的变化。由于不能抓住事物的本质特征，学前儿童的思维常常是片面的，他们不善于全面地看问题。学前儿童喜欢问：谁是好人？谁是坏人？他们的思维逻辑是：不是好人就是坏人。在解决问题的过程中，学前儿童常常只照顾到事物的一个维度，而不能同时兼顾两个维度。思维的片面性，还常常使学前儿童“好心办坏事”。

⑤固定性：学前儿童的思维缺乏灵活性，学前儿童较难掌握相对性的概念。比如，三个人比高矮，这样的问题，他们就感到困难。生活中，学前儿童还常常“认死理”，两个小朋友抢一个玩具，非要那一个不可。

⑥近视性：学前儿童只能考虑到事物眼前的关系，而不会更多地去考虑事情的后果。所以，这个阶段给学前儿童讲大道理往往无效。例如：“你现在如果不好好学习，以后……”这些话，学前儿童的思维特点决定了，他们根本无法吸收。

⑦自我中心性：所谓的自我中心指主体在认识事物时，从自己的身体、动作或观念出发，以自我为认识的起点或原因的倾向，而不太能从客观事物本身的内在规律以及他人的角度认识事物。移情共情能力差，很难考虑到别人的感受。例如，学前儿童给成人选礼物，选的是自己喜欢的玩具，而不是站在成人的角度考虑成人的需要。

⑧思维没有可逆性：思维的可逆性，是指能够抓住一个概念中各种具体变化的本质关系。可逆性有两种形式：一种是逆向性，又称反演性或否定性。例如，A与-A是逆向关系。另一种是互反性，又称互换性。例如，A>B和B<A是互反关系。前运算思维阶段的儿童没有掌握可逆关系，比如，问一个3岁的女孩：“你有姐妹吗？”她说：“有。”接着问：“她叫什么名字？”她

答："琪恩。"再问："琪恩有姐妹吗？"她答："没有。"可见，这时儿童的思维是单向的，具有不可逆性。

3. 抽象逻辑思维

抽象逻辑思维是反映事物本质属性和规律性联系的思维，是通过概括、判断和推理进行的，是最高级的思维形式。严格地说，学前期还没有这种思维方式，只有这种方式的萌芽。

有研究者进行了一项实验，以研究幼儿期三种思维方式的关系和发展过程（表3–3）。实验要求幼儿想办法利用杠杆，以便取得用手拿不到的糖果。试验设置了三种条件：第一种，实验室桌子上放有实物杠杆，使儿童能以直觉行动思维方式解决问题。第二种，提供有关物体形象的图画，使儿童没有利用实际行动解决问题的可能，可以依靠具体形象进行思考。第三种，既无实物，也无图形，只用口头言语布置任务，要求儿童在言语的抽象水平上思考。

表3–3 不同年龄幼儿用三种思维方式完成任务情况的比较（%）

年龄	水平		
	A（动作）	B（表象）	C（语言）
3~4	55	17.5	0
4~5	85	53.8	0
5~6	87	56.4	15
6~7	96.3	72	22

抽象逻辑思维是成人思维的典型方式。幼儿期还不能形成典型的人类思维方式，但是幼儿期，特别是5岁以后，明显地出现了抽象逻辑思维的萌芽。

（二）思维工具的变化

儿童思维方式的发展变化，与所用工具的变化相联系。直观行动思维所用的工具主要是感知和动作，具体形象思维所用的工具主要是表象，而抽象逻辑思维所用的工具则是语词所代表的概念。

在思维发展过程中，动作和语言对思维活动的作用不断发生变化。变化的规律是：动作在其中的作用是由大到小，语言的作用则是由小到大。这种变化可以分为以下三个阶段。

1. 思维活动主要依靠感知和动作进行，语言只是行动的总结

实验者要求幼儿把小图形拼成一张图，并要求在拼图前说出将要拼什么样的图，拼完后再说明是怎样拼成的。3岁左右的儿童拿到图形后立即着手去拼，说："瞧，现在我要拼东西了。"他们还不能说出拼图的目标和计划。拼完以后，他们惊讶地发现自己拼出的结果，比如，有的学前儿童看见拼出的图形，发现自己拼了"一个老大爷在挖沙土"或"一个男孩在骑马"。可见，语言在这里只是总结自己的动作。动作不是受语言支配，而是受视觉形象支配。

2. 思维主要以表象为工具，边做边说，语言和动作不分离

4～5岁的学前儿童往往是在解决问题过程中一边做，一边说，语言和行动似乎总是不分离。学前儿童在开始行动之前，通常只能很笼统地说出要拼什么东西。在行动过程中，用语言概括着每一个解决问题的动作，同时计划着下一步的行动，并且把每一次的零星结果去同他们面临的总任务进行对照。完成了动作以后的语言总是比动作开始以前要丰富些。

在实际生活中，儿童对自己的行动结果不断做出分析和评价。幼儿拼图之后，用语言总结自己的行动结果。在这种分析和评价的基础上，逐渐出现了最初的、短暂的行动目标和行动计划。于是混乱的尝试错误逐渐发展成为最初的探索性行动。

学前儿童的行动目的，往往是以头脑中的具体形象的形式出现，即以表象的形式出现。

3. 思维依靠语言进行，语言先于动作而出现，并起着计划动作的作用

5～6岁儿童在行动之前儿童已经能够完全用语言表述行动目标和计划。比如，儿童在拼图之前，在感知拿到手的图形时，就已经分辨出它们的特征。由于能够概括地感知各个实物的特征及其相似性，能够用语言来表示实物之间的联系，5～6岁儿童有可能在思想中进行综合。他们的语言出现于动作之前，而动作之后的语言，只不过是动作前语言的简单重述，有时比动作前的语言还要贫乏。

三、学前儿童思维基本过程的发展

思维是通过一系列比较复杂的操作来实现的，一般来说，思维的过程包括分析与综合、比较与分类、抽象与概括、具体化与系统化等。分析与综合是最基本的心智操作，是所有其他心智操作的基础。各种心智操作是相互依存，没有分析无法综合；没有比较无法分类；没有抽象怎能概括。

（一）分析与综合

1. 分析

分析与综合是思维活动最基本的认知加工方式。一切思维活动，从简单到复杂，从概念形成到创造性思维，都离不开头脑的分析与综合。分析是指在头脑中把事物的整体分解为各个部分、个别属性和各个方面的思维过程。例如，看到一株植物，可以从花、叶、茎几个方面进行分析，进而知道这是什么植物。

2. 综合

综合是与分析相反的认知加工方式，是在头脑里将事物的各个部分、个别属性和各个方面结合起来进行考虑的思维过程。通过综合可以把握事物的整体结构和规律。例如，根据学前儿童的信息加工特点、情绪情感特点和个性心理特征等信息形成对这个学前儿童的综合评价的过程。

分析和综合有不同的水平，初级的分析、综合是在感知水平上的，是对事物感知形象的分析、综合，随着学前儿童的发展、语言在学前儿童分析综合中的作用增加，学前儿童凭借语言在头脑中进行分析、综合。但在此阶段，学前儿童还不能把握事物复杂的组成部分。对于3～6岁的儿童来说，要求分析的环节越少，相应的概括就完成得越好。

图3-2中的实验向学前儿童提出下述任务。

利用工具，从器皿中取出带有金属环的糖果，实验分为三组：

第一组，给予形状、颜色都不相同的工具；

第二组，给予颜色相同、形状不同的工具；

第三组，工具的颜色、形状都不同，但颜色鲜艳的工具都是适用的工具。

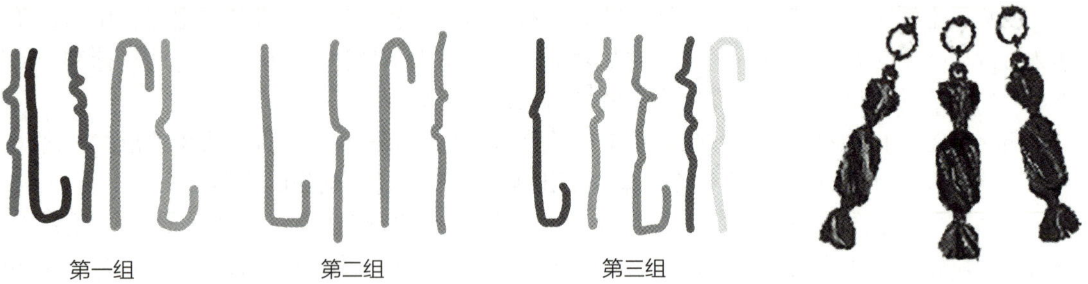

图3-2 学前儿童分析概括能力实验

第一组从2个维度进行分析综合——分析形状和颜色两个维度；第二组由于颜色相同，要分析的只有一个维度；第三组分析的任务最简单，因为工具的颜色虽然没有变化但鲜明的颜色都适用，即颜色与本质属性（形状）之间有固定联系。实验证明第一组被试完成任务所需要的尝试次数比其他两组多一倍，从尝试动作过渡到完成任务的时间也比其他两组多一倍。

通过实验可以得出：学前儿童在分析综合活动中，还不能把握事物中复杂的组成部分。对3～6岁儿童来说，要求分析的维度越少，相应的概括就完成得越好。前面谈到学前儿童思维的片面性等特点，和思维过程中分析综合水平有关。学前儿童只能从一个方面看问题，对他们来说，从多个维度进行分析，则感到困难。

（二）比较与分类

比较和分类是重要的思维认知加工方法，也是重要的思维环节，只有经过比较和分类才能找出事物的异同，才能进行选择，进而做出决定，并在此基础上进行抽象和概括。

1．比较

将一个物体与另一个物体进行比较是研究物体或不同物体特性的重要方法之一。实际上，这就是大脑工作的方式。大脑是在以前加工相同物体的基础上，关注、吸收和评价新信息。比较是在头脑中将各种事物或现象加以对比，以确定它们之间的异同点及其关系的思维过程，通过比较才能进行分类和概括。比较以分析为基础，只有将事物的心理表征分解为各个部分属性和特征，才能进行比较。比较的目的是确定事物之间的相同或相异关系，所以比较也离不开综合。随着儿童观察技能的发展，他们会自然地开始比较和对比以及确认相同与不同。比较的过程使其观察技能更加敏锐，这是分类的第一步。

学前儿童对物体进行比较，有以下特点和发展趋势。

（1）逐渐学会找出事物的相应部分

儿童起先不善于寻找物体的相应部分，他们常常按照物体的颜色进行比较。因为年龄小的儿童还不能把比较的内容进行抽象，只关注事物外在的显著的特征。比如，要求儿童比较一幅图上的两个孩子，他们会说："小围裙是绿色的，喷水壶也是绿色的。"可以说，他们还不会比较。问一个孩子："你大，还是她（站在旁边的女孩）大?"孩子回答："我也大，她也大。"说明他还没有形成比较的概念。

4～5岁学前儿童逐渐能够找出物体的相应部分，并进行比较。但他们只能找到两三个相应部分。例如，他们对图上两个孩子做比较时指出："这个孩子戴了帽子，那个孩子没有戴帽子"或"这个孩子手里拿着皮球，那个孩子手里没有拿皮球"等。说完这些后，他们就去看物体不相应的部分，孤立地说出每个部分的名称或属性。

（2）先学会找物体的不同处，再学会找物体的相同处，最后学会找物体的相似处学前儿童倾向于比较物体的不同之处。让学前儿童比较物体或图片上的形象，如在比较两个大小和亮度不同的匙子——铝制的匙和钢制的匙时，5岁学前儿童只能说出它们的不同。例如，“一个大，一个小”或“一个发亮，一个不发亮”，而不能说出它们的相似处。在比较图片上的两个男孩时，5岁学前儿童只能说出他们的不同。比如：“一个手里拿着皮球，一个手里拿着水壶。”比较其他物体时，情况也相似。比如，比较两个杯子时说：“一个是玻璃样的，一个是铁样的。”

经过启发教育后，学前儿童能够找出物体的相同之处，但首先仍然是找到颜色的相同。例如，“这个孩子有蓝色的短裤，那个有蓝色的皮球”或“这个有红色的帽子，那个有红色的衬衫”等。稍后，才学会从物体的属性或部分进行比较，“这个孩子有手，那个孩子也有手”。

找物体的相似之处，对学前儿童更为困难，因为这时既要找出物体的共同处，又要找出其不同，需要较复杂的分析和综合。这必须在成人的教育下才能学会。一般来说，插入第三种物体，有助于确定两种物体之间的相似点。例如，当学前儿童不会找出两个勺子的相似处时，加上一把尺子，让学前儿童比较三个物体中“哪两样东西相像”。这时，学前儿童既可分析三个物体的不同处，又可从尺子与两个勺子的明显不同方面看到两个勺子之间的相似处。于是逐渐学会了比较两个勺子。此外，如果要求学前儿童从一堆物体中找出“吃饭用的东西”，而这堆东西中只有两个勺子可以用于吃饭，那么，学前儿童就能通过自己进行的活动，学会比较两个勺子的相似之处。

2. 分类

分类是一种较复杂的思维活动，它要在比较、分析、综合、推理的基础上进行。分类是在头脑中根据事物或现象的共同点和差异点，把它们区分为不同种类的思维过程。分类能力的发展是逻辑思维发展的一个重要标志。分类活动可以培养学前儿童的逻辑语言，可以强化演绎推理，并为更成熟的思维奠定基础。分类是将相同的物体放到同一个等级或类别中的方法，是儿童发展推理能力的基本过程。分类时，儿童首先要能说出什么东西是相像的：形状、颜色、大小和其他特性。然后要能说出根据某个特性，什么东西是相同的，什么东西是不同的。儿童在发展分类技能时，需要复杂的智力和身体能力的参与：语言和词汇，形状、颜色、大小的辨认，辨认相同与不同的视觉。

一旦儿童开始注意物体的相同特性之后，他们就能够开始对物体进行分类。分类是大脑区分和加工通过感觉活动所获得的丰富信息的一种必要的认知能力。区分物体和材料给了儿童练习这种技能的机会，这包括辨认物体的相同点和理解它们之间的关系。对学前儿童思维能力发展了解得越多，就越能认识到思维主要与信息的加工和提取有关。

（1）国内外学者对儿童的分类发展的研究

皮亚杰和其他的研究者们注意到，儿童通过一系列的区分技能而进步，每一种技能都比前面一种技能复杂。最早出现的区分技能是简单的分类，是许多2岁和多数3岁儿童都能完成的。儿童可以用简单分类将同属一个真实世界的物体进行区分或分组。例如，如果他们具有动物的相关经验，他们会将所有生活在农场的玩具动物放到一个集合中，把所有生活在海洋中的鱼和水生动物放到另外一个集合中。这样的活动并非真正的分类，因为这样分类的基础是动物与他们生活环境的联系，而不是动物之间的相同与不同。

学前儿童所做的另外一种简单分类是将“共同属于”的物体放到一组，包括将所有的玩具卡车、小轿车、摩托车放到一组，因为“可以驾驶”或者把所有的帽子放到所有的玩偶头上；把所有的积木放到一起，因为他们都可以用来建房子。

许多3岁儿童与多数4岁和5岁儿童都能进行的一个更成熟的分类包括根据一个共同的特性，

如颜色，将物体放入独立的集合中。教师可以请儿童将所有的红色积木放入一个集合，而将所有的蓝色积木放入另外一个集合。

多数学前儿童在进行这类区分活动时遇到的问题是一致性。他们难以将区分所依据的规则记在头脑中。他们常常是开始时根据颜色进行区分，活动进展到中间时又可能根据其他特性如形状进行分类，最后在活动完成前可能又回到最初的颜色标准上。

苏联教育家维果茨基通过实验研究将儿童的分类发展划分为3个阶段：①主观印象阶段。这一阶段学前儿童的分类没有标准，只是一种任意性的分类活动。②临时规则阶段。这一阶段儿童在某个时刻按颜色分类，而有的时候又按形状分类，分类标准时时变化。③固定标准阶段这一阶段儿童则能够按照一个固定的标准对所有的刺激物进行分类。

［微视频］王宪钿分类能力

我国学者王宪钿把学前儿童分类能力分为了6种类型：①不能分类，把毫无联系的一些图片放在一起，或者任意地分成若干类，不能说出原因。②习性分类或随机分类，这是大多数2岁的学前儿童和一些3岁的学前儿童的典型表现。这时学前儿童通常成对组织物体，他们既不能提供分类的理由，也不能说出物体的某一个具体的特征。例如，幼儿可能会把一只狗和一只苹果分在一起。当你问幼儿为什么要将这两者分在一起时，幼儿可能回答道："因为狗叫，并且你可以吃苹果。"幼儿也可能仅仅回答："我喜欢狗并且我喜欢苹果。"后一种回答表明学前儿童在此阶段仅根据自己喜欢与不喜欢进行分类。③依据感知特点分类，依据颜色、形状、大小或其他特点进行分类。比如，把桌子和椅子分为一类，因为它们都有四条腿；大象和卡车分在一起是因为它们都很大；青蛙和树分在一起是因为它们都是绿色的。基于知觉的分类主要在3岁和4岁的学前儿童身上发现，也能在一些年龄更大的学前儿童身上发现。④依据生活情境分类。把日常生活情境中经常在一起的东西归为一类。例如，幼儿把鸡蛋放入蔬菜类，因为都是餐桌上常见的。又如，将生日蛋糕和生日蜡烛分为一类。这时幼儿认识到在一个类别内的物体虽然不同，但它们之间共享某种内部的相互关系。幼儿将狗和骨头分在一起是因为狗能够吃骨头，人和卡车分在一起是因为人能开卡车等。⑤依据功用分类，也就是根据他们的用途分类。例如，桌、椅是"写字用的"，碗、筷是"吃饭用的"，火车、汽车是"载人用的"，儿童只能说出物体的个别功能，不能加以概括。⑥依据概念分类，如按照"玩具""交通工具""学习用具"等分类，并能给这些概念下定义，说明分类原因，比如积木、小轿车、皮球都是玩具，是供小朋友玩耍用的；车船都是载人、运东西的交通工具等。这时学前儿童的分类比较符合成人的分类标准，具有逻辑性，在一定程度上与科学的分类相似。学前儿童能产生诸如动物、家具、衣服等类别；虽然学前儿童时期也能出现基于概念的分类，但在6～9岁这种分类才会得到快速发展。

（2）儿童对不同性质材料的分类概括能力

儿童对不同类材料的概括有不同特点。周仁来对9～14岁正常儿童及聋童的研究发现，他们对具体材料的分类优于对抽象材料的分类，对图片材料的分类优于对语词材料的分类；吕静对3～6岁学前儿童的研究发现，学前儿童对几何图形的分类优于对实物图片的分类；樊艾梅等人对3～6岁学前儿童层级类概念的研究发现，学前儿童对基本类概念材料的分类明显好于对上级类概念材料的分类。此外，国外学者还发现：学前儿童对相同材料按不同要求分类的结果也存在差异，如对家庭用品按居室分类时，发现3岁与5岁学前儿童分类成绩无明显差异，但按类属特征分类时5岁学前儿童的分类成绩明显好于3岁学前儿童。蔡太生的研究发现，5、6岁学前儿童对几何、实物图形测验项目的分类概括能力较好，但对以词为对象的材料的分类概括还很困难，随着年龄增长，分类概括能力逐渐向前发展，到15、16岁时已能对大多数测验项目进行正确的分类概括。这说明低年龄学前儿童其思维形式以具体形象思维为主，但随着年龄的增长，语言的发展，概括水平不断提高，在具体思维的基础上进一步发展抽象思维，并逐渐地由以具体形象思维为主，向以抽象思维为主方向转化，到高年龄儿童抽象概括能力已得到了较大的发展。

综合上述学者的研究，对儿童分类能力发展的特点进行总结：①从分类标准不稳定，发展到有固定的分类标准；②从依靠感官的外在特征分类，发展到依靠表象和概念的内部特征分类；③从单维分类，发展到多维分类；④从实物材料分类，发展到语词分类。

从上述发展规律可以看出，学前期是儿童分类能力发展的重要时期，儿童需要练习各种分类游戏和活动，也需要练习收集物品，学前儿童也喜欢这样的练习。给学前儿童一盒混乱的纽扣，让他按照自己喜欢的方式进行区分。然后跟他谈谈，问问他分类的依据。教师可以看看活动室里有什么东西可以拿来区分，如化妆用的服装、积木、餐具等。到了5岁，有经验的学前儿童可以根据一个以上特征，如颜色和大小来区分物体，将其归入交集。

为什么学前儿童能区分物体并将物体归入一定类别的能力很重要？儿童发展研究者认为：学前儿童利用分类丰富他们的知识。通过简单地给物体命名来鼓励学前儿童注意多么不同的物体实质是相同的，可以帮助学前儿童获得世界的新信息。进一步来说，因为学前儿童认识到同类事物有非常明显的相同之处，他们就能够学到科学特性（例如，植物需要水）。

学前儿童还可以用其他什么方法进行分类？组织艺术活动中的拼贴物，收集表演游戏中的角色道具，根据一定主题选择图画故事书，区分野外旅游收集的物体，选择打击乐器等活动都可以进行分类。学前儿童不能只用视觉进行分类，他们也应该适当地使用触觉、味觉、嗅觉、听觉进行分类。

（三）抽象与概括

抽象和概括是更高级的分析与综合活动，这里重点讲述一下概括。

1. 抽象

抽象是指在头脑中将事物或现象共同的、本质的特征抽取出来，并舍弃个别的、非本质特征的思维过程。例如：钟表的外形千差万别，但抽象出它的本质特征就一个“能计时”。

2. 概括

概括是一个复杂的思维过程。人们认识事物的规律，掌握概念都需要概括思维的参加。概括能力的发展是思维能力发展的一个重要标志。概括是在抽象的基础上进行的，是指在头脑中抽象出事物共同的、本质的特征综合起来并推广到同类事物中去，使之普遍化。例如：学前儿童在数学学习中总结出，三条线段组成的封闭图形是三角形。

概括能力是衡量个体认知功能水平的重要方面，因此，在一些经典的综合性智力测验中，对于抽象概括能力的评估被列为重要内容之一。

概括能力和分类能力密不可分，没有概况就不能分类。分类实验是研究学前儿童概括能力的一种有效方式。因为在分类实验中，学前儿童只有通过分析、综合、抽象、概括的过程才能区分同一类物体的本质和共同的特征与非本质特征，将同类物体从不同类的物体中区分出来，加以分类。我国学者吕静通过分类的实验来研究学前儿童概括能力的发展，得出以下结论：

①3～6岁学前儿童抽象概括能力的发展特点：从根据表面的次要特征来指出不同类的卡片发展到根据内部的本质的属性来指出不同类的卡片。学前儿童从根据一个维度分类发展到根据二个维度来分类，从不能鉴别出需概括材料的特征发展到能够鉴别出特征。

②3～6岁学前儿童的抽象概括能力还不高，但随着年龄的增长他们概括水平的抽象性不断

增多，一般可把学前儿童抽象概括能力的发展分为四级水平。

第一级水平：学前儿童不能对事物进行抽象概括，不能根据事物的某个特征（不管是主要的，还是次要的，是本质的还是非本质的）对事物进行分类。这时他们所了解的事物是笼统的、模糊的东西，他们分不清事物的本质属性和非本质属性，主要特征和次要特征。

第二级水平：学前儿童开始能对事物进行抽象概括，他们已了解事物的某些特征或属性，也能根据某些特征来对事物进行抽象概括，但他们所根据的特征常常是表面的、具体的和简单的。

第三级水平：学前儿童能根据事物较内部的特征来对事物进行抽象概括，但还脱离不了具体的情景，脱离不了一些功用的解释，他们考虑事物的特征不再是单一的，而开始考虑两个或两个以上的特征。

第四级水平：学前儿童开始根据事物的本质特征来对事物进行抽象概括，他们能够看到事物的多种属性或特征，在几何图形的分类中，学前儿童能立即根据两个特征把三维的图片分成九堆。在实物图片分类排除实验中，这级水平的儿童能根据事物的性质对事物进行分类，比如有的学前儿童说："苹果是水果，别的都是菜"。有的说："筷子是吃饭用的，其他都是学习用品"。有的说："狮子是凶猛的野兽，而其他是家里养的"。

③对不同性质或不同要求的材料，不同年龄的学前儿童所概括的水平也不相同。材料越难，概括水平越低。

④不同教育条件对学前儿童抽象概括能力的发展有影响，特别是当要求学前儿童概括知识性较强的材料时，受教育条件好的学前儿童比教育条件差的学前儿童概括水平高。

学前儿童很难达到具体化与系统化的水平，因此此处不再展开讲述。

四、学前儿童掌握概念的特点

概念是人脑对现实的对象和现象的一般特征和本质特征的反映。概念是用词来作为标志的。如果没有词，概念就不可能存在。

概念和表象在性质和概括程度上是有区别的。表象是关于事物的形象的反映，而概念则是关于事物本质属性或内部关系的反映。表象具有形象性和概括性，它的概括水平较低。表象既有事物的本质特征，也有事物的非本质特征，是一种感性的形象的概括。而概念具有非直观性和抽象性，它只包括事物的本质特征，而舍弃了非本质特征，有较高的抽象和概括水平。但是，概念是在表象的基础上产生的。每一个具体概念几乎都有一个相对稳定的感性形象，称为概念的表象原型，否则概念就是空洞的。这种作用在儿童掌握的概念中表现得较为明显，如"鸟"这个概念，儿童常常用麻雀、燕子、鸽子等具体形象来说明。成人在利用概念进行思维时，也需要具体形象的帮助和支持。人们如果不在头脑中或纸上呈现几何图形，几何题就难以解答；不列举一两个适当的例子，一般的原理和规律也难以理解。

（一）概念形成的过程

概念的形成通常经历以下3个阶段。

1. 抽象化

概念形成的第一步是了解事物的属性。要了解事物的属性就需要对具体事物的各种特征予以抽象化。例如，儿童将许多积木进行分类时，必须先依照各积木的特征，如颜色、大小、形状或功能等，予以确认，然后根据一种或一种以上组合的属性将积木分类。当询问儿童为什么将积木分成两大类时，儿童回答："一组较大，一组较小。"这说明该儿童是以"大小"这一概念概括积木，更证明他知道何者为大、何者为小。"大小"为抽象的相对性概念，缺乏此种抽象的理解能力，概念便无法离开具体事物本身。当然，积木不仅有大小这一属性，还有颜色、形状及用途等其他属性，只是这些属性因"大小"概念的应用而被忽略或不被个体所察觉。

2. 类化

概念的形成，除了从具体事物抽象其属性外，还要将类似的属性加以认同。此种认同作用，即刺激的类化作用。例如，称所有不同的车辆为"车辆"，这就是认同作用，也称类化。类化时只顾及某些属性的相似性，而忽略其他属性间的差异。否则，由于世界上难以寻找完全相同的两种事物，概念的形成便会发生困难。

3. 辨别

概念的形成，从发觉属性（抽象化）到认同属性（类化），必须同时认知事物属性间的差异（辨别），以便分类。例如，辨别出燕子是鸟类而不是鱼类，它是益鸟而不是害鸟。由于辨别概念便有广义狭义之别，也有高低层次之分。概念越广，其层次越高，所包括的属性越多。换言之，高层次的广义的概念，如"生物"，为较多类化与较少辨别的结果。反之，低层次的狭义的概念，如"6岁的学前儿童"为较少类化与较多辨别的结果。

（二）概念的分类

1. 根据概念所反映的事物属性的抽象和概括的程度划分

可分为具体概念与抽象概念。

（1）具体概念

具体概念指按事物的外部特征形成的概念。例如，给学前儿童呈现香蕉、苹果、皮球、口琴等物，要求他们分类。如果他们将苹果与皮球归为一类，香蕉与口琴归为另一类，这说明他们是根据物体的形状（圆形和长形）分类的，由此形成的概念为具体概念。

（2）抽象概念

抽象概念指按事物内部的、本质的特征形成的概念。如果学前儿童将上述的香蕉与苹果归为一类，口琴与皮球归为另一类，说明他们是根据事物的内在特征进行分类的，由此形成的概念为抽象概念。

2. 根据概念形成的途径划分

可分为前科学概念和科学概念。

（1）前科学概念

概念是学前儿童认知发展中的一个重要方面。从某种意义上讲，儿童认知的发展过程，就是儿童概念形成的过程。严格意义上讲，学前阶段的儿童并未形成真正的科学概念，而是一系列前概念以及不断发展、不断接近科学概念的前科学概念。前科学概念又称日常概念，它是人们在日常生活中通过人际交往和个人积累经验的过程形成的。日常概念受个人生活范围和知识经验的限制，因此概念的内涵中常常包含着事物的非本质属性，往往存在片面性，甚至存在错误，例如，学前儿童认为昆虫不属于动物或蘑菇不属于植物。因此，了解儿童的前科学概念是什么、有何特点，对于评价儿童，帮助教师进行教育教学，具有积极的意义。

皮亚杰对儿童的生物概念形成情况进行过开创性研究，并得出著名的结论："神奇的起因"，是指儿童把他们当时不能按照逻辑进行理解的行为，归因于一种神奇的力量。儿童把事件发生的起因归结于魔法。学前儿童有"泛灵论"的观点，即认为会动的东西都具有生命，并且物体具有人类特点的观念。球停止滚动，是因为它累了，赋予非生物如自行车以意识，把事物都看成活的。“人为主义”，即相信事物或事件由人类引起或者人类利益而产生的观念。小船为什么会浮在水面上，因为人们让它漂浮；今天阳光灿烂，是因为我们想要出去玩儿；太阳为什么会发光？是为了让我们温暖，也为了让植物生长。“现实主义”，是一种认为想象的事物，都是真实存在的观念。自我中心主义，影响着儿童的思维，学前儿童通过一种与成人不同的图像，形成了实在论的观念，他们认为自己头脑中出现的事物都是真实存在的，如果他想象自己的房间里有怪兽，那么怪兽就真的存在。

皮亚杰认为儿童的“泛灵论”经历了以下4个阶段：

第1阶段（4～6岁）：儿童把生命赋予有用的或活动的或未损坏的事物；

第2阶段（6～7岁）：生命被赋予能动的东西，如石头是活的，因为它能滚动，桌子不是活的，因为它不能动；

第3阶段（8～10岁）：生物被限制为能自发运动的物体，如自行车不是活的，因为是人让它动；

第4阶段（8～10岁和11岁以后）：生物概念被扩展到动物和植物范围。

皮亚杰之后的许多研究都探察了各种文化中的“泛灵论”，得出了与皮亚杰接近的结果。学前儿童可以学习浅显的科学知识，但不必要求学前儿童掌握严格的科学概念。有许多科学概念不是学前儿童所能掌握的，但这并不是说不用对学前儿童进行科学教育，科学伴随在人们身边，人们的生活与科学密切相关，成人可以用学前儿童能理解的方式（小操作、小探索、小实验）帮助学前儿童了解科学现象。

（2）科学概念

科学概念指在有计划、有目的的教学过程中形成的概念。例如，学生学习某门学科的定义、定律、原理等。

（三）学前儿童掌握概念的特点

学前儿童掌握概念内涵不精确：只反映事物外部的表面特征，而不能反映事物的本质特征。比如，幼儿认为“男的”应该是“头发短的”，“女的”应该是“头发长的”，所以幼儿见到留长发的男孩和剃了头的女孩，觉得不可思议，无法理解。学前儿童掌握概念外延不适当，往往过宽或过窄。比如，认为“家具”是“用的东西”，“儿子”一定是“小孩”等，所有水里游的都是鱼，所以把虾叫作“虾鱼”。

1. 学前儿童掌握实物概念的特点（表3–4）

表3–4　学前儿童掌握实物概念的特点

一级概念	二级概念	一级概念	二级概念
鸟	动物	车	交通工具
野兽		船	
水果	植物	桌	家具
蔬菜		椅	

学者刘静和等的研究表明，4岁儿童尚不能按图片进行一级概念（如鸟）的独立分类，完全不能进行二级概念（如动物）的独立分类。4岁儿童听完主试的指导语后，有些是既不动也

不说，有些则乱分，完全看不出他所依据的标准。问他们为什么这样分，也不回答，有的就一个一个地说出物体的个别名称。5岁儿童可以独立分类，但常常不是以类为标准，而是依靠情境、功用或其他外部特征进行分类。例如，把桌子和椅子放在一起，说："吃饭时这样放。"（按情境分）把椅子和汽车放在一起，说是"坐的"。6岁儿童已经能够分类，他们常常问："是车归车一块儿吗?"他们也会调整自己已分好的图片。例如，有一个学前儿童先是把三轮车和自行车放在一起，并说："这都是骑的。"把电车和汽车放在一起，说："这都是开的。"后来又把它们合起来，说："都是车。"表明他们已形成了类概念。五六岁儿童二级概念独立分类的正确性虽略有提高，但仍然很低，只达到20.8%和25%。因此可以说，整个幼儿期，儿童所掌握的概念主要是低层次的。

2. 学前儿童掌握数概念的特点

掌握数概念是逻辑思维发展的一个重要方面，数概念比实物概念更抽象，所以掌握数概念比实物概念要困难。学前儿童阶段是儿童积极获得基本数学概念和学习基本技能的阶段。通过对儿童日常活动的观察，成人可以了解儿童如何建构和使用数概念。例如：

一一对应——分苹果时能给桌旁的小朋友每人一个；将木栓放进镶嵌板的孔中；把玩具汽车放进用积木搭成的车库中，每间车库里放一辆。一一对应是数概念中最基础的概念。它意味着一组物品的数量与另一组物品的数量相同。例如，每个儿童都有一块饼干，每只脚都穿着一只鞋，每个人都戴着一顶帽子。因而，一一对应是计数的前提，也是理解相等和数守恒概念的基础。

计数——从存钱罐中数出硬币；确定同一桌小朋友所需吸管的数量；明确所收集石块的数量。

分类——把正方形积木放一堆，圆形积木放一堆；把轿车放在一间车库，卡车放在另一间。

测量——把沙、水、米或其他材料从一个容器里倒入另一容器。

（1）数感

数感是指对数的理解或数概念的形成。数感建立起数量与计数之间的联系。数感强调对多与少、相对数量、空间与数量的关系（即数的守恒）、数量的部分与整体的关系等的理解。数感形成后，儿童能够理解一些重要数与其他数之间的关系（如5和10）。数感还能帮助儿童估计数量和测量。计数有助于儿童理解数量。理解最后数出的数代表了整个物群的数量是一个关键的基本概念。数感是对"1"指1个具体的事物，"2"指2个具体的事物等的理解。

（2）估算

呈现一组物品后，能够立即说出"一共有多少"，被称为估算。估算又分为两种类型：感知的和概念的。感知估算是指呈现一组物品后，无须计数或分组就能说出总数。学前儿童通常从4个物品开始学习估算。也就是说，当向他们呈现4个物品时，他们不用计数就能说出这些物品一共有4个。概念估算需要在一个物群中找到数的模式，如将一个多米诺骨牌上的点看作是一个模式整体，然后进行分解。观察者可能将8个点的模式分成两组，每组各4个。感知估算被认为是计数和基数的基础。概念估算的发展以计数和模式为基础，能够促进儿童的数感的形成以及计算技能的掌握。学前儿童能够在感知层面上进行估算。一年级儿童开始能够对小数量的物品进行概念估算。教师可以在幼儿园中采用一些游戏来帮助幼儿从感知估算向概念估算发展。

（3）计数

计数包括两个层面的运算：记忆计数和理解计数。记忆计数是按顺序从记忆中提取数词。儿童能够说出"1，2，3，4，5，6，7，8，9，10"时，就能在记忆层面上计数1至10。理解计数需要将每个数词与数过的一个物品相对应。它建立在儿童对一一对应的理解基础之上。美国著名心理学家格尔曼提出了颇有影响的正确数数要遵循的5条原则：

①一一对应原则，即指学前儿童在数数时必须理解要数的集合中的每一个元素只能对应于一个数词，也就是说，一个物体只能数一次，一个数词也只能用一次，用过的数词不能再用。

②固定顺序原则，即用于数不同单位物体的数词的顺序是始终如一、固定不变的，它是由数词系统本身特定的顺序和规律决定的，是不可任意改变的，如用“1、2、3、4……”的顺序去数一个集合，再数另一集合时，也应当是相同的顺序，而不可能是“2、1、4、3……”的顺序。

③顺序无关原则，即数数时，数的结果总是唯一的，它与被数物体的顺序是无关的，无论是从左往右数、从右往左数，还是从中间往两边数、转圈数，其数的结果总是同一个数。

④基数原则，即能够理解计数到最后一个物体时的数词所代表的就是该集合的总数。

⑤抽象原则，即以上所说的数数原则可以适用于任何集合，也就是任何由可数物体组成的集合都可以计数。

数感或数概念将计数与数量联系在一起。计数、一一对应、组织和重组物群、比较数量都有助于儿童发展数感。数概念的形成需要儿童理解1、2等数的实际含义，儿童不同阶段对数概念的理解和技能水平也不同，如表3-5所示。

表3-5　儿童不同阶段的数概念和技能水平

阶段	基础水平	应用水平	较高水平
感知动作（出生～2岁）	· 观察 · 问题解决 · 一一对应 · 数 · 形 · 空间感		
前运算（2～7岁）	· 集合与分类 · 比较 · 计数 · 部分与整体 · 语言	· 排序与模式 · 自然测量：重量；长度；温度；容积；时间；顺序	· 数字符号 · 集合与符号
过渡（5～7岁）		图表	

五、学前儿童的判断、推理和理解的发展

（一）学前儿童判断的发展

判断是概念与概念之间的联系，是事物之间或事物与它们的特征之间的联系的反映。学前儿童的判断表现出以下趋势。

1. 判断形式间接化

幼儿的判断以直接判断为主，开始向间接判断发展。直接判断以感知形式为主，不需要复杂的思维加工，间接判断通常需要推理，反映事物之间的因果、时空、条件等关系。比如，幼儿认为“汽车比飞机跑得快”，幼儿说：“我坐在汽车里，看到天上的飞机飞得很慢”，幼儿直

接感知到的是汽车开得很快，外面的景物飞快地被甩到后面去了，再大一点的幼儿，会逐渐脱离直接感知，知道“飞机比汽车快”，因为距离飞机比较远，所以看上去飞机慢，但是飞机的速度比汽车快。学者何其恺等对学前儿童因果思维发展的研究，用实验材料具体说明了学前儿童从直接判断事物的外在原因向间接判断现象的隐蔽的内在原因发展。

学者李文馥等在研究儿童对面积的判断时发现，5、6岁儿童在判断两块相等的面积时，大部分依靠直觉判断。他们倾向于认为一块完整的面积比被分割开的同样面积大，或反之。例如，说“一整块大，许多小块小”，或“分成两块地就小，一大块地就大”等。7岁以后的儿童大部分进行间接推理判断，知道“虽然分开了，可是一点都没少，所以面积没变”。儿童在6～7岁时判断能力发展显著，是两种判断变化的转折点。

2. 判断内容深入化

学前儿童的判断首先反映事物的表面联系，然后向反映事物的本质联系发展。学前儿童的判断从反映事物的个别联系逐渐向反映物体多方面的特征发展。比如小班的学前儿童说：“火柴浮起来，是因为它小”。中大班的学前儿童则知道：“钥匙沉下去，是因为小而且重，不轻”。

3. 判断根据客观化

学前儿童的判断从以生活为依据，向以客观逻辑为依据发展。3～4岁的学前儿童，常常不能按事物本身的客观逻辑进行判断和推理，而是按照“游戏的逻辑”和“生活的逻辑”来进行。比如做一道算术题，“哥哥吃了4块糖，弟弟吃了2块糖，他们一共吃了几块糖？”幼儿不去回答这个问题，而是反问：“为什么哥哥吃那么多？”随着年龄发展，幼儿会明白这只是一道数学题。再比如，3岁儿童指着一个戴红领巾的女孩说是“王老师的小姐姐”。这是根据他经历的具体的生活情景，他叫王老师的女儿“小姐姐”。年龄较大的幼儿就会说：“王老师的女儿。”这说明幼儿已经能够根据王老师和这个女孩的关系为依据做判断了。

4. 判断论据明确化

年龄小的幼儿虽然能做出判断，但他们没有或者不能够说出根据，或者以别人的论据作为论据，如“妈妈说的”“老师说的”。幼儿如果生活在一个“讲道理”的环境中，他就能够较早、较好地意识到判断的依据，经常为自己的判断找根据。

（二）学前儿童推理的发展

推理是由一个或几个已知的判断（前提）推出新判断（结论）的过程。

1. 学前儿童推理发展的趋势

（1）推理过程随年龄增长而发展

根据相玉英的实验研究发现：3岁组儿童基本上不能进行推理活动。4岁组儿童推理能力开始发展，5岁组儿童中大部分可以进行推理活动。6岁和7岁儿童全部可以进行推理活动。

（2）推理发展过程表现为四级水平

①不能进行推理活动。

②只能根据较熟悉的非本质特征进行较简单的推理活动。

③可以在提示的条件下，运用展开的方式逐步发现事物的本质联系，最后做出正确的结论。

④可以独立而较迅速地运用简约的方式进行正确的推理活动。推理水平的提高表现在：推理内容的正确性，推理的独立性，推理过程的概括性及其方式的简约性等方面。

（3）推理方式的发展是由展开式向简约式转化

所谓“展开式”是指儿童的推理是一步一步进行的；所谓“简约式”是指儿童的推理活动

是独立而迅速地在头脑中进行的。

2．最初的转导推理

转导推理是从一种特殊事例到另一种特殊事例的推理，这种推理不是逻辑推理，而是属于前概念推理。转导推理导致了神奇的起因、实在论、泛灵论、人为主义的思维过程，缺乏对事物或事物之间关系的分级。转导推理是从个别到个别的推理，其中没有类的包涵，没有类的层次关系，没有可逆性。皮亚杰认为，这是在从表象性象征到概念的半路上。例如，杰西卡是一个4岁的女孩，在从学校回家的路上，她大声地对妈妈说着自己的想法，她说："我长大后想成为一个像马修斯女士那样的老师，这是不是意味着我的皮肤也会像她一样变成棕色呢?"说明这个4岁女孩把老师的内在品质和外貌都等同起来，还不会区分，不会归类。2岁的儿童已经出现转导推理，例如，常常见到学前儿童生活中的推理："如果我做了坏事，大人就会理我"，这实际上就是一种转导推理。这一类的推理在3～4岁儿童身上也经常见到。

3．幼儿的演绎

归纳和演绎属于逻辑推理。演绎推理得简单而典型的形式是三段论，三段论是由三个判断、三个概念构成的，每个概念出现三次。它是从两个反映客观事物的联系和关系的判断中推出新的判断。例如：鸟是有羽毛的，蝙蝠没有羽毛，所以蝙蝠不是鸟。大班幼儿如果经过专门教学，就能够正确运用三段论式的逻辑推理。

4．幼儿的类比推理

类比推理也是一种逻辑推理，它在某种程度上属于归纳推理。它是对事物或数量之间关系的发现和应用。比如，从"耳朵是用来听的"推到"眼睛是用来看的""嘴巴是用来说话的"等，说明幼儿有一定水平的类比推理。

（三）学前儿童理解的发展

学前儿童思维的发展也表现为理解的发展。所谓理解，就是懂得了事物的本质。理解是逻辑思维的基本环节。概念、判断和推理都需要依靠对事物的理解。

学前儿童的理解主要是直接理解，即与知觉过程融合在一起，不要求任何中介的思维过程。幼儿期逐渐出现间接理解，间接理解是通过一系列较复杂的分析、综合活动进行的。

1．从对个别事物的理解发展到对事物关系的理解

从儿童对图画和对故事的理解中可以看到这种发展趋势。儿童对图画的理解，最初只理解图画中最突出的个别人物，然后理解人物形象的姿势和位置，最后理解主要人物或物体之间的关系。儿童理解故事发展的过程是：先理解个别语词，根据语词的信号使其相应的具体表象活跃起来；然后理解整个句子，掌握思想内容；最后建立思想与思想之间的联系。

2．从主要依靠具体形象的理解发展到开始依靠语词的理解

幼儿初期常常依靠具体形象甚至是实际行动来理解。比如，幼儿说："大象用鼻子把狼卷起来"时，总是做出"卷"的动作。随着年龄的增长和语言的发展，儿童逐渐可以不依靠图画而单纯依靠词的说明来理解事物。

3．从简单的、表面的理解发展到比较复杂的、深刻的理解

幼儿初期往往只理解事物的表面现象，难以理解事物的内部联系。幼儿很难理解教师的"反语"；幼儿对"死"的概念也很难理解。

4．从易受情绪影响的理解发展到比较客观的理解

儿童对事物的情感态度，常常影响他们对事物的理解。这种影响在4岁前特别突出。例如，幼儿解释"球从桌子上滚下去的原因是它不想待在桌子上，或者我不想让它待在桌子上。"较

大的儿童则能够根据事物的客观逻辑来理解。

5. 从不理解事物的相对关系发展到逐渐能理解事物的相对关系

儿童对事物的理解常常是固定的或极端的，不能理解事物的中间状态或相对关系。对幼儿来说，不是有病，就是健康；不是好人，就是坏人。随着年龄的增长，幼儿明白好人也有缺点，坏人也有优点。看问题逐渐摆脱纯粹和绝对。

【幼儿园教师资格证考试：考点预测】

1. 菲儿把一颗小石头放进小鱼缸里，小石头很快就沉到了缸底，菲儿说："小石头不想游泳了，想休息了。"从这里可以看出，菲儿思维的特点是（ ）。

A. 直觉性　　B. 自我中心

C. 表面性　　D. 泛灵论

2. 下列幼儿行为表现中数概念发展最低的是（ ）。

A. 按数取物　　B. 按物说数

C. 唱数　　D. 默数

3. 大班幼儿认知发展的主要特点是（ ）。

A. 直觉行动性　　B. 具体形象性

C. 抽象逻辑性　　D. 抽象概括性

4. 小红知道9颗花生吃掉5颗，还剩4颗，却算不出"9–5"等于多少？说明小红的思维具有（ ）。

A. 具体形象性　　B. 抽象逻辑性

C. 直观动作性　　D. 不可逆性

5. 下雨天走在被车轮碾过的泥泞路上，晓雪问："爸爸，地上一道一道的是什么呀？"爸爸说："是车轮压过的泥儿，叫作车道沟。"晓雪说："爸爸脑门上也有车道沟。"（指皱纹），晓雪的说法体现了幼儿思维特点是（ ）。

A. 转导推理　　B. 演绎推理

C. 类比推理　　D. 归纳推理

6. 材料分析：

教师为小班幼儿制作了一列"小火车"，在每节车厢上分别贴了不同品种与数量的"水果"标签，要求幼儿能按标签投放"水果"。

雪儿看了看标签，然后往不同的车厢装进与标签品种一样的"水果"，每节车厢都装满了"水果"。莉莉看了看标签，并用手点数标签上的"水果"，嘴里还念着数字，然后拿出相应品种和数量的"水果"放进车厢。

民民看了看标签，取出相应品种和数量的"水果"放进车厢，然后看着车厢里的"水果"，自言自语道："嗯，都放对了。"

问题：

（1）根据上述三位幼儿各自的表现分析其数学能力发展的水平。

（2）该材料对教育的启示是什么？

7. 为什么要让幼儿通过直接感知、实际操作和亲身体验的方式进行学习？请结合实例分别说明。

知识拓展

和妈妈一起学习数字

很多学者对研究儿童的数字理解能力发展感兴趣，因此，现在可以了解到很多关于儿童在各个不同年龄段学到的数字知识和技巧的信息。但是人们不知道儿童是怎样学到这些知识的，因为很多研究只针对他们所学到的内容，却并不关心这些知识的来源。因此，儿童的计算能力在很大程度上被认为是其自身学习的结果，但是近年来人们逐渐开始重视社会环境对计算能力培养的重要意义。

有哪些社会因素影响到数字知识的发展呢？据观察，从婴儿时期开始，个体就会在每天的生活当中接触到很多数字。儿童周围的成人的对话就带有很多关于数字的内容，家里发生的很多事情都和数字有关，比如帮忙摆桌子（“我们需要给每人准备两把叉子”）、买东西（“我们买四块蛋糕吧”）、描述时间（“我们去幼儿园已经晚了，现在都9点了”）、做饭（“再多加一勺面粉怎么样”），等等。另外，还有儿歌、诗歌、故事、简单的游戏、竞赛等，所有这些活动都以生动而有意义的方式告诉孩子数字的重要性。

当然，就算在家里也有比较正式的场合可以教孩子像数数和加法这样的技能。为了更好地理解脚手架这个概念，下面举例分析一下母子之间的交流。一些2岁和4岁儿童及其母亲一起进行简单的数字游戏，比如数出物体的个数、把两行中的物体配对等。分析表明，母亲可以很恰当地根据孩子的表现来提供帮助，从而成功地提高儿童的数字能力。总的来说，母亲能很准确地认识到孩子遇到的困难，并有针对性地提供帮助：在孩子犯了错误后，详细地进行解释；在孩子取得一定成功后，提供更复杂的指导。年龄较小的儿童的母亲可以尽量将任务简化，同时在处理更困难的任务时尽量简化指导内容。通过这样的脚手架建构帮助儿童达到更高的能力水平，儿童可以根据母亲的指导来调整自己的表现，而且常常能在母亲的帮助下完成自己无法单独完成的任务。4岁的儿童比2岁的儿童在母亲的帮助下进步更大，因为在一些特定的任务上，4岁儿童更接近所谓的“最近发展区”，而2岁儿童还远远没有达到这个发展水平。

以上案例很大程度上证实了维果茨基关于认知发展的理论，儿童并不是自己获得某种能力，而是在他人的帮助下逐渐获得的。这些帮助需要根据儿童的发展随时进行调整。更重要的是，成人需要尽量把这些活动变得生动有意思，这样儿童才有更大的动力去重复经验并学到更多的知识。

第六节　学前儿童言语的发展

平时活泼开朗、口齿伶俐的豆豆是全家的开心宝。可最近不知怎么了，突然说话口吃起来，一句话经常要重复好几次，“我……我……我……要玩……飞机”这样的话经常出现，有时候憋得小脸通红，甚至全身用力才能说出一句完整的话来。这种结巴在家还好一些，可在幼儿园和小朋友玩耍或面对老师提问却时常出现。面对小朋友的嘲笑和模仿，豆豆觉得非常难为情，越来越不敢在公开场合说话，甚至不愿意去幼儿园了。豆豆的父母为此非常焦虑和担心。豆豆为什么会突然变得口吃呢？今天就来学习关于学前儿童言语发展的内容。

语言是一种社会约定俗成的符号系统。通常讲的语言一般包括音、形、义、词汇、语法等要素。语言是一种社会现象。言语是运用语言进行实际活动的过程，是一种心理现象。言语分为外部言语和内部言语。外部言语分为口头言语和书面言语。口头言语是通过人的发音器官所发出的语音信息来表达思想感情的言语，分为对话言语和独白言语。书面言语是借助于文字来表达思想感情、传授知识经验的言语。内部言语是个体内心“无声的言语”，通常思考问题时所运用的都是内部言语。

一、言语的发展对学前儿童心理发展的意义

（一）促进行为和言语的社会化进程

语言是人类交际的重要工具，是完成人的社会化的一个重要指标。语言能够让学前儿童表达个人的情感，通过观察获得体验和感受，在此基础上形成言语自我调节能力。

（二）提高学习能力，促进智力发展

语言通过词、概念向学前儿童传递间接经验，有助于扩大眼界，提高思维和想象能力，有助于学习能力的发展。

二、言语发生发展的趋势

（一）理解语言的发展

学前儿童在理解成人的言语时，先理解其中个别词汇、句子、情节或行为，再理解产生的原因及后果，最后才能理解整个故事的思想内容。大约在6个月以后，婴儿已能“听懂”一些词，1~1.5岁儿童能理解的词的数量猛增。受思维发展水平的限制，学前儿童常常依靠行动和形象理解事物。有关学前儿童绘本阅读的研究表明，在让儿童对绘本中的故事进行复述时，有插图的效果要明显好于无插图的效果。年龄越小的学前儿童在言语理解活动中对直观形象性的依赖越大。

（二）语音的发展

语音知觉是指对语言中语音类别的识别和语音、语调的辨别。所谓对语音的识别，是指说出语音的名称；所谓对语音、语调的辨别，则是指能区别语音、语调的差异。

儿童发出语音的发展过程经历出现嗓音、出现啊咕声、出现喃喃语声及开始发出语音四个阶段。儿童发音的错误大多数集中在辅音，难点则在于掌握发音部位和发音方法。

（三）感知和理解语言先于对语言的表达

语言活动包括对语言的接受（感知、理解）和发出。但是，在儿童言语活动发生和发展的过程中，感知和理解语言的发生发展先于语言表达，这两个过程并不是完全同步的，即儿童的语音知觉发生发展在先，语音表达的发生发展在后。学前儿童只有听到了别人的语言，并且理解了它的意义，才能正确地使用（表达）它。语言学习先有输入，才能有输出。印度狼孩的悲剧，也印证了这一结论。

三、言语发展的阶段

（一）前言语阶段（0～1岁）

儿童在真正掌握言语之前，有一个准备阶段，称为前言语阶段，或称言语发生的准备阶段。

1. 新生儿期（0～1个月）

婴儿刚出生就能对声音进行空间定位，能根据声音的频率、强度、持续时间和速度来辨别各种声音的细微差别，表现出对语音明显的偏爱。

2. 发音游戏期（2～4个月）

2个月左右的婴儿开始理解言语活动中的某些交往信息，如对愤怒的讲话声会出现躲开的反应。婴儿能和成人进行“互相模仿”式的“发音游戏”，能鉴别区分、模仿成人语音，并能辨别清浊辅音。

3. 语音修正期（5～9个月）

5～9个月时，婴儿已经能开始鉴别言语的节奏和语调特征，并开始根据其周围的言语环境改造和修正自己的语音体系。母语中没有的语音在这一阶段会逐渐被丢失。

4. 学话萌芽期（9～12个月）

这时婴儿已进入了音位水平阶段。他们已能辨别母语中的各种音素，能把听到的语音转换为音素并认识到这些语音所代表的意义，能经常地、系统地模仿和学习新语音，为言语的发生做好了准备。

言语发生的准备表现在两个方面：说出词的准备，包括发出语音和说出最初的词；理解词的准备，包括语音知觉和对语词的理解。

（二）言语发生阶段（1～3岁）

1. 言语发生的标志

①用最不严格的标准衡量，初步理解词的意义。

②持续地、自发地使用一些词，而且这些词是成人语言中的词，而不是自己造的词。

③词带有概括的意义，而不是只代表某一事物。

④掌握10个词左右。

2. 言语发生的两个阶段

①理解言语迅速发展阶段（1～1.5岁）：在这一阶段，儿童理解的语言大量增加，但说出的词语很少，甚至出现一个短暂的相对停顿或沉默期，这时儿童只用点头、摇头或手势示意。

②积极说话发展阶段（1.5～3岁）：儿童似乎突然开口，说话的积极性很高，语词大量增加，语句的掌握也大量发展。

（三）基本掌握口语阶段（3～7岁）

3岁到入学前，是儿童基本掌握口语的阶段，儿童在语音、词汇、语法和语言表达等方面都有迅速的发展。

四、语音、词汇、句子的发展

（一）语音的发展

1. 语音发展的特点

①各民族儿童语音的发展有共同的普遍的规律：世界上2500多种语言，各种语音的发展都服从一定的普遍规律，即由中等程度差别的音向两端发展。就是说，成对的音是由中间的音发展而成的。教学前儿童学发音时，不必急于要求他很快就能准确发出某个音，刚开始学的一段时间，发音不准确是正常现象。

②语音发展的扩展和收缩趋势：起初是扩展的趋势，3～4岁的儿童无论学习世界哪个民族语言的发音，都很容易学会；此后学习语音的趋势逐渐收缩，年龄越大，学习第二语言的语音，更多受第一语言语音的干扰，常常带有口音。因此，幼儿园小班要特别注意发音练习，中大班要随时纠正幼儿不正确的发音，并推广普通话教学。

③元音和辅音同时出现。

2. 幼儿掌握语音的特点和难点

①3～6岁的幼儿能够掌握本民族的全部语音：4岁前发音不准确的较多，4岁以后一般能够掌握全部语音。

②发音错误的集中点大多数发生在辅音，基本集中在zh、ch、sh、z、c、s等。

③发音的难点在于掌握发音部位和发音方法。

3～4岁幼儿生理上不够成熟，不能很好地支配发音器官，不善于掌握发音部位和发音方法。幼儿发出元音的错误较少，主要是辅音，因为辅音要依靠唇、齿、舌等的细微变化。这对4岁以前的幼儿来说比较有难度。

语言环境因素是影响幼儿发音的重要因素。比如，重庆市的幼儿发n纯音的正确率是0，而北京的3～4岁幼儿在音节测查中发n音的错误率是0；方言对4岁以上幼儿发音的影响很突出。教师和家长应为幼儿提供学习语言的良好环境，可以用说儿歌、绕口令等方法，引导幼儿做发音练习。

3. 语音意识的发生

儿童在4岁以后语音意识明显地发展起来，具体表现在以下方面：①对自己和别人的发音感兴趣；②意识到自己发音的弱点；③努力练习新学到的语音和自己不能准确发出的语音；④对别人的发音有评价态度；⑤有意识地改变通常的发音；⑥为发音找根据；⑦意识到同音字有不同含义；⑧对发音的生理问题感兴趣。

（二）词汇的发展

1. 词汇数量的增加

词汇量是儿童语言发展的标志之一，词汇数量的多少，直接影响到儿童言语表达能力的发展；词汇量也是儿童智力发展的标志之一。

（1）幼儿的词汇量随年龄增加而增加

3～4岁儿童的词汇量可以达到1730个，4～5岁为2583个，5～6岁为3562个。4～5岁是词汇量增长的活跃期。

（2）积极词汇和消极词汇都在随年龄增长而增加

积极词汇是指儿童既能理解也能正确使用的词汇；消极词汇是儿童能理解但不能正确使用的词汇，实际上理解也是表面的。

（3）儿童的生活条件对其词汇量有巨大的影响

影响儿童词汇量的生活条件：①时代的差异。时代不同，儿童的词汇量也不同。因为时代不同儿童的生活范围发生了巨大变化。②民族语言和方言的差异。汉语的词汇量是最多最复杂的。不同方言的词汇也常有不同，全国八大方言区对同一事物的描述所用的词也不同。儿童使用的词汇也受方言的影响。③具体生活和教育条件的差异。具体生活和教育条件不同，使儿童的知识面和智力发展水平不同，学习语言的条件不同，导致词汇量的差异。

2．词类不断扩大

词类的范围在一定程度上可以说明儿童词汇的质量。

（1）幼儿掌握各类词的顺序

先掌握实词，后掌握虚词，对实词掌握的顺序是：名词、动词、形容词，副词、代词、数词较晚；对虚词的掌握也较晚。

（2）各类词在儿童词汇总量中的比例

名词占50%左右，动词占20%～25%，形容词占10%，其他词类所占的比例都较小。

（3）幼儿词汇的使用

词频率使用最高的是代词，其次是动词，再次是名词。因为幼儿说话大多是在具体条件下对着具体人进行的，有使用代词的良好条件，幼儿常常不会说出事物的确切名称，于是用代词而不用名词，如这个、那个、这里、那里等，加之幼儿的思维常常是围绕自己展开的，经常用“我”。

幼儿使用动词多于名词是因为：幼儿常常把动词当作名词用，幼儿所用句子较短，句中一般都有动词，而动词后面只出现一个名词，有时还被代词代替了；幼儿说话往往用不完整句，只说出动作或状态，只用动词而不用名词。

3．词义逐步深化

幼儿对词义的理解不确切，常把词的含义理解得过宽或过窄，比如把“短”说成“小”，把“矮”说成“短”，把“粗”说成“胖”等。

3～5岁幼儿常常自己造词，出现“造词现象”，比如，有的幼儿把一条裤子叫“一双裤子”。

幼儿还常常混淆词义，比如，妈妈说：“刚才碰上爷爷了”，儿子就问：“你刚才就这样咚地和爷爷碰上了吗?”，他还猛地撞到妈妈身上，用动作表示对“碰”的理解。

随着幼儿年龄的增长，对词义的理解也逐渐确切和加深，幼儿不仅能够掌握词的一种意义，而且掌握词的多重意义；不仅能掌握表面意义，而且能掌握词的转义。

（三）句子的发展

1．句型的发展

（1）从不完整句到完整句

①单词句：是指用一个词代表的句子。一般出现在1～1.5岁。比如：儿童说“妈妈”这个词，既可能代表要妈妈抱，也可能代表请求妈妈帮他拿一个东西等。

单词句的特点是：所用的词不是单独和某种对象相联系，而是和某种情景相联系；单词句意义不够明确，语音也往往不够清晰，不能完全表达自己的意思。必须辅以表情和动作；往往需要根据情景来推断其意义，一般只有与儿童亲近的人才能听懂。

②电报句：又称双词句，是由2个单词组成的不完整句，有时也由3个词组成，出现在1.5～2.5岁，如“妈妈抱”“爸爸班班”“娃娃排排”，它表达的意思比单词句明确，已经具备句子的雏形。其主要特点是：语句断续、简略、结构不完整、句子的成分常常缺漏，主要使用名词、动词、形容词，略去连词、介词、指示词、助动词等。

③完整句：2岁以后，儿童逐渐出现比较完整的句子。完整句的数量和比例随年龄增长而增长，儿童到6岁左右98%使用完整句。

（2）从简单句到复合句

2岁以后，简单句逐渐增加，儿童使用的主要是简单句。未来发展的趋势是，简单句所占比例逐渐减少，复合句逐渐增加。总的来说，幼儿使用简单句的比例较大。

复合句是由两个或两个以上意思关联比较密切的单句组成的句子。幼儿掌握复合句的特点是：数量较少、比例不大。到学前晚期，幼儿掌握复合句的比例在50%以下，结构松散，缺乏连词，只是简单句意义上的结合，如：“妈妈上班，我上幼儿园”；联合复句出现较早。并列复句比例较大，这种句子反映两个简单句的并列关系，常用“也、还、又”等词连接；偏正复句出现较晚，幼儿常用的偏正复句有：条件复句、因果复句、转折复句等。条件复句反映假设关系（如果……就）和条件关系（只有……才），幼儿相对容易掌握这种句子。5～6岁儿童条件复句已经用得比较好。因果复句反映因果关系（因为……所以），幼儿感到较难掌握，3～4岁出现了因果复句，但是没有连词，如：“我不吃饭，我在家吃过了。”5～6岁才出现使用因果关系词的句子，并且能正确使用。转折复句在幼儿语言中数量极少，4岁以前几乎没有出现，这种句子都带有连词，最常见的是“但是”“可是”等。总之，复句发展需要两个主要的条件：一是掌握足够的词汇，特别是有关的连接词；二是逻辑思维的发展。

（3）从无修饰句到修饰句

儿童最初的句子是没有修饰语的，2～3岁的儿童有时出现一些修饰的形式，如“大灰狼”“小白兔”，但实际上他们是把修饰词和被修饰词当作一个词组来用的。3～3.5岁是复杂修饰语句的数量增长最快的年龄，到4岁有修饰语的句子开始占优势。

（4）从陈述句到非陈述句

儿童最初掌握的是陈述句。整个学前期，简单的陈述句仍然是基本的句型。幼儿掌握的句型还有疑问句、祈使句、感叹句等，其中疑问句产生最早。由于生活的需要，2岁左右的儿童已有单词句结构的疑问句。

2. 语句结构的变化

（1）语句结构从混沌一体→逐渐分化

语句的逐渐分化表现在3个方面：①表达内容的分化：2岁左右的儿童多半是边说边动作，用动作补充语言所没有完全表达的意思。以后才逐渐分化。②词性的分化。最初，儿童的词性不分，动词和名词混用，名词和形容词混用。③结构层次的分化。最初主谓语是不分的，以后再使用中逐渐分化。

（2）语句结构从松散→逐步严谨

3.5岁以前，儿童的话语常常缺漏主要词类，词序紊乱，各成分间相互制约不明显，3.5岁以后，出现较多复杂的修饰语句；到5～6岁儿童的关联词会比较丰富，但还常常用得不恰当。

（3）语句结构由压缩、呆板→逐步扩展和灵活

幼儿最初的语句结构不能分出核心部分和附加部分，基本上是有几个词组成的压缩句。幼儿句法结构的发展在4～4.5岁较为明显，5岁幼儿语句结构逐渐完善，6岁时水平逐渐提高。

3. 句子的含词量增加

随着年龄的增长，儿童说话所用的句子有延伸的趋势。也就是说，句子的含词量逐渐增加。整体来说，幼儿的句子主要在10个词以内，4～6个词的句子占最大比例。

4. 语法意识的出现

幼儿对语法结构的意识出现较晚，幼儿掌握的语法结构主要是通过日常生活中的语言交流，从成人的语言中模仿来的。4岁以后才开始有明显的语法意识，学习语法规律对幼儿来说既不必要，也有困难。

五、学前儿童口语表达能力的发展及培养

（一）口语表达能力的发展

1. 对话言语的发展和独白言语的发生

①对话言语指两个人之间进行交谈的言语，儿童的言语最初是对话式的，幼儿的对话言语只限于向成人打招呼、请求，或简单地回答成人的问题或向成人提出问题。如："这是什么?"对话言语在幼儿期得到进一步发展。

②独白言语是在幼儿期产生的言语，指幼儿独立地向别人表达自己的思想和感情，讲述自己的知识和经验。3～4岁的幼儿能主动讲述自己生活中的事情，但是在集体面前讲述不大胆、不自然；4～5岁能够独立地讲故事或者各种事情；5～6岁不但能够系统地讲述，而且能够大胆而自然地、生动而有表情地进行讲述。

2. 情景言语的发展和连贯言语的发生

情景言语是在结合具体情景时，才能使听者理解说话者的思想内容，并且还要用手势、面部表情或者身体动作加以辅助或补充的言语。

连贯言语是句子完整、前后连贯，能够反映完整详细的思想内容，使听者从语言本身就能理解所讲述的意思，不必事先熟悉所谈及的具体情景的言语。

3岁前儿童的言语主要是情景性言语，单词句和电报句都不能离开具体情景；3～4岁幼儿的言语仍然带有情景性，他们在讲话中运用许多不连贯的、没头没尾的句子，并且附以各种手势和面部表情。4～5岁幼儿说话常常是断断续续的，不能说出事物现象、行为动作之间的联系，只能说出一些片段。6～7岁的儿童已经能够完整地、连贯地说话，开始能从叙述外部联系到叙述内部联系。随着年龄的增长，情景言语的比重逐渐下降，连贯性言语的比重逐渐上升。

3. 讲述逻辑性的发展

3～4岁幼儿的讲述常常主题思想不明确、层次不清楚；幼儿言语表达的顺序性、完整性、逻辑性在3～4岁时发展较快，4岁与5岁差别不大。5～6岁儿童在看图讲述中往往讲述得过于具体和琐碎，妨碍主要情节的突出。

4. 掌握言语表达技巧

语气表示说话时的情感和态度，也表示说话人的状态，语气的变化表现在语音的高低、强弱、长短、停顿、节奏、速度等方面。幼儿起先不会小声说话，经过教育和训练，才学会在必要时小声说话，幼儿常常分不清大声说话和喊叫的区别，在表演朗读时常常用大力气喊叫。有

些幼儿由于胆小，且说话声音过小；有的幼儿养成了撒娇的说话声调或粗暴的说话习惯，这都可以经过教育训练，及早地加以矫正。

（二）幼儿口吃的心理因素及矫正

1. 行为表现

口吃是一种常见的语言节律的障碍。在说话时，字音或字句有不正确的停顿和重复表现，同时，讲话时多伴有跺脚、摇头、拍腿、扮鬼脸或抽动的动作。患有口吃的儿童大多自卑、羞怯、退缩、孤独、不合群。这些儿童，由于发音–呼吸器官细微的紧张性痉挛，导致语言的节律失调，产生口吃；由于口吃又产生心理紧张，在激动、恐惧或情绪兴奋时口吃更为严重。口吃出现的年龄以2～5岁最为多见。患有口吃的儿童占一般儿童的1%～2%，男女儿童发生率之比约为2.5∶1。

2. 分类

①发展性语言不流畅。这种口吃最为多见，常发生于1～5岁，一般情况下5岁以后可自行消失。

②良性口吃。常发生于3～11岁，经过2年或2年以上可自行消失。

③慢性口吃。这种口吃不能自行消失。

3. 诱因

①精神及心理创伤：过多的精神紧张刺激，如受到惊吓、受到严厉惩罚、进入陌生环境感到恐惧、家庭破裂而失去爱抚等。

②模仿：儿童觉得口吃者滑稽可笑，加以模仿。儿童因模仿而口吃的占2/3。儿童出于好奇，学着玩，未定型的口吃表现若不能有效地加以制止，多次练习和强化后便会形成习惯，特别是受到惩罚，更会加剧口吃。

③疾病：患百日咳、流感、麻疹、猩红热等传染病，或脑部受到创伤后，大脑皮质的功能减弱，容易发生口吃。

值得注意的是，2～5岁的幼儿正是语言和心理发展十分迅速的阶段，词汇也逐渐丰富，儿童头脑中已经储存了许多语言信息，说话时回忆语言模式的速度相对较快，而说出的语言速度相对较慢，二者的时间差造成了言语流的脱节。儿童开始说话后，找不到应有的词语去继续表达，说话时常有迟疑、不流畅的现象，一般到上小学前，就可口齿伶俐了，这种现象称为“发育性口齿不流利”，不属于口吃。

4. 矫治及预防

（1）让学前儿童模仿正确的说话方式

既然学前儿童能模仿口吃，就能模仿正常的说话方式，但成人必须用比较慢的节奏与学前儿童交谈，话语要清晰、简洁，不要用太多形容词，不要用儿语，最好用单音节词、双音节词、三字词、电报语与学前儿童交流。如“喝水”就是“喝水”，不要说“喝水水”。还要注意学前儿童讲话的节奏和语调，从而增加语言的韵律和轻松感，口吃就会逐渐地、自然地得到矫正。

（2）给予帮助和鼓励

父母应使口吃儿童说话时处于轻松愉快的环境，说错了不训斥，引导学前儿童讲话时放慢速度，随心所欲，从容不迫地讲话。例如，孩子想喝水又说不出来时，可以启发他：“你想喝水吗？”孩子点头，“请跟妈妈说一遍‘我想喝水’”。明确地告诉孩子怎样说比批评和建议（比如“慢一些”“再来一遍”）会更有效。另外，口吃儿童大都对单词的第一个字发音感到困难，发音过急过重，往往卡在这里，所以要诱导单词第一个字的发音，可以先轻轻地发出字的声母，然后与韵母拼合，拼出字音，再慢慢地向第二个字音滑动，这是矫正口吃的方法，耐心也很重要。

（3）说不好就唱

口吃的学前儿童有个特点，唱的时候就不口吃了，可以平时让学前儿童学唱歌，背诵朗朗上口的歌谣，用说唱的方式来培养学前儿童的节奏感，这对矫正口吃也很有效。

（4）不要“保护”学前儿童

有的父母觉得孩子说话口吃已经够不幸了，所以格外溺爱他，这样做对学前儿童没有好处。应该让他知道，自己虽然有口吃的缺点，但还有更多别人不具备的优点（如打球、画画等），使学前儿童正视自己的这一问题，这样当学前儿童接触到外界环境，就能勇敢地对待嘲笑。

（5）应从解除儿童的紧张心理入手

避免因说话不流畅遭到周围人的嘲笑、模仿以及家长、教师的指责或过分矫正。家长不要当众议论其病态，或强迫孩子把话说流畅，不许结巴，这样只会适得其反，加重其心理障碍，更加张口结舌，应安慰患儿，使他们有信心克服。家长要用平静、从容、缓慢、轻柔的语调和孩子说话，来感染他们，使他们说话时不着急，呼吸平稳，全身放松，特别是不去注意自己是否又结巴了。

特殊情况下，正常人也有口吃，矫正儿童口吃不必达到一字不错，只要心理因素纠正了，口吃基本消除，矫正就算成功。

（三）学前儿童口语表达能力的培养

1. 激发幼儿言语交往的需要

在与成人和小朋友的交往过程中，幼儿的交往需要就能被激发出来。可以从以下几个方面为儿童创造言语交往的条件。

（1）亲子之间的言语交往

①在照料孩子的过程中及早对孩子说话。有些人认为，婴儿太小不能说话，也不能学会说话，于是对孩子只有操作性的照料，没有言语交往，这是不对的。从孩子一出生就应边照料边对他说话。②养成对孩子言语的敏感性。敏感的父母能抓住孩子言语发展的良好时机。比如孩子说话时，和他呼应，帮助孩子把话说出来；当孩子尝试用新的词或句子表达时，及时鼓励并指导。③善于倾听幼儿的谈话。父母要有意识地安排时间与孩子交谈，耐心地把孩子的话听完整，这样会使孩子感到温馨而放松，增加语言表达的积极性。

（2）同伴之间的言语交往

要积极地创造条件，鼓励幼儿与同伴的交往。在与同伴的游戏中，或者合作完成某项任务的过程中，幼儿会自然地用语言交往。幼儿之间的语言交往和语言学习比与成人之间的交往和学习更容易。

（3）师生之间的言语交往

在幼儿园，学前儿童的语言发展在很大程度上受教师影响。教师要特别注意创造言语交往的条件：在日常相处中有意识地多与幼儿交谈；在生活的各个环节，有意识地抓住交谈的话题；有计划地创造条件让每个幼儿都能获得言语交往的机会，避免放任自流的现象。在教学过程中，要注意言语活动的双向交往，要鼓励幼儿大胆表达自己的情感和思想，避免教师说得过多，幼儿没有说话的机会。如果在语言课上，教师的表达超过一半时间，那是值得置疑的教学。

2. 讲究教法

儿童学习语言有两种途径，一是模仿，二是强化。为儿童提供正确的模仿榜样，特别要注意正确发音。强化在儿童学习语言的过程中非常重要。当儿童正确地表达时，要及时给予强化，这是正强化。强化原则可以用于指导学前儿童学说话、练习说话和矫正不良说话习惯等方面。

3. 鼓励言语创造性

儿童在学习和使用语言的过程中创造性是不可低估的，往往是模仿和创造相结合。儿童对自己不懂的词有模仿的倾向，对于根本不知道的词，儿童一般不去模仿，他们会根据自己的经验去创造。

六、内部言语的发生发展

幼儿4岁以后开始出现内部言语。

幼儿内部言语的特点：出声的自言自语，这是内部言语发展的初级形态，是在外部言语的基础上，产生内部言语的过渡形态。它既有外部言语说出声的特点，又有内部言语对自己说话的特点。

幼儿自言自语的两种形式：①游戏言语是儿童在游戏过程中一边做游戏动作，一边说话，用于补充和丰富自己行动的言语。特点是比较完整、详细，有丰富的情感和表现力。②问题言语是儿童在遇到困难，或表现得困惑、怀疑、惊奇时，或找到解决问题的办法时所表达出来的言语。特点是比较简单、零碎。比如儿童在拼图过程中，常常会自言自语地说："把这个放在哪里呢？……不对，应该这样……这是什么？……就把它放在这里吧。"4～5岁幼儿的内部言语最为丰富。

七、书面言语的发生和研究

（一）学前儿童识字的特点

儿童的识字阶段可分为：泛化阶段、识字阶段、再现阶段。幼儿识字处于第一、二阶段，这两个阶段是对字的再认。

①儿童识字的泛化阶段：幼儿对视觉形象的感知，服从于从笼统到分化的规律，儿童首先倾向于把字形当作整体形象来感知。比如，拿出写有"游戏"二字的卡片，幼儿能认识，但把两个字分开，幼儿就混淆了。幼儿最初把字当作图谱。

②儿童识字阶段：儿童多次接触某个字或某些字时，他的感知活动从笼统到分化，可以认识一些字，经过成人的教育和儿童的学习，多次把那些字的音形义结合起来，儿童就可以认识那些字，建立了有关的条件反射。幼儿识字的特点：容易混淆，对字形的细节难以分化，如"水、木""半、羊"等；对字义的概括水平还很低。

幼儿容易认识的字的特点：字大、清楚；与响亮的语音同时出现；有形象作为辨认的支柱。在识字过程中，对字形加以意义联想、字形结构简单、多次重复、与情绪和兴趣相联系的字便于幼儿记忆。

（二）学前儿童的阅读准备

前阅读即早期阅读，是指学前儿童从口头语言向书面语言过渡的前阅读准备和前期书写准备，其中包括让幼儿知道图书和文字的重要性，愿意阅读图书和辨认汉字，掌握一定的阅读和书写的准备技能等，也有人称前阅读与前书写能力。前阅读使幼儿更易于接近书面语言，使幼儿了解书面语言知识的意义，并具有自我调适的能力。

1. 看书

学前儿童从几个月开始就可以进行阅读活动，最初的阅读活动是看书，不是阅读，学前儿童不是阅读文字，而是拿着书看。开始时是亲子共读，爸爸或妈妈拿着书，读给孩子听，边读边指着书上的图画，孩子边听边看。

①1岁左右的学前儿童情绪好的时候也会自己拿着书看。他们把书正着拿和倒着拿，毫不在乎。

②3岁左右的学前儿童可以培养爱看书的习惯。对熟悉的故事，学前儿童可以指着一行行地念，其实并不一定认识这些字，有时还能一页一页地翻着书看。

③幼儿期的阅读基本上是以看图为主的。水平高的学前儿童能认识一些字，以图为辅。

2. 阅读的准备

让孩子学习阅读，需要做好以下准备：

①掌握有关词汇：学前儿童认识字形后，容易学会阅读。

②掌握语法和表达能力：学前儿童在掌握了某种语言的基本语法和表达能力后，他在识字的基础上不但能够理解，还能够比较流畅地、有表情地阅读。

③掌握基本阅读技能：如翻书的动作、按页翻书、阅读顺序。

④培养阅读兴趣：阅读的兴趣是可以培养的，父母要善于给孩子创造看书环境，如果父母能耐心讲解，孩子就会喜欢上看书。

（三）学前儿童的书写准备

学前儿童的书写活动，需要做好以下准备：

①手的小肌肉协调性的发展：书写需要手的小肌肉动作发展到具有一定的控制能力和协调性。可以通过绘画活动或者日常生活的自我服务和劳动活动培养孩子手的灵活性和手眼协调能力。

②对字形的空间知觉、方位知觉的发展：幼儿空间知觉和方位知觉的发展影响幼儿对字形的辨认，导致幼儿不能正确地写出字形。比如，上下左右大小比例不当，偏旁部首和字形结构发生错误等。

③对笔顺的掌握：幼儿学习书写，也要注意笔顺。

④正确的握笔姿势：培养正确的握笔姿势，应该列入书写的重要准备。正确的姿势应做到“三个一”：眼睛离桌面一尺、身体离桌边一拳、手离笔尖一寸。

幼儿期是书面言语发生的年龄，但处于前阅读和前书写阶段。幼儿期言语发展的主要任务是发展口头言语。

国外学者研究幼儿阶段的书写路径为：画图→涂写→类似书写→连串类似书写→发明的书写→真正的书写。

八、有关言语学习的理论

（一）强调后天学习的外因论

1. 强化理论（斯金纳）

语言发展的学习理论基于学者斯金纳的操作性条件反射原则，这种理论有时被称为环境理论。这种观点认为和其他技能一样，语言只是一项学习行为。学习理论者认为，具体的语言训练会对语言能力的发展起到重要作用，而生物因素的影响并不大。操作性条件反射原则，尤其是其中的塑造过程（有选择地加强某种行为，同时忽略或者惩罚其他行为），解释了学前儿童的说话能力是如何发展起来的。

2. 模仿论（班杜拉）

美国心理学家班杜拉提出模仿论，主要观点是儿童的语言主要是通过对成人语言的观察和模仿而获得的。如果在幼儿早期剥夺其社会交往的环境，幼儿就不可能学会说话。

后来有学者对传统的“模仿说”进行了改造，并进一步提出了“选择性模仿”的概念，认为婴儿对成人言语的模仿是有所创造、有所选择的。儿童在语言方面的模仿有4种方式：①即时的、完全的模仿；②即时的、不完全的模仿；③延迟模仿（有变形或者创造性因素）；④选择性模仿（可以按照语言范型的结构、功能在新情形中表达新内容）。创造性，主要体现在对句式的模仿。

（二）强调先天因素的“内在”论

1. 先天语言能力说

学者乔姆斯基的先天语言能力说，又称“转换生成语法说”。认为决定人类能说话的因素不是经验和学习，而是先天遗传的语言能力。乔姆斯基假设，人脑有一个对语言材料进行加工的先天装置，叫作“语言获得装置”（Language Acquisition Device，LAD）。

2. 自然成熟说

学者勒纳伯格的自然成熟说，其主要观点是：生物的遗传素质是人类获得语言的决定因素。认为语言获得的关键期从2岁左右开始到11、12岁为止，过了关键期，即使给予训练，也难以获得语言。他认为：儿童具有先天的掌握语言规则的能力，尽管语言环境不同，但世界各民族幼儿获得语言，尤其是掌握句法结构的时间和顺序基本一致；尽管各民族的语言不同，但他们都有着共同的语言形式，即语法结构。

（三）先天与后天相互作用论

皮亚杰主张从认知结构的发展来说明语言发展，认为学前儿童的语言能力仅仅是大脑的一个方面，而认知结构的形成和发展是主体和客观相互作用的结果。

①学前儿童的言语能力是大脑认知能力之一，认知结构的形成与发展是主体和客体相互作用的结果，因此语言也是主客体相互作用的结果，也是遗传机制与社会环境相互作用的结果。

②语言是一种符号功能，出现在感知运动阶段的末尾，即18 ~ 24个月之间。

③认知结构是言语发展的基础，语言结构随着认知结构的发展而发展，具有普遍性。

④学前儿童的语言结构具有创新性。

【幼儿园教师资格证考试：考点预测】

1. 1岁半的儿童想给妈妈吃饼干时，会说：“妈妈，饼，吃”并把饼干递过去，这表明这个阶段儿童语言发展的一个主要特点是（　）。

A. 电报句　　B. 完整句　　C. 单词句　　D. 简单句

2. 教师在幼儿书写准备的指导中，不恰当的做法是（　）。

A. 用图画和符号表达自己的愿望和想法　　B. 书写自己的名字

C. 养成正确的写画姿势　　D. 学习书写常见汉字

3. 简述幼儿口语表达能力的发展趋势。

知识拓展

失读症

失读症是一种严重的长期的阅读问题。得益于脑科学的研究，现在已经可以在早期发现这种障碍了。就目前所知，这种障碍不是视觉障碍，而是没有办法获得声音，组成单词，所以这时语音问题失读症患者不能把他们听到的词分解。他们不能把听到的一个词理解为包含不同声音的组。所以写下来的词也没有意义。脑成像研究显示，失读症有一种独特的神经特点。缓慢的、一步步的单词分析是由大脑的两个部分支持的：一部分布洛卡区朝向大脑前部；另一部分布洛卡区朝向大脑后部。另一个区域（枕颞区）靠近大脑底部，有技巧的阅读者能激活这一区域。在这个区域（单词形成区），有技巧的阅读者瞬间就可以对单词模式产生反应。失读症患者很难读出单词，因为他们在单词形成区没有反应。通过脑电图（EEG），在新生儿阶段，失读症也可以被诊断出来。EEG可以预测未来的学前班学生的阅读困难程度。6岁时适当的干预可以带来长期有效的阅读能力改善。让儿童选择押韵的单词，或者同一个发音开始的单词，可以诊断出可能患有失读症的学前班幼儿。大一点的儿童可以拼写没有意义的单词。婴幼儿可以通过较晚说话来诊断（15个月大以后才说第一个词，而且到2岁还不会用短语）。阅读的精准度可以通过语音干预来改善，但是流利度可能需要一些药物干预。新的研究显示，可以在学前班儿童的大脑里看到失读症的症状。早期大脑扫描可以提供有关幼儿患有阅读困难的可能性的信息。

本章小结

本章介绍了学前儿童认知的发展，主要从注意、记忆、表征、想象、思维及语言六节内容进行介绍。每节内容中首先介绍正在学习的这一心理功能与其他心理功能的联系，其次介绍这一心理功能发展的趋势，最后关注如何促进这一心理功能的发展。

关键术语

定向性注意　选择性注意　无意注意　有意注意　无意识记　有意识记　机械记忆
意义记忆　记忆策略　元记忆　表征　表象　想象　无意想象　有意想象　再造想象
创造想象　思维　行动思维　具体形象思维　抽象逻辑思维

思考题

1. 请谈谈学前儿童注意发展的趋势。
2. 学前儿童常见的记忆策略有哪些？
3. 测量或判断儿童记忆的发生，一般采用哪几种指标？
4. 表征在学前儿童心理发展中具有怎样的作用？
5. 学前儿童想象发展的一般趋势是什么？
6. 请介绍皮亚杰的认知发展阶段理论。
7. 学前儿童思维发展的一般特点是什么？
8. 请介绍学前儿童掌握概念的特点。
9. 请介绍学前儿童理解的发展特点。

10. 学前儿童言语发展经历了哪些阶段？

技能训练/建议的活动

1. 观察一个幼儿园的集体教学活动，对儿童注意集中与分心的原因进行分析。
2. 观察幼儿园小班的“娃娃家”，对小班儿童的表征发展进行评价。
3. 收集不同年龄段儿童的绘画，就儿童的想象能力进行分析。
4. 找小班、中班、大班儿童各1名，提供材料观察他们分类的状况。
5. 对你所在地区语言领域的幼小衔接进行调查，并就其科学性进行评价。

第四章 学前儿童情绪情感的发展

学习目标

1. 理解并掌握学前儿童情绪情感的特点和发展、基本情绪的发展过程、积极情绪情感的培养与消极情绪的回应的教育策略。

2. 有兴趣思考并分析学前儿童的社会性发展特点与实践教育策略；并结合日常生活对学前儿童的基本情绪和高级情绪进行分析阐述。

3. 能够掌握积极情绪情感的培养与消极情绪的回应的教育策略、识别学前儿童的情绪并进行针对性教育。

导入案例

东东的爸妈都很忙，4岁的东东主要由爷爷奶奶照顾，爷爷奶奶对他宠爱有加。爸爸妈妈平时很少有时间陪他，所以在物质上对他有求必应，给他买很多玩具、图书，而且价格不菲。可东东一点都不爱惜这些，汽车、飞机、枪等玩具，不超过一个星期，就会被他拆烂，然后反复摆弄，直到他觉得这个玩具再也没有玩的价值就扔掉，新买的图书不到两天就被撕得七零八落，有的还被折成纸飞机扔得满屋都是，尽管拥有如此多的玩具，东东也不愿意和其他小朋友主动分享。爷爷奶奶说了很多次让东东爱惜玩具和图书，并且跟其他小伙伴共同分享，可东东就是听不进去，而且理由一套又一套。有一次，爸爸看见东东又在拆新买的赛车，很生气地说："你再这样拆，以后干脆什么都别玩了，我们也不再给你买新玩具！"东东一下子大哭起来，并且通过摔玩具、在地上打滚来发泄自己的不满……

东东是如何处理自己的消极情绪的呢？你认为作为家长及幼儿园老师应当怎样帮助东东调节自己的消极情绪，并接受爷爷奶奶以及爸爸妈妈的劝说爱惜玩具呢？

生活充满着情绪，对于学前儿童来说更是如此，在生活中可能会碰到一个4岁的学前儿童在玩玩具的时候一会欣喜若狂，一会舒适愉快，一会又可能因为游戏遇到挫折而变得焦虑不安甚至满腔怒火。这一切使学前儿童日常生活时而阳光灿烂，时而阴霾密布，时而晦涩呆板，形成了一个纷繁复杂的心理世界。情绪的多样性说明它是一个极其复杂的心理现象，有着独特的心理过程，包括生理唤醒、主观体验和外部表现等。学前儿童情绪的发展主要通过观察学习与内化学习而获得。情绪最能表达人的内心状态，对于学前儿童来说更是如此，那么不同年龄阶段的学前儿童都有怎样的情绪发展特点呢，其发展经历了哪些过程，应该如何引导学前儿童表达与处理自己的情绪呢？在本章当中主要从学前儿童情绪情感的发展和学前儿童积极情绪的培养等方面开展。

第一节　学前儿童情绪情感的发展概述

一、学前儿童的情绪与情感

情绪包括情感，是人对客观事物与自身需要之间的态度体验，是人脑对客观现实的主观反映形式，是由某种外部的刺激或内在的身体状况作用而引发的体验。

（一）学前儿童情绪与情感的联系

情绪情感是客观事物与个人需要之间的关系反映。情绪情感的产生以需要为中介，人对客观事物采取什么态度，取决于该事物是否能够满足人的需要。当客观现实满足人们的需要时，就会引起积极的、肯定的情绪情感；当客观现实不能满足人们的需要时，就会产生消极的、否定的情绪情感。例如，学前儿童肚子饿时会感到失落、愤怒等消极情绪；吃饱后会感到满足和开心等积极情绪。若饭菜是学前儿童喜欢的，会表达出愉悦等积极的情绪，若饭菜不合胃口，则会表达出难过等消极的情绪。

（二）学前儿童情绪与情感的区别

情绪和情感是与人的特定的主观愿望或需要相联系的，历史上统称为感情。人的感情非常复杂，既包括感情发生的过程，又包括由此产生的种种体验，用单一的“感情”概念难以全面表达该心理现象的全部特征。因此，心理学家分别采用情绪和情感来更确切地表达感情的不同方面。其中情绪主要是指感情过程，即个体需要与情境互相作用的过程，如高兴时眉开眼笑、手舞足蹈，悲伤时垂头丧气、愁眉不展。情绪具有情境性、激动性和暂时性，往往随着情境的改变和需要的满足而减弱或消失；而情感具有较大的稳定性、深刻性和持久性，常用来描述那些具有稳定的、深刻的社会意义的感情，如对美的欣赏、对丑的厌恶等。稳定的情感是在情绪的基础上形成的，而且又通过情绪来表达。情绪也离不开情感，情绪的变化反映情感的深度，在情绪中蕴含着情感。

二、学前儿童情绪情感的脑机制

近年来，随着神经成像技术的快速发展，产生了当代情绪研究的前沿科学——感情神经科学。感情神经科学是生物行为科学的一个分支，主要研究情绪、情感发生时，神经系统的反映过程。

20世纪80年代以来，大量研究表明，情绪是由神经回路所控制的，由这些回路整合加工情绪信息，产生情绪行为。情绪的神经回路包括前额皮层、杏仁核、海马、前部扣带回、腹侧纹状体等。近年来，许多文献表明，由两种基本的情绪系统，即趋近系统和退缩系统。趋近系统促进欲求行为和产生与趋近有关的积极感情，如愉快、兴趣等。退缩系统帮助有机体从厌恶刺激源撤退，或组织对威胁线索的适当反应，产生与撤退有关的消极情绪，如厌恶和恐惧等。各种证据表明，趋近和退缩系统是由独立的神经回路执行的。

三、学前儿童情绪情感的外部表现

由于学前儿童认知的表浅性，学前儿童的情绪识别往往通过情绪的外部表现，即表情来进行。情绪是一种内部的主观体验，但在情绪发生时，又总伴随着某种外部表现。这种外部表现也就是可以观察到的某种行为特征。其中可以从面部表情、姿态表情、语调表情等来体会情绪的外部表现即表情。

（一）面部表情

面部表情是指通过眼部肌肉、颜面肌肉和口部肌肉的变化来表现各种情绪状态。人的眼睛是最善于传情的，不同的眼神可以表达人的各种不同的情绪和情感。例如，高兴和兴奋时“眉开眼笑”，气愤时“怒目而视”，恐惧时“目瞪口呆”，悲伤时“两眼无光”，惊奇时“双目凝视”，等等。眼睛不仅能传达感情，而且可以交流思想。人们之间往往有许多事情只能意会，不能或不便言传，在这种情况下，通过观察人的眼神可以了解人的内心思想和愿望，推测其态度：赞成或反对、接受还是拒绝、喜欢还是不喜欢、真诚还是虚假等。对于学前儿童来说，面部表情能直接反映其心理情绪。有研究发现，当母亲和10周的婴儿进行愉快或不愉快的交流时，婴儿会出现愉快、感兴趣、悲伤和发怒的表情。

（二）姿态表情

姿态表情可以分为身体表情和手势表情两种。身体表情是表达情绪的方式之一。人在不同的情绪状态下，身体姿态会发生变化，如高兴时“捧腹大笑”，恐惧时“紧缩双肩”，紧张时“坐立不安”等。

手势常常是表达情绪的另一种重要形式。手势通常和言语一起使用，表达赞成还是反对、接纳还是拒绝、喜欢还是厌恶等态度和思想。手势也可以单独用来表达情感、思想或作出指示。在无法用言语沟通的条件下，单凭手势就可以表示开始或停止、前进或后退、同意或反对等思想感情。“振臂高呼”“双手一摊”“手舞足蹈”等手势，分别表达来自个人的激动、无可奈何、高兴等情绪。心理学家的研究表明，手势表情是通过学习得来的。它不仅存在个别差异，而且存在民族或团体的差异，后者表现了社会文化和传统习俗的影响。同一种手势在不同的民族中用来表达不同的情绪。

（三）语调表情

除面部表情、姿态表情以外，语音、语调表情也是表达情绪的重要形式。尤其对于学前儿童，其朗朗笑声表达了愉快的情绪，而呻吟表达了痛苦的情绪。言语是人们沟通思想的工具，但对于语言能力发展相对于成人较差的学前儿童来说，其语音的高低、强弱、抑扬顿挫等也是表达说话者情绪的方法。

面部表情、姿态表情和语调表情，构成了人类的非言语交往形式，心理学家和语言学家将其称为“体语”。

情绪识别对学前儿童具有重要的意义。由于人们之间除了使用语言沟通达到相互了解之外，还可以通过面部、身体姿势、手势以及语调等构成的体语，来表达个人的思想、感情和态度。在许多场合下，学前儿童无须使用语言，只要看看脸色、手势、动作，听听语调，就能够知道学前儿童的意图和情绪。因此，外部表情的情绪识别对于理解与回应学前儿童的情绪具有重要意义。

四、学前儿童情绪的特点

相比于成年人，由于身体心理等因素的影响，学前儿童的情绪有着明显的特点，其主要表现在以下3个方面。

1. 情绪的易冲动性

幼儿的情绪常常处于激动状态，而且来势强烈，不能自制，往往全身心都受到不可遏制的力量的支配。幼儿年龄越小，这种冲动性越明显。所以教师在组织活动时，要把握幼儿情绪易冲动的特点，在恰当的时候提出活动的要求。随着年龄的增长与语言的发展，幼儿逐渐学会接受成人的语言指导，调节控制自己的情绪。5～6岁幼儿情绪的冲动性逐渐降低，情绪的调节控制能力逐渐加强。

2. 情绪的不稳定性

婴幼儿期的情绪是非常不稳定的，容易变化，表现为两种对立的情绪在短时间内互相转换。例如，当幼儿由于得不到喜爱的玩具而哭泣时，成人递给他一块糖，他就立刻会笑起来。这种“破涕为笑”的现象，在小班尤为明显。幼儿情绪的不稳定性与他们易受情境的影响有关。幼儿的情绪常常受外界情境所支配，某种情绪往往随着某种情境的出现而产生，又随着情境的变化而消失。例如，新入园的幼儿，看见妈妈离开时，会伤心地哭；当妈妈的身影消失后，经老师劝导，很快就会愉快起来。如果妈妈再次从窗口出现，又会引起孩子的不愉快情绪。幼儿情绪的易变与幼儿情绪易受感染和暗示也有关。再如，新入园的幼儿哭着要找妈妈，会引得已经适应幼儿园生活的其他孩子也跟着哭；有一个孩子笑，其他幼儿也会莫名其妙地跟着笑，如果老师问“你为什么笑”，幼儿往往说“不知道”，或者指着别人说“他也笑”。这些现象在小班较为明显。幼儿晚期，孩子情感的稳定性会逐渐增强，但仍受家长和教师的感染，所以家长和教师在幼儿面前必须控制自己的不良情绪。

3．情绪的外露性

婴儿期的孩子，不能意识到自己情绪的外部表现。他们的情绪完全表露在外，丝毫不加控制和掩饰。例如，想哭就哭，想笑就笑。他们也不认为这有什么不合理。到了2岁左右，孩子从日常生活中逐渐了解一些行为规范，知道了有些行为是要加以克制的。例如，一个孩子摔倒会引起本能的哭泣，但刚一哭，马上对自己说：“我不哭，我不哭……”这时孩子的脸上还挂着泪珠，甚至还在继续哭。这种矛盾的情况，说明婴儿从不会调节自己的情绪表现，到开始产生调节自己的情绪表现的意识，但由于自我控制的能力差，还不能完全控制自己的情绪表现。幼儿晚期，儿童调节自己情绪表现的能力已有一定的发展。比如，在不愉快的时候也不哭，但这种控制是在一定范围内的。例如，一个孩子在幼儿园吃梨的时候，刚吃了几口，梨掉到地上了。当时，老师没在意，就扫走了，也没注意到孩子有什么反应。当天晚上孩子一见到妈妈，马上就委屈地哭起来，并告诉妈妈，老师把梨扫走了。孩子在父母和他人面前，行为表现有所不同，在父母面前较少克制，而在他人面前时，则能有一定的控制力，即使有要求，也表达得较委婉，这表明幼儿已有一定的情绪调节能力。

在正确的教育下，随着幼儿对是非观念的掌握，幼儿对情绪的调节能力会很快发展起来。例如，6岁左右的孩子，在打针时可以不哭，在自己的需要不能满足时，也能克制自己的消极情绪，很快开始愉快地游戏。

五、情绪情感对学前儿童心理发展的作用

学前儿童的情绪情感对其心理发展具有非常重要的意义，影响儿童心理诸多方面的发展。其主要有以下作用。

1．情绪的动机作用

情绪是儿童认知和行为的唤起者和组织者，对儿童心理活动和行为具有非常明显的激发作用。情绪直接指导、调控着儿童的行为，促使儿童去做出这样或那样的行为，或不去做某种行为。

2．情绪对认知发展的作用

情绪与认知密切相关，其表现在：一方面情绪随着认知的发展而分化、发展；另一方面情绪对儿童认知活动及其发展起着激发、促进或抑制、延缓的作用。

3．情绪是人际交往的重要手段

每一种情绪都有其外部表现——表情。表情是人与人之间进行信息交流的重要工具之一，特别是在婴幼儿与成人的交往中，占有重要地位。新生儿几乎完全借助自身的面部表情、动作

及不同的声音等，与成人进行着信息交流，引起其与成人的交往，或维持、调整交往。表情和语言共同实现着儿童与成人、儿童与同伴间的社会性交往。

4. 情绪对儿童性格形成的作用

儿童在与不同的人、事物的接触中，逐渐形成了对不同人、事物的不同情绪态度。儿童经常、反复受到特定环境的影响，反复体验同一情绪状态，这种状态就会逐渐稳固下来，形成稳定的情绪特征，而情绪特征正是性格结构的重要组成部分。

【幼儿园教师资格证考试：考点预测】

1.（　）是学前儿童对客观事物与自身需要之间的态度体验，是其大脑对客观现实的主观反映形式，是由某种外部的刺激或内在的身体状况作用而引发的体验。

A. 情绪　　B. 情感　　C. 依恋　　D. 道德

2. 下面哪个选项不是学前儿童情绪和情感的作用？（　）。

A. 动机作用　　B. 认知作用　　C. 人际交往作用　　D. 增强身体灵活性

3. 学前儿童不能意识到自己情绪的外部表现。他们的情绪完全表露在外，丝毫不加控制和掩饰，这体现了学前儿童情绪的（　）特点。

A. 易冲动　　B. 不稳定　　C. 外露性　　D. 自我调节不断增强

4. 请简述学前儿童情绪的特点。

活动案例

情绪“变脸”

【教学目标】

1. 通过辨别几种常见的面部表情去感知、判断人的良好与不好情绪。
2. 知道良好的情绪使人健康、初步学会调整自己的不良情绪。
3. 在观察、感知、辨认、判断活动中提高幼儿的观察力、情绪识别力。

【活动重点】

通过辨别面部表情来判断良好的与不好的情绪。

【活动难点】

如何引导幼儿通过积极想办法来初步调整自己的不良情绪。

【活动准备】

1. 6个表情面具（大笑、微笑、生气、哭泣、愤怒、害怕）。
2. 准备《健康歌》《假如幸福你就拍拍手》的歌曲音频及录音机。
3. 课前排练好《他落入了情绪的深渊》的小品。

【教学过程】

一、谜语趣导

现在老师给你们猜一个谜语："人人身上一大宝，既会哭来又会笑。生起气来眉上翘，高兴起来哈哈笑。"你们知道是什么吗？（脸）

二、情绪大变脸

（一）辨别面部表情

1. 你们见过哪些表情的脸？（启发幼儿联系自己的生活经验，并根据幼儿的回答出示相应的表情面具）

2. 为什么会出现这些不同表情的脸？

3. 教师小结："脸"真是一位大魔术师，时时刻刻都能发生很大的变化：一会儿笑，一会儿哭，一会儿又生气，一会儿又愤怒……真的变化无穷，我们可以通过脸上的表情知道他人的情绪。

（二）现在我们来玩"变脸"游戏好吗？

1. 集体游戏。教师出示表情面具，幼儿做相应的表情。

2. 同伴之间互相游戏：你说我来做。

（三）引导幼儿将表情面具按情绪进行分类

1. 刚才我们在玩"变脸"的游戏中，你觉得哪些脸让你心情愉悦？哪些脸让你心情不好呢？

2. 引导幼儿将几个表情面具从良好情绪和不良情绪进行归类。

3. 教师小结：当我们微笑、大笑时我们的心情好，高兴、快乐属于良好的情绪；而当我们生气、哭泣、愤怒、害怕时，我们的心情不好，属于不好的情绪。情绪有"喜""怒""哀""乐"四种类型，原来，我们可以从我们脸上的表情知道自己的情绪是怎样的。

（四）玩"脸谱转盘"，巩固对情绪的理解

1. 规则：每次请1位小朋友来玩转盘，转动指针，指针指到哪一处脸谱，这位幼儿就试着做出这种脸谱的表情，判断出情绪大类（好的还是不好的情绪），并说说自己对这种情绪的感受。

2. 讨论：你喜欢哪种情绪？不喜欢哪种情绪？为什么？（知道不良的情绪不利于自己的身体健康，愉快的情绪有利于自己的身体健康）

三、联系生活实际

1. 请幼儿观看教师事先录制好的幼儿园的生活片段。

问：录像中哪些小朋友表现出好的情绪？哪些小朋友的情绪是不好的？你是从哪里看出来的？（引导幼儿从面部表情进行判断）

2. 这些小朋友为什么会有不好的情绪？你能想什么方法帮助他们有良好的情绪？（引导幼儿说说调节情绪的方法）

3. 教师归纳小结：是呀，我们长大了，当我们不开心或害怕、想哭的时候，我们可以想很多办法，如把不高兴的原因讲给别人听，或做一些自己喜欢的事，比如去跑步、做游戏等，慢慢就会把不开心的事给忘了，同时当我们遇到困难时也要变得坚强、勇敢，不要随便掉眼泪。如果我们经常保持快乐的情绪，我们的身体就会更加健康。

四、活动结束

最后，让我们随着《假如幸福你就拍拍手》欢快的旋律唱起来、跳起来。让我们时刻都能像现在一样高兴、快乐，保持一份好心情。

【活动延伸】

1. 布置“心情墙”，引导幼儿学习用脸谱娃娃的表情进行自己心情的记录。

2. 开展“小小心理咨询师”的活动。

【活动评价】

情绪是人的心理活动的一部分，为了让幼儿感受情绪的抽象，在活动环节中，教师运用了操作性强的“表情面具”和“脸谱转盘”，通过辨别表情来判断情绪，让幼儿认识“喜、怒、哀、乐”四种基本情绪，将抽象的概念形象化、具体化。通过师生互动的形式，搭起一个体验情绪的平台。然后通过观看幼儿生活中典型的生活片段，真正联系幼儿的生活实际。在这个活动中，幼儿很容易感受到他们都需要的是一张“笑脸”，成为他们不懈的追求，真真切切感受“情绪”对身体的影响，初步学会想办法调节自己的情绪。活动环节设计思路清晰、层次分明，活动中的游戏能充分激发幼儿的兴趣。

第二节　学前儿童情绪的发生与分化理论

学前儿童的情绪发展是由单一到多样，从原始、简单、基本情绪到复杂的高级情感的发展过程。大量研究表明，学前儿童的情绪的发展有着共性特征，发展过程是逐步分化的。在本节内容中，将介绍主要的情绪分化理论，帮助大家更好地预测和理解学前儿童情绪发展的过程。

一、学前儿童情绪的发生与分化

（一）本能的情绪反应

观察和研究表明，儿童出生后就有情绪。初生的婴儿即有情绪反应，如新生儿或哭，或安静，或四肢舞动等，可以称为原始的情绪反应。原始的、基本的情绪是进化来的，儿童先天就有情绪反应。这种情绪反应与生理需要是否得到满足有直接关系。

（二）原始情绪的种类

行为主义的创始人华生根据对医院500多名婴儿的观察，提出了新生儿有三种主要情绪，即怕、怒和爱。华生还详细描述了这些情绪的原因和表现。

1. 怕

华生认为新生婴儿的怕是由于大声和失持引起的。当婴儿安静地躺着时，在其头部附近敲击钢条，会立即引起他的惊跳，肌肉猛缩，继之以哭；当身体突然失去支持，或身体下面的毯子被人猛抖，婴儿会发抖、大哭、呼吸急促、双手乱抓。

2. 怒

怒是由于限制儿童运动引起的。例如，用毯子把孩子紧紧地裹住，不准其活动，婴儿会发怒，他会把身体挺直，或手脚乱蹬。

3. 爱

爱由抚摸、轻拍或触及身体敏感区域产生。例如，抚摸孩子的皮肤，或是柔和地轻拍他，会使婴儿安静，产生一种广泛的松弛反应，或是展开手指、脚趾。

多数心理学家认为，原始的情绪反应是笼统的，还没有分化。部分学者认为新生儿的原始情绪只能区分为愉快和不愉快，所谓愉快，仅是“不是不愉快”的表现而已。

二、学前儿童情绪的发生与分化的相关理论

（一）布里奇斯的理论

加拿大心理学家布里奇斯通过对100多个婴儿的观察，提出了关于情绪分化较完整的理论和0～2岁幼儿情绪分化的模式。她认为，初生婴儿只有皱眉和哭的反应。这种反应是未分化的一般性激动，是强烈刺激引起的内脏和肌肉反应。3个月以后，婴儿的情绪分化为快乐和痛苦。6个月以后，又分化为愤怒、厌恶和恐惧。比如，眼睛睁大、肌肉紧张，是恐惧的表现。12个月以后，快乐的情绪又分化为高兴和喜爱。18个月以后，分化出喜悦和妒忌。

布里奇斯的情绪分化理论被较多的人接受。但是，她的情绪分化阶段缺乏具体的指标，难以鉴别每种情绪是如何区分出来的，也没有说明形成分化的机制，因而受到质疑。

（二）林传鼎的理论

我国心理学家林传鼎观察了500多个出生1～10天的婴儿所反应的54种动作的情况，根据观察结果，他提出既不同于华生所提出的原始情绪高度分化的理论，也不同于布里奇斯关于出生时情绪完全未分化的看法。他认为，新生婴儿已有两种完全可以分辨得清的情绪反应，即愉快和不愉快。

林传鼎认为儿童情绪分化的过程可以分为三个阶段。

1. 泛化阶段（0～1岁）

这一阶段儿童的情绪反应比较笼统，而且往往是生理需要引起的情绪占优势。

0.5～3个月，儿童出现6种情绪：欲求、喜悦、厌恶、忿急、烦闷、惊骇。但这些情绪不是高度分化的，只是在愉快与不愉快的基础上增加了一些面部表情。4～6个月，儿童开始出现由社会性需要引起的喜欢、忿急。

2. 分化阶段（1～5岁）

这一阶段儿童情绪开始多样化，从3岁开始，陆续产生同情、尊重、爱等20多种情感，同时一些高级情感开始萌芽，如道德感、美感。

3. 系统化阶段（5岁以后）

这一阶段的基本特征是情绪生活的高度社会化。这个时期儿童的道德感、美感、理智感等多种高级情绪达到一定的水平，有关世界观形成的情绪初步建立。

（三）伊扎德的理论

美国心理学家伊扎德的情绪分化理论在当代美国情绪研究中颇有影响。他认为，随着年龄的增长和脑的发育，情绪也逐渐增长和分化，形成了人类的9种基本情绪：愉快、惊奇、悲伤、愤怒、厌恶、惧怕、兴趣、轻蔑、痛苦。每一种情绪都有相应的面部表情模式。他把面部分为三个区域：额—眉，眼—鼻—颊，嘴唇—下巴，并提出了区分面部运动的编码手册。

我国心理学家孟昭兰对婴幼儿情绪进行了实验研究，其结果支持伊扎德的观点。孟昭兰指出，只有当婴儿面部各部位肌肉运动达到足够的程度时，其面部模式才是典型的。如果面部某部位肌肉运动和另一部位的肌肉运动所代表的表情不相同，那就成为难以辨认的复合表情。她的研究发现，兴趣和痛苦也是最早发生的情绪，轻蔑和害羞在1～1.5岁时也已经发生。

总之，可以认为，初生婴儿的情绪是笼统不分化的，后逐渐分化，2岁左右已出现各种基本情绪。不同研究者的情绪分化理论在实践中能够对学前儿童情绪的发展起到解释的作用，可以明白为什么新生儿不是哭闹就是笑，新生儿的情绪与哪些因素有关等，以此来对学前儿童不同时期的情绪特点起到解释的作用。

通过情绪分化理论，可以了解到学前儿童并非一出生就像成人般具有深刻复杂的情绪，情绪的分化具有一定的年龄特点，掌握这些时间特点，在实践中能够很好地预测学前儿童情绪的发展趋势，并根据其进行针对性的教育。

【幼儿园教师资格证考试：考点预测】

1.（　）通过对100多个婴儿的观察，提出了关于情绪分化较完整的理论和0～2岁幼儿情绪分化的模式。

A. 布里奇斯　B. 伊扎德　C. 林传鼎　D. 孟昭兰

2. 下面哪个选项不是0～2岁学前儿童所具有的情绪？（　）

A. 快乐　B. 痛苦　C. 悲伤　D. 嫉妒

3. 学前儿童大约在（　）已出现各种基本情绪。

A. 2岁左右　B. 6岁左右　C. 6个月左右　D. 12岁左右

4. 请简述加拿大心理学家布里奇斯提出的学前儿童情绪分化理论中基本情绪的分化过程。

知识拓展

情绪分化理论对实践的启示

1. 情绪具有适应功能

尽管任何一种情绪一旦失控就会产生不良的效果，但所有情绪，包括负面情绪，都能够对行为、心理健康和适应性产生积极的影响。比如，喜悦是对成功的奖励，能够促进创造性和特定类型的问题解决能力；悲伤激励我们评估困难的源头，寻求社会支持，加强家庭和社会的联系。因此，如果我们接受情绪具有内在适应功能，对我们的适应性起着重要的作用，那么，我们就需要在发展预防性干预办法的时候付出更多努力促进学前儿童理解和调节情绪的能力以及运用情绪的适应性优势。

2. 情绪和认知系统间的联结过程是影响发展结果的关键要素

情绪分化理论假设每一个基本情绪都是以一个模块化系统的方式存在，它们可以独立于大脑皮层加工以及更高级别的认知过程而起作用。情绪的发展主要是系统之间产生联结的过程，尤其是情绪、图像和想法之间的联结。

在整个学前期，生理成熟和情绪社会化会促进学前儿童情绪调节能力的提升，进入到情绪词汇、感受–想法联结以及其他情绪–认知联结的快速增长期。在正常的发展过程中，这些过程会导致学前儿童情绪知识、情绪表达与调节能力、情绪动机的建设性运用的显著提高。在这个阶段，形成适应不良的情绪–认知联结会导致不准确的感知和归因，最终影响同伴关系以及其他形式的异常行为结果。

因此，在实践中应当针对引起学前儿童情绪的具体实践进行针对性的分析和教育。例如，两位中班的学前儿童发生攻击性行为时，教师应当了解事情经过，帮助学前儿童正确理解和处理由此产生的负面情绪。

第三节　学前儿童的基本情绪

学前儿童的基本情绪是与生俱来就拥有的情绪表达，包括哭、笑、恐惧，但其随着年龄的发展表现出不同的特点。

一、哭

众所周知，婴儿出生就会哭。婴幼儿还不会用语言及其他外界交流手段，哭是他们表达需求的重要手段。哭是婴幼儿反映自己悲哀病痛的一种特殊语言方式，也是提出各种要求和意愿的表达形式。哭代表不愉快的情绪。据研究，婴儿通过哭的表情和动作反映出来的情绪，很早就有所分化。随着年龄的增长，更进一步分化。第一周婴儿啼哭的原因，主要是饥饿、疼痛、想睡觉等，第二至四周，又递增了原因，如中断喂奶、烦躁，第一次吃非流质食品等。有关研究指出，健康婴儿有9种类型的啼哭，出生时的首次啼哭、饥饿或口渴、吸乳过快、不适意、恐惧、惊吓、急躁、发怒等。在医学方面，将婴幼儿的哭闹分为疾病性哭闹和非疾病性哭闹。非疾病一般有运动性啼哭、觅食性啼哭、求抱性啼哭等，同时吃得过饱，呼吸不畅、口渴、寒冷和燥热、困倦、害怕及想要亮光等时候，婴幼儿也会啼哭。而病理性啼哭则是在犯病初期的哭泣。研究材料说明，婴儿的啼哭有不同的模式，母亲或其他看护人员正是根据这些不同的哭声来判别婴儿啼哭的原因，并采取适当的护理措施。

①饥饿的啼哭是有节奏的，其频率通常是250～450赫兹。这是婴儿的基本哭声。啼哭时还伴随着闭眼、号叫、双脚紧蹬，如同蹬自行车那样。出生第一个月时，有一半啼哭是由于饥饿或干渴引起的。到第6个月，这一类啼哭就下降为30%。

②发怒的啼哭，声音往往有点失真。因为婴儿发怒时用力吸气，迫使大量空气从声带通过，使声带振动而引起哭声。

③疼痛的啼哭，事先没有呜咽，也没有缓慢地哭泣，而是突然高声大哭，拉直了嗓门连哭数秒，接着是平静地呼气，再吸气，然后又呼气。由此引起一连串的叫声。疼痛的啼哭还可以分为偶发性疼痛型和通常性或慢性疼痛型。前者是因创伤引起的突然剧痛或腹痛，或因瘙痒、灼热、不适、发烧引起的偶然疼痛。后者因没有吃饱或营养不良造成的疼痛。前者哭声

突然激烈，声音很响，不停地号叫，极度不安，脸上有痛苦的表情。后者则经常反复发生相似的啼哭。

④恐惧和惊吓的啼哭，突然发作，强烈而刺耳，伴有间隔时间较短的号叫。

⑤不称心的啼哭，开始时的两三声是缓慢而拖长的，持续不断，悲伤啼哭。

⑥招引别人的啼哭，从出生后第三周开始出现。先是长时间吭吭吱吱，低沉单调，断断续续。如果没有人去理他，就要大哭起来。

在良好的护理条件下，婴儿随着年龄增长，哭的现象逐渐减少。这是由于：第一，婴儿对外界环境和成人的适应能力逐渐增强，周围成人，特别是初次当父母的成人，对婴儿的适应性也逐渐改善，从而减少了婴儿的不愉快情绪。第二，婴儿逐渐学会用动作和语言来表示自己的需求和不愉快情绪，这就取代了哭的表情。

但是，有些生理发育现象带来的痛苦（如出牙），还会使婴幼儿啼哭。3～4岁的儿童，随着言语能力的发展，自我控制和掩饰内心不愉快情绪的能力逐渐形成，哭的现象一般是较少的。儿童偶尔发生莫名其妙的啼哭或其他不愉快现象，可能是发病的先兆。

二、笑

笑是情绪愉快的表现。儿童的笑比哭发生得晚。婴幼儿的笑主要分为两种：一种是自发性的笑，另一种是诱发性的笑。

（一）自发性的笑

婴儿最初的笑是自发性的，或称内源性的笑，或早期笑。这是一种生理表现，而不是社会交往的表情手段。内源性的微笑，主要发生于婴儿睡眠时，困倦时也可能出现。这种微笑通常是突然出现的，是低强度的笑。其表现只是动口角，即嘴周围的肌肉活动，不包括眼周围的肌肉活动。它与中枢神经系统皮层下的自发发放有关，与脑干或边缘系统的兴奋状态有直接联系，发生于兴奋超过或低于某一阈值的变化过程中，这种早期的笑在3个月后逐渐减少。出生后一个星期，新生儿在清醒时间内，吃饱了或听到柔和的声音时，也会本能地嫣然一笑，这种微笑最初也是生理性的，是反射性微笑。

（二）诱发性的笑

婴儿最初的诱发性笑也发生于睡眠时间。诱发笑与自我笑不同，它是由外界刺激所引起的。比如温柔地碰碰婴儿的脸颊，就可能出现诱发笑。

新生儿在第3周时，开始出现清醒时间的诱发笑。比如轻轻触摸或吹敏感区域，4～5秒即可出现微笑。4～5周的婴儿对各种刺激可产生微笑。如把婴儿的双手对拍，让他看转动的椭圆形卡片纸板，或听熟悉的说话声等，都能引起微笑，这种诱发性微笑，也是反射性的，而不是社会性微笑。从5～6周，婴幼儿出现了对人特别的兴趣和微笑，即社会性微笑。根据不同的发展，可以将其分为以下三个阶段：

①自发的微笑（0～5周），又称内源性微笑。

②无选择的社会性微笑（5周至3个半月）。这一时期，婴幼儿能够区分社会和非社会性刺激，对人脸、人说话的声音开始有特别的选择，明显对社会刺激笑得更多，出现了最初的社会性微笑。但还不能区分不同人。

③有选择的社会性微笑（3个半月以后）。从3个半月尤其是4个月开始，随着婴儿处理刺

激内容能力的增强，他能够区别熟悉的面孔和其他的东西，开始能对不同的人有不同的微笑，出现了有选择的社会性微笑，这是真正意义上的社会性微笑。随着年龄增长，儿童愉快的情绪进一步分化，愉快情绪的表情手段也不再停留于笑的表情了，甚至不只是用面部表情，而较多地用手舞足蹈及其他动作来表示。

三、恐惧

恐惧是企图摆脱、逃避某种危险刺激或预期有害刺激时产生的强烈情绪感受或体验。许多恐惧的来源都是熟悉的环境出现了意外的变化，如危险、陌生、黑暗等。婴幼儿的恐惧会随发展而变化，恐惧的分化也会经历以下几个阶段。

1. 本能的恐惧

恐惧是婴儿出生就有的情绪反应，甚至可以说是本能的反应。最初的恐惧不是由视觉刺激引起的，而是由听觉、肤觉、本体觉等刺激引起的。如尖锐刺耳的歌声，皮肤受伤，身体位置突然发生急剧变化，从高处摔下，等等。

2. 与知觉和经验相联系的恐惧

婴儿从4个月左右开始，出现与知觉发展相联系的恐惧。曾引起过不愉快经验的刺激恐惧情绪。也是从这时候开始，视觉对恐惧的产生渐渐起主要作用。“高处恐惧”也随着深度知觉的产生而产生。

3. 怕生

所谓怕生，可以说是对陌生刺激物的恐惧反应。怕生与依恋情绪同时产生，一般在6个月左右出现。婴儿对母亲的依恋越强烈，怕生情绪也越强烈。3个月左右的婴儿是不懂得“怕生”的，婴儿出生后能感知到人脸的模样，他特别喜爱母亲的脸，以后逐渐辨认出亲近的人和陌生的人，辨认出他们面孔模样的不同；而5～6个月开始有了明显的记忆力，“认人”到“怕生”是婴儿认识能力发展过程中重要的变化，说明婴儿的感知和记忆能力在发展，对亲人和陌生人能加以区分，从而产生了“怕生”现象。婴儿一般在1岁左右随着认识范围扩大，接触陌生人的机会增多，逐渐消除了对陌生人的恐惧，也自然地消除了“怕生”现象。但是，由于每个孩子所处的环境不同，父母的教育方法不同，有的孩子到了3～4岁仍然存在“怕生”的现象。还有一些研究发现，婴儿是否会对陌生人做出积极的反应，所依据的是妈妈是否对陌生人做出积极的回应。另一些研究报告认为，8个月左右的婴儿，会把母亲当作安全基地，对新事物进行探索。他可能离开母亲身边，又不时地返回“基地”。如果有母亲或其他亲人陪同，婴儿接触新事物或新环境的恐惧情绪可以减弱，以后渐渐地可以和亲人分离。

4. 预测性恐惧

2岁左右的儿童，随着想象能力的发展，会出现预测性恐惧，如怕黑、怕狼、怕坏人等。这些都和想象相联系的恐怖情绪，往往是由环境影响而造成的。与此同时，由于语言在儿童心理发展中的作用增加，可以通过成人讲解来帮助儿童克服这种恐惧。

【幼儿园教师资格证考试：考点预测】

1. 婴儿出生大约6～10周后，人脸可以引发其微笑，这种微笑称为（　）。

A. 生理性微笑　　B. 自然微笑

C. 社会性微笑　　D. 本能微笑

2．下列哪一个选项不是婴儿期出现的基本情绪体验？（　）

A．羞愧　　B．伤心　　C．害怕　　D．生气

3．请简述学前儿童社会性微笑的发展阶段。

第四节　学前儿童的高级情感

柏拉图曾把人的心灵划分为理性、意志、情感三个部分，并断定它们的地位由高及低。有人认为低级情感是一己的恩怨悲欢，高级情感是与宇宙众生息息相通的大爱和大慈悲。在本节中，将介绍学前儿童的高级情感，其主要体现在道德感、理智感和美感三个方面。

一、道德感

道德感是由自己或别人的举止行为是否符合社会道德标准而引起的情感。3岁前，幼儿只有某些道德感的萌芽，如孩子在2岁左右时，开始评价自己“乖不乖”。进入幼儿园之后，特别是在集体生活环境中，孩子逐渐掌握了各种行为规范，道德感也逐渐发展起来。小班的孩子道德感主要是指向个别行为的，如知道打人、咬人是不好的；中班孩子不但关心自己的行为是否符合道德标准，而且开始关心别人的行为，并由此产生相应的情感，如中班幼儿的告状行为就是幼儿对别人行为方面的评价，它是基于一定的道德标准而产生的。幼儿对他人的不道德行为表现出愤怒或者谴责的同时，还会对弱者表现出同情，并表现出相应的安慰行为；到了大班，幼儿的道德感进一步发展和复杂化，他们对于好与坏、好人与坏人，有鲜明的不同感情，如看小人书时，往往会把大灰狼和坏人的眼睛挖掉，这个年龄段的幼儿集体情感也开始发展起来。幼儿的羞愧感或内疚感也开始发展。特别是羞愧感从幼儿中期开始明显发展。幼儿对自己出现的错误行为会感到羞愧，这对幼儿道德行为的发展具有非常重要的意义。

二、理智感

理智感是人类的一种高级情感，具有深刻而稳定的社会意义。黄希庭教授根据理智感在认知过程中的种种体现，将其分为三种类型：①直接或间接推动认知的情感形态；②对认知过程的肯定或否定的情感形态；③与理智活动对立的情感形态。理智感对于学前儿童来说，包括在学习、生活、游戏中产生的好奇心，对未证实结果的怀疑，对真相的热爱和追求等。学前期是儿童理智感开始发展的时期，如小班幼儿在成人的指导下，用积木搭出一个房子时，会高兴地拍起手来。大班的幼儿会长时间迷恋于一些创造性活动，如用积木搭出宇宙飞船、航空母舰，用泥沙堆成公路、山坡等。6岁孩子理智感的发展还表现在喜欢进行各种智力游戏，如下棋、猜谜等。这些活动不仅使幼儿产生由活动带来的满足、愉快、自豪等积极情感，而且还会成为促进幼儿进一步去完成新的、更为复杂的认识活动的强化物。

学前儿童的理智感有一种特殊的表现形式，即好奇好问。在这方面，其他任何年龄阶段的表现都不会如此明显。学前初期的孩子往往会问“这是什么”，逐渐发展到问“为什么”“怎么样”等。如果问题得到解决，幼儿即会感到极大满足，否则就会不高兴。幼儿理智感的另一

种表现形式是与动作相联系的“破坏”行为。崭新的玩具刚买回家，一转眼的工夫，就被孩子拆得四分五裂。日常生活中，有许多在成人看起来非常平常的现象，在幼儿看起来却十分新奇，所以他们要问、要猜，这完全是幼儿理智感发展的表现。作为家长和教师要珍惜幼儿的这种探究热情，满足他们的好奇心。在《3—6岁儿童学习与发展指南》中科学领域的首要目标——亲近自然，喜欢探究，正是注重培养儿童对于自然现象的好奇心，在好奇心的推动下积极探究，体现了理智感的重要性。

三、美感

美感是人对事物审美的体验。学前儿童对美的体验也有一个社会化过程。婴儿从小喜好鲜艳悦目的东西以及整齐清洁的环境。学前初期的儿童仍然主要是对颜色鲜艳的东西、新的衣服鞋袜等产生美感。他们自发地喜欢相貌漂亮的小朋友，而不喜欢形状丑恶的任何事物。

在环境和教育的影响下，学前儿童逐渐形成了审美的标准。比如，对拖着长鼻涕的样子感到厌恶，对于衣物、玩具摆放整齐产生快感。同时，他们也能够从音乐、舞蹈等艺术作品中体验到美，而且对美的评价标准也日渐提高，从而促进了美感的发展。

4岁前的学前儿童喜欢鲜艳的物体，4岁以后逐渐发展起对艺术作品的初步欣赏能力，在欣赏中体验和表现出喜悦、羡慕等美感。学前儿童的美感与良好的情绪体验紧密联系，依然肤浅、表面；直接以行动、表情、语言和活动等方面表达。

【幼儿园教师资格证考试：考点预测】

1.（　）是由自己或别人的举止行为是否符合社会道德标准而引起的情感。

A. 道德感　　B. 理智感　　C. 责任感　　D. 美感

2. 一般来说，5岁幼儿已经明显地发展起来（　），突出表现在幼儿很喜欢提问题，并由于提问和得到满意的回答而感到愉快。

A. 道德感　　B. 理智感　　C. 责任感　　D. 美感

3. 下列哪一个选项不是学前儿童具备的高级情绪体验？（　）

A. 道德感　　B. 理智感　　C. 责任感　　D. 美感

4. 请简述学前儿童的高级情感有哪些。

第五节　学前儿童情绪情感的发展规律

学前儿童情绪情感是逐步发展分化的，那么其发展过程是否有共性的规律？学前儿童对他人情绪的识别与理解发展又有哪些特点呢？在本节中，将围绕以上内容进行阐释。

一、学前儿童情绪情感发展的趋势

学前儿童情绪情感发展的趋势主要体现在四个方面：社会化、丰富和深刻化、自我调节化、情绪控制和情绪掩饰成分增加。

（一）情绪和情感的社会化

幼儿最初出现的情绪是与生理需要相联系的。随着年龄的增长，幼儿情绪逐渐与社会性需要和社会性适应相联系。社会化成为幼儿情绪情感发展的一个主要趋势。学前儿童情绪社会化的趋势表现在三个方面：情绪中社会性交往的成分不断增加，引起情绪反应的社会性动因不断增加，情绪表达越来越社会化。

（二）情感的丰富和深刻化

从情绪所指向的事物来看，其发展趋势是越来越丰富和深刻。幼儿情绪情感的逐渐丰富表现在：幼儿情绪过程越来越分化；情感指向的事物不断增加，有些先前不引起儿童体验的事物，随着幼儿年龄的增长，能够引起其情绪体验。情绪发展的深刻化是指情绪所指向的事物的性质的变化，从指向事物的表面到指向事物更内在的特点。

（三）情绪的自我调节化

从情绪的进行过程看，其发展趋势是越来越受自我意识的支配。随着年龄的增长，婴幼儿情绪的冲动性逐渐减少，情绪的稳定性逐渐提高。随着年龄的增长，学前儿童的行为受情绪支配的比例逐渐下降，开始学着控制自己的情绪。例如在商场，当他们看到喜爱的玩具时，已不像2～3岁时那样吵着要买，能听从成人的要求，并用语言自我安慰："家里有许多玩具了，我不买了。"在幼儿园里，同伴间发生争执时，有时也能控制自己的情绪和行为。当然，他们并非对所有的事都能调节好，对特别感兴趣的事和物仍然受情绪支配，甚至还会出现情绪"失控"的现象，遇到不顺心时仍然会出现哭闹。总的来说，学前儿童的情绪仍然是不稳定、易变化的。

（四）情绪控制和情绪掩饰成分增加

婴儿期和幼儿初期的儿童，不能意识到自己情绪的外部表现。他们的情绪完全表露于外，丝毫不加以控制和掩饰。随着言语和学前儿童心理活动有意性的发展，学前儿童逐渐能够调节自己的情绪及其外部表现。

二、学前儿童理解与识别他人情绪的发展

目前，关于婴儿什么时候开始能够识别和理解他人的表情还存在争议。有研究显示，3个月时婴儿能从照片中分辨出情绪不同的成人；但是，这种分辨可能仅仅反映了他们视觉分辨的能力，并不能表明这样小的婴儿能够理解像快乐、忧伤或愤怒等多种多样的表情。

（一）社会参照

在7～10个月，婴儿识别和理解某种特定表情的能力已经比较明显，这时候，他们开始关注他们的父母对于不确定情境的情绪反应，并依此调整自己的行为。随着年龄的增长，这种社会参照越来越频繁，并且扩展到父母以外的人。例如，快到1岁时，如果旁边的陌生人对他笑，

婴儿就敢去接近一个不熟悉的玩具；但要是陌生人显得很恐惧，婴儿就会很小心地避开那个东西。在一项研究中，12个月大的婴儿甚至能够从电视片段中获得社会参照，对那些在电视里面让成人恐惧的物体表现出消极和回避反应。其他研究也发现，在社会参照情境中，12个月大的婴儿面对成人的消极情绪时比面对积极情绪时表现出更强的ERP（事件相关电位）。妈妈声音中的情绪表达对12个月的婴儿提供的信息并不亚于她们的面部表情。

有学者提出，婴儿是在主动寻求这类情感信息，而非被动接受命令（如"别碰"）。其中一项研究为这种解释提供了支持，在这项研究中，18个月大的婴儿会看到实验者在第三方做出引人注意的举动（把玩具扯成两半）之后，或者露出生气的表情，或者保持中立。虽然目击这一幕对身为婴儿观察者的情绪没有什么影响，但是他们不去模仿令实验者生气的行动者的行为，就好像他们把实验者的生气看作一种暗示"撕扯玩具是不允许的，我不应该那么做"。然而，稍大一点的幼儿的社会参照通常可以更简单地解释为搜寻其他幼儿身上发生的积极信息，而不只是对要求或指示做出简单的反应。例如，幼儿会观察同伴在接近或逃避一个新的事物或环境之后的反应，说明他们开始利用他人的情感反应来评价自己判断的准确性。

（二）情绪理解能力的发展

3岁之前，儿童对人像、人偶的面部表情并不能很好地辨认和命名。但整个儿童阶段，对他人情绪表达的识别和理解都在稳步发展。4～5岁时，儿童可以正确地从身体动作推断一个人是否快乐、气恼或悲哀。此外，他们也开始知道一个人当前的情绪状态（往往是消极情绪）可能并不是现在的事情所引起的，而很有可能是由于他想到了以前的事情。小学生逐渐开始更多地利用个人、情境以及历史信息去解释情绪，他们在情绪理解方面实现了几个重要的突破。例如，到8岁时，他们能够认识到许多情境因素（如一只大狗向自己走来）会引发不同个体的不同情绪（快乐和害怕）反应。6～9岁的个体开始懂得人可以同时体验多种情绪（如兴奋和担心）。他们也开始表现出通过整合相互矛盾的面部表情、躯体动作以及环境线索来推断他人情绪体验的能力。

情绪理解的这一系列发展所出现的时间和年龄阶段在皮亚杰的守恒任务中能整合多种信息（水杯的高度和宽度）的时间相吻合，两者或许有着同样的认知发展基础。但是，社会经验也同等重要。

（三）提升情绪理解能力的途径

一旦婴儿到了18～24个月，能够谈论情绪后，关于情绪体验的家庭对话将有助于婴儿更好地理解自己和他人的感受。事实上，杜恩和其同事发现，在情感体验上与父母有更多交流的3岁儿童，3年后在小学阶段能更好地理解他人情绪，更好地解决与朋友的争执。当然，对他人情绪的辨认和理解是社会认知的核心，有重要的社会意义。理解他人情绪产生的原因是移情能力的一个重要促发因素。而移情会促使儿童去帮助和安慰那些情绪低落的伙伴。这可以解释为什么父母和他们2～5岁的孩子交流时，谈及的消极情绪和积极情绪一样多，尽管涉及消极情绪时更关注其原因、与其他心理状态和目标的关系，以及如何调节等。Brown和Dunn发现，那些能较好理解情绪冲突的6岁儿童在童年早期经常与父母讨论情绪产生的原因。

【幼儿园教师资格证考试：考点预测】

1. 在商场里，4～5岁的幼儿看到自己心爱的玩具时，已不像2～3岁时那样吵着要买，他们能听从成人的要求并用语言安慰自己："家里已经有许多玩具了，我不买了。"下列对这种现象最合理的解释是（　）。

A. 4～5岁的幼儿形成了节约的概念

B. 4～5岁的幼儿的情绪控制能力进一步发展

C. 4～5岁的幼儿能够理解玩其他玩具同样快乐

D. 4～5岁的幼儿自我安慰的手段有了进一步发展

2. 在7～10个月，婴儿识别和理解某种特定表情的能力已经比较明显，这时候，他们开始关注他们的父母对于不确定情境的情绪反应，并依此调整自己的行为。这种现象是（　）。

A. 社会参照　　B. 亲子依恋　　C. 共情　　D. 动作模仿

3. 下列哪一个选项不是学前儿童情绪情感发展的趋势之一？（　）

A. 情绪和情感的社会化

B. 情绪情感的丰富和深刻化

C. 情绪的自我调节化

D. 情绪控制和情绪掩饰成分增多

4. 请简述学前儿童的情绪情感发展趋势的特点。

第六节　学前儿童积极情绪情感的培养

情绪情感是人对现实世界的特殊反应，但其并非是对于客观事物本身的反映，而是对客观事物与人的需要之间的反应。当客观现实满足人们的需要时，如学前儿童吃到甜甜的棉花糖或得到想要的玩具时，会产生积极的情绪情感；当客观现实不符合人们的需要时，如学前儿童心爱的玩具被拿走或被母亲忽视时，会产生消极的情绪情感。那么学前儿童是如何调节自己的情绪情感呢？学前儿童的情绪调节受到哪些因素影响？我们又应当如何科学培养学前儿童的积极情绪情感呢？在本节中，将围绕这些内容展开。

一、学前儿童情绪调节的意义

学前儿童情绪调节指当学前儿童自身处于一定的情绪情境之中，通过一定的手段、方法、方式及途径等，影响个体情绪感知及有关表达的各种尝试与做法，如通过躲避、大哭、寻求他人安慰或自我积极解决等方式来缓解不安感受，最终使自我达到一种平衡的状态，以适应社会及环境需要。

学前儿童情绪调节既是开展幼儿园同伴交往的一个契机，也是学前儿童社会性发展的重要方面，更直接影响学前儿童的同伴接纳、交往以及学前儿童的心理健康。

1. 情绪调节对学前儿童社会性发展的作用

学龄前幼儿受认知及自身身心发展水平的限制，在社会性交往中避免不了会产生各种各样的摩擦，由此会产生不同的情绪感受。不同的幼儿面对不同同伴冲突时选择的情绪调节方式也会不同，例如：当面对消极情绪情境时，有的幼儿会选择走开或躲避，或采取一些极端的方式来发泄情绪，如大哭、大闹、打人等，而有的幼儿能通过解决具体问题来缓解情绪。能有效运用情绪调节策略的幼儿知道在同伴交往过程中如何满足自己的需要以及疏解自身的情绪，以达到缓解情绪，使自身达到平衡的目的。幼儿选用何种策略或方式、方法来调节情绪对其而言具有重要意义，其结果会影响到幼儿社会性的发展。

2. 情绪调节直接影响学前儿童同伴接纳水平

同伴，作为学前儿童社会性交往过程中的重要他人，有着教师及家长无法取代的重要作用。情绪调节策略的运用对学前儿童的同伴交往有着重要的影响，能直接影响着学前儿童的同伴接纳水平。据调查统计，学前儿童更愿意接受在同伴交往中情绪表现积极、良好的同伴，而对于常常流露出负性情绪的，以及爱动人打人、爱抢东西的学前儿童容易受到同伴的排挤或回避。有研究指出，经常流露出负性情绪和不友好行为的学前儿童，他的同伴接受度普遍不高，且在青少年时期容易表现出更多的问题行为。一些研究中也发现，学龄前幼儿在同伴冲突情境下采取消极的情绪应对方式（如：吼骂、大哭等）与其同伴拒绝有显著相关。有研究者也发现在情绪管理和控制上有困难的幼儿更倾向于使用攻击性行为，同伴对攻击性行为的避让也会对实施者进行疏远，从而影响到同伴之间的正常交往。

3. 情绪调节策略对学前儿童心理健康发展具有重要意义

认知活动的发展是学前儿童心理发展的一个重要方面。情绪和认知是密切相连的，情绪对幼儿认知活动的发展起着激发、促进或抑制延缓的重要作用，进而会影响到幼儿心理活动的正常开展。学前儿童情绪调节策略的运用则随着认知的分化而不断发展。有研究表明，幼儿不良的情绪长期找不到稳定、适当的方式疏泄，积蓄过多，容易导致身体不适、食欲不振，严重时还会导致注意力不集中、记忆力衰退，久而久之，在性格方面还会产生自闭、退缩、缺乏信心等不好的现象，对学前儿童的认知及心理健康发展极为不利，不少实证研究也证实学前儿童身上反复、多次出现不稳定的情绪反应，形成习惯，会影响学前儿童心理健康。反之，积极的情绪调节能够激发学前儿童的交往欲望及交往的乐趣，促进学前儿童注意、观察、记忆、思维、想象等诸多认知方面能力的提升，进而给学前儿童的心理带来积极良好的体验，能促进学前儿童心理向更加积极、健康的方向发展，对维护幼儿心理健康具有重要意义。

二、学前儿童情绪调节的影响因素

1. 生理因素

遗传基因的不同对学前儿童的情绪调节具有一定的影响。例如，患有唐氏综合征的学前儿童之所以会有情绪调节的问题是因为：一方面，大脑中与抑制控制有关的组织缓慢；另一方面，生理反应性较低。其结果是，这类学前儿童很难兴奋起来，但是一旦兴奋了又很难控制自己的情绪。

2. 家庭因素

在家庭环境中，家长的溺爱和严格要求也会影响学前儿童的情绪调节。尤其在现在的家庭中，孩子从一出生开始就成为家庭的宝贝，吸引着所有家庭成员的注意力，对于他们的要求一味地满足，就容易造成学前儿童的自我中心，自私的性格，只要有稍微一点不满意的事情，就大哭大闹，必须让自己得到满足，时间长了就会出现各种情感调节的问题，如情感冷漠、价值观混乱、能力低下、不孝敬父母等。

3. 社会文化因素

社会文化也会影响学前儿童情绪的调节。例如，在中国的传统文化观念中，普遍强调抑制消极情绪。“男儿有泪不轻弹”“哭是没出息的表现”等就是传统文化中对“哭”这种情绪释放的否定。在此文化背景下成长的一些儿童会不懂得如何合理表达与调节自己的情绪，只会一味地将情绪压制在自己的内心。

三、学前儿童积极情绪情感的培养

成人经常对正处于消极情绪中大哭大闹的学前儿童束手无策，最常见的情况就是从一开始的耐心哄劝到最后的雷霆震怒。如何培养学前儿童的积极情绪呢？根据学前儿童情绪情感的发展规律，可以从以下几个方面入手。

（一）营造良好的情绪环境

学前儿童的情绪不稳定，很容易受到周围环境的影响，其情绪发展主要依靠周围情绪氛围的熏陶。因此不论是在家庭中还是在幼儿园的教育中，都应当注意保持和谐愉快的氛围，创造有利于学前儿童保持情绪放松的环境。家长与幼儿园教师也应当理解和尊重学前儿童的各种情绪，创造和谐、宽松、平等的环境氛围，促进学前儿童情绪的发展。

（二）成人的情绪自控示范

成人的情绪示范对学前儿童情绪的发展十分重要。成人愉悦的情绪能感染学前儿童，让学前儿童开心快乐，但需要注意的是，成人不良的情绪同样会让学前儿童体验到紧张和焦虑。因此，成人要善于控制自己的情绪。如果父母和教师的情绪喜怒无常，学前儿童就会觉得无从适应，情绪也不稳定。父母和教师在与学前儿童进行沟通时，要注意调整好自己的情绪，以积极的情绪影响学前儿童与其进行互动，使其保持良好的情绪状态。

（三）积极鼓励和引导

1. 正面管教

正面积极的鼓励和肯定，将极大程度地增强学前儿童的自信心和能力感，他们愿意做得更好。但如果成人经常采用批评和惩罚学前儿童的方法处理学前儿童的问题行为，学前儿童就会情绪消极、无行动热情，久而久之可能产生习得性无助。

2. 耐心倾听学前儿童说话

一些家长经常抱怨孩子怎么不喜欢跟自己聊天。其实，学前儿童最初总是愿意将自己的见闻向亲人和老师诉说的，但成人往往由于太忙，没时间听学前儿童说话，或有时觉得学前儿童说的话幼稚可笑，不屑一听。这些消极的回应使学前儿童感受到挫败压抑和孤独，继而产生消极低落甚至愤怒的情绪。当这些负面情绪积累到一定程度时，学前儿童可能会通过故意犯错来表达他们的不满，引起成人的注意。因此，要允许学前儿童诉说他的感受，不要对此妄加评论，也不要急于帮他解决问题，要学会耐心倾听。

3. 正确运用暗示和强化

学前儿童的情绪在很大程度上受成人暗示。如果家人在外人面前总是对自己孩子加以肯定，说："他很勇敢，打针从来不哭。"学前儿童很容易在这种暗示下控制自己的情绪。如果家长总是对别人说："我家的孩子胆子很小，爱哭。"这种暗示很容易造成孩子的消极情绪。

（四）帮助学前儿童控制情绪

1. 转移法

两三岁的学前儿童在商店里哭着要买玩具，成人常常用转移注意的方法。对于4岁以后的幼儿，当他处于情绪困扰之中，可以用精神的而非物质的转移方法。比如，学前儿童哭时，对他说："看这里这么多泪水，我们正缺水呢，快来接住吧。"这时成人真拿来一个杯子，学前儿童就会破涕为笑。

2. 冷却法

学前儿童情绪十分激动时，可以采取暂时置之不理的方法，学前儿童自己会慢慢地停止哭喊。成人切忌激动起来。比如，对学前儿童大声喊："你再哭，我打你！"或"你哭什么，不准哭！"之类的。这样做会使学前儿童的情绪更加激动，无疑是火上浇油。

（五）培养学前儿童情绪调节的策略

1. 树立合理的情绪观，尝试接纳学前儿童的情绪

皮亚杰的认知发展理论认为，学前儿童正处于以"自我为中心"的发展阶段，且同伴交往经验不充足，社会交往技能稍显薄弱，容易导致他们在交往过程中发生大大小小的冲突，如：物品的争抢、言语取笑等，当面对冲突，体验到消极情绪时很多幼儿不知该如何调节自我的情绪，常常以发泄、哭泣、逃避、寻求安慰等方式调整，这时就需要教师及家长加以悉心的引导。

首先，对学前儿童各种情绪抱以接纳的态度，而不是动辄打骂、吼叫或立即吓止，如有些家长及教师遇到幼儿情绪崩溃时会说："立马停止哭，再哭我走了！"等话语，这不仅不能帮助

幼儿提升情绪调节能力，还会对幼儿的身心健康发展造成严重影响。家长和教师先应给予幼儿情绪肯定，可以说："老师知道你很难过。"当然也可以是一个拥抱动作，让学前儿童感受到自己的情绪被接受，再在此基础上询问情绪产生的原因，然后加以合理的疏导，逐渐平复学前儿童的不良情绪体验。

2. 以冲突为契机，提升学前儿童情绪调节能力

同伴冲突是学前儿童同伴交往过程中不可避免的现象，冲突过程中双方往往带有一定的情绪体验，但由于受自身语言发展的限制，往往不能很好地将有关情绪体验表述出来，进而影响到情绪调节，但正是如此，也为提升幼儿情绪调节提供了良好的契机。作为教师及家长来说，应认真抓住每一次冲突机会，积极地引导学前儿童从逐渐分析同伴的神态、动作及话语到逐步让其学会换位思考，站在对方的角度去相互理解双方的意图或想法，即：为什么会产生这样的情绪，从而不断提升学前儿童的移情能力，使其下次再遇到类似情绪体验时，能够积极站在对方的视角彼此感悟、体会，以此来学会相互理解和尊重，而不会导致幼儿遇到消极情绪时只会选择逃避、退缩、哭泣或寻求安慰等消极的情绪调节方式来处理。例如：当面对幼儿园常见的同伴争抢玩具时，你不让我，我不让你，很容易发生冲突，导致孩子无法进行正常的游戏活动，从而体验到不良情绪，这个时候，老师就可以让幼儿先把玩具放一放，来谈谈为什么都想要这个玩具，届时，老师再引导幼儿学会站在对方角度考虑问题。 如若无果，也可引导幼儿设定规则，谁先玩儿，谁后玩儿等，以此来转移幼儿的注意，加强互相沟通，从而提升情绪调节能力。

3. 按照年龄特点，对情绪调节策略进行分类引导

随着学前儿童社会性交往经验的不断提升，学前儿童情绪调节策略也随着年龄的增加而不断提高。为了促进不同年龄学前儿童情绪调节策略向着积极的方向提升，在引导上也应具有针对性。大量研究表明，4岁时学前儿童情绪调节开始出现分化，社会交往经验也不断增多，交往技能获得了一定的提升，但正是由于这一阶段学前儿童处于情绪发展的一个高峰期，因而情绪调节具有极大的不稳定性，这就需要教师和家长积极关注这一阶段幼儿情绪调节的引导，积极帮助幼儿建构正向的情绪处理方式，使之遇到消极情绪体验时，能有恰当的应对方法。对于5岁阶段的学前儿童，随着身心发展水平的不断提升，加之社会交往经验的不断增加，在情绪的积极处理方面有了很大的进步，但对社会的认知能力还有待于进一步加强，情绪调节本身也涉及对他人动机、意图的认知及揣测，因此，这个年龄段可以加强对学前儿童情绪认知能力的培养，以此来提升学前儿童的情绪调节。6岁的学前儿童已经能够使用多种策略来调节自我情绪，并且在此过程中也已掌握了一定的情绪表达规则，但由于受到语言发展的限制，学前儿童遇到问题往往不能清楚地表达自我感受，还是容易出现易躁、易怒等情况，因而这一阶段的学前儿童应指导其学会运用符合社会规范的言语来表达情绪，从而使自身获得调节，达到平衡。

4. 教给学前儿童调节自己情绪的方法策略

（1）反思法

让学前儿童想一想自己的情绪表现是否合适。比如，在自己的要求不能得到满足时，想一想自己的要求是否合理；和小朋友发生争执时，想一想是否错怪了对方。

（2）自我说服法

学前儿童初入园由于要找妈妈而伤心地哭泣时，可以教他自己大声说："好孩子不哭"，会发现学前儿童最初是边抽泣边说，以后渐渐地不哭了。学前儿童和小朋友打架时，可以要求他讲述打架的过程，学前儿童会由最初的生气到后来的越讲越平静。

（3）想象法

遇到困难或挫折而伤心时，引导学前儿童想想自己是“大姐姐”“大哥哥”“男子汉”或某个英雄人物等。

5．加强家园沟通与协作，努力实现家园共育

布朗芬·布伦纳在其人类发展生态学理论中就提到，学前儿童的发展是在与周围环境的相互互动中实现的，而作为学前儿童联系最为紧密的两大类环境（家庭及幼儿园）来说，其对幼儿的影响是不可估量的。首先，家庭方面，家长应尽其所能努力为学前儿童营造一个良好、和谐的情绪氛围，当学前儿童遇到消极情绪体验时，家长能对其进行合理的引导，鼓励学前儿童大胆地说出自我的情绪体验。再者，幼儿园方面，也应积极创设良好的环境氛围，为学前儿童搭建良好的互动平台，让学前儿童可以大胆地表达自我感受，舒缓自我情绪，同时，通过进行合理引导，为学前儿童示范情绪处理的积极方式，以此来提升学前儿童的情绪调节能力。不仅如此，家园双方应密切联系，加强合作，就学前儿童的情绪问题可以展开各式各样的讨论及交流。

【幼儿园教师资格证考试：考点预测】

1．下面哪个选项不是影响学前儿童情绪调节的因素？（　）

A．生物因素　　B．家庭因素　　C．社会文化因素　　D．亲子依恋

2.（　）指当学前儿童自身处于一定的情绪情境之中，通过一定的方法、方式及途径等，影响个体情绪感知及有关表达的各种尝试与做法，如通过躲避、大哭、寻求他人安慰或自我积极解决等方式来缓解不安感受，最终使自我达到一种平衡的状态，以适应社会及环境需要。

A．情绪调节　　B．情绪识别　　C．情绪图式　　D．情绪判断

3．不同国家地区的学前儿童会有不同对待消极情绪的态度，这最有可能是由于（　）造成的。

A．社会文化因素　　B．教养方式　　C．生理因素　　D．训练

4．请简述帮助幼儿调节负面情绪的方法。

本章小结

本章分别从情绪情感对学前儿童心理发展的作用、学前儿童情绪的发生与分化理论、学前儿童的基本情绪和高级情感、学前儿童情绪情感的发展与学前儿童积极情绪的培养等方面展开。第一节主要介绍情绪情感的概述及其重要作用；第二节介绍关于情绪分化与发展的主要理论；第三、第四节阐述学前儿童的基本情绪和高级情感；第五节总结出学前儿童情绪情感发展的趋势；第六节就实践中如何培养学前儿童的积极情绪情感给出系统建议。

关键术语

情绪　情感　情绪分化理论　基本情绪　高级情绪　情绪调节　情绪识别　社会参照

思考题

1. 简述学前儿童情绪和情感发展的基本特点。
2. 简述学前儿童基本情绪的发展。
3. 帮助学前儿童调节消极情绪的方法是什么？
4. 学前儿童基本情绪与高级情绪的发展特点是什么？
5. 如何帮助学前儿童识别并理解情绪？
6. 简述情绪分化理论在实践中的应用及启示。

建议的活动

看得见的情绪（大班）

【活动目标】

1. 知道每个人都有情绪，并能辨认几种基本情绪。
2. 能对自己的情绪做出确切的表达。
3. 了解不同情绪对人身体健康的影响，初步知道调节自己的情绪。

【活动准备】

1. 6个情绪脸谱（兴奋、高兴、悲伤、愤怒、害怕、烦恼）。
2. 做有6个情绪脸谱的大色子。
3. 每个幼儿一个情绪温度计。

【活动过程】

一、引导幼儿听两段音乐（高兴和悲伤的）

今天老师给小朋友带来了一个好听的曲子，请小朋友仔细听，听好后告诉老师你的感觉怎么样？

听曲子“赶花会”。

提问：听完后你的感觉怎么样？（高兴、快乐）

再请小朋友听一首曲子，告诉老师听的感觉怎么样？

听曲子“北风吹，扎红头绳”。

提问：听完后你的感觉怎么样？（伤心、难过）

教师小结：“高兴、伤心都是人的情绪，今天教师给小朋友们带来了几张表情脸谱。小朋友们看一看，说一说你看到的是什么情绪，并学一学。”

幼儿学完后，个别提问：说出你什么时候兴奋？什么时候高兴？……

二、游戏：玩骰子

1. 请小朋友上来扔骰子，骰子扔到一处情绪时，这位小朋友要试着做这种表情，并说说在怎样的情况下会有这种情绪。
2. 玩骰子的小朋友根据骰子上的情绪，做相应的表情，让其他小朋友猜猜，他扔到的是什么表情。

三、讨论如何调节不良情绪

1. 你喜欢哪一种情绪，哪些情绪你不喜欢？
2. 如果你生气、害怕、难过的时候，你会怎么做呢？怎样才能让自己有个好心情？
3. 教师小结：每个人遇事都会产生不同的情绪，那是很自然的现象。但是愤怒、悲伤、痛苦等不良情绪对人的身体健康是不好的，而愉快、平静等良好的情绪是有利人的身体健康的。当我们生气难过的时候，要想想快乐的事情，或找别人谈谈自己的心情、感受，让自己保持一个好心情。我们小朋友快要离开幼儿园变成一个小学生了，在以后的学习和生活中还会遇到许多的困难，发生许多不开心的事，小朋友要想办法让自己保持一个好心情。

四、游戏：玩情绪温度计

教师：小朋友们，发热的时候你怎样才能知道你发烧多少度？（体温计）

我们又怎样知道今天天气多少度呢，用什么来测量？

今天老师给小朋友们带来了情绪温度计，请小朋友们自己玩一玩。在10度以下是悲伤的情绪，在10～30度是高兴的情绪，在30～50度是兴奋的情绪。你玩到什么情绪，就说一说你在什么时候是这种情绪。

小朋友们自己玩儿，教师个别询问。

玩后提问：你最喜欢什么情绪？

五、舞蹈：娃哈哈

【活动延伸】

组织绘画活动“有趣的表情”：启发幼儿画出自己常有的几种表情，或者画自己喜欢的表情，鼓励幼儿边画边与同伴交流自己当时的心情。

第五章 学前儿童个性的发展

学习目标

❶ 理解并掌握学前儿童个性的基本特征与主要形成标志、学前儿童基本的气质类型、学前儿童性格的年龄特点、能力发展的特点。

❷ 有兴趣思考并分析学前儿童的自我意识形成的相关要素，能够在日常生活中通过学前儿童的自我认识、自我评价、自我调节方面来进行分析。

❸ 能够掌握学前儿童的个性系统的结构，并根据其结构对学前儿童的心理发展分析进行针对性教育。

导入案例

小佳是个害羞但自尊心很强的小男孩，自进入幼儿园起他就不敢当众讲话，喜欢独自玩积木、看图画书，很少和其他小朋友一起交流和游戏。经过一个学期的幼儿园生活，他各方面都有很大进步，唯独怯场没有多大改变，于是老师就想尽办法创造机会让他在老师和其他小朋友面前表现。在一次上课时，老师邀请小佳在大家面前展示并介绍自己搭建的积木，但小佳却一句话都不说，老师微笑着鼓励小佳进行展示，小佳还是不说话，见鼓励不起效，老师急了，对小佳说："今天你一定要展示一下你的积木城堡，多好看啊，不然老师就不喜欢你了。"小佳看到老师态度坚决，把积木城堡举起来，但眼里含着泪水……

小佳有着怎样的性格与气质特点？老师的做法对吗？应该怎样改善小佳的"怯场"呢？

个性是一个人全部心理活动的总和，是个体心理世界区别于他人的非常核心的部分。人的个性是渐成的，2岁左右开始萌芽，3～6岁个性初具雏形，个体心理活动表现出一定的整体性、倾向性、稳定性、独特性、积极能动性。这个时期的个性发展表现出了气质差异和性格特点。

学前期是整个人生发展的奠基时期，同时也是个性开始形成的关键时期。个性是在生理发育的基础上，与社会环境相互作用下，逐渐形成与发展起来的。本章主要介绍学前儿童个性的发生发展过程、个性的实质、个性的结构、个性的形成与发展对学前儿童心理与行为发展的意义，同时结合社会生活实际探索良好个性的培养问题。学前儿童个性的发生发展主要包含三个子系统，即自我调节系统、个性倾向系统和个性心理特征系统。这三个系统相互作用、相互调节，共同促成学前儿童个性的形成与发展。

第一节　学前儿童个性概述

一、个性与个性结构

（一）个性及其基本特征

个性，又称人格，是指一个人全部心理活动的总和，或者说是具有一定倾向性的各种心理特点或品质的独特结合。个性是在个体的各种心理过程、各种心理成分发生发展的基础上形成的。2岁前，各种心理过程还没有完全发展起来，不可能组成有机的心理活动系统，因而个性不可能发生。学前儿童在2岁左右，个性逐渐萌芽。3～6岁是个性初具雏形的时期，其依据是此阶段已经明显地出现个性所具有的各种特点：个性的各种结构成分，如气质、性格、能力、自我意识等，特别是自我意识和性格、能力等个性心理特征已经初步发展起来；有稳定倾向性的各种心理活动已经开始结合成为整体，但形成各人独特的定型还差得很远。直到发展成熟，即大约18岁左右，个性才基本定型，而人的个性定型之后，也还可能发生变化。

个性的基本特征体现在独特性、整体性、稳定性、社会性四个方面。

（二）个性的结构（图5-1）

个性是一个复杂的、多侧面、多层次的动力结构系统，它主要包括个性的心理特征和动力系统两方面内容。

个性的心理特征：包括能力、气质和性格，这些特征突出地表明人的心理的个别差异。

个性的动力系统：具体包括自我调控系统（自我意识）和个性倾向性（需要、动机、兴趣、志向、理想、信念和人生观等），它决定着个性发展的方向，是个性的最重要、最本质的特征。

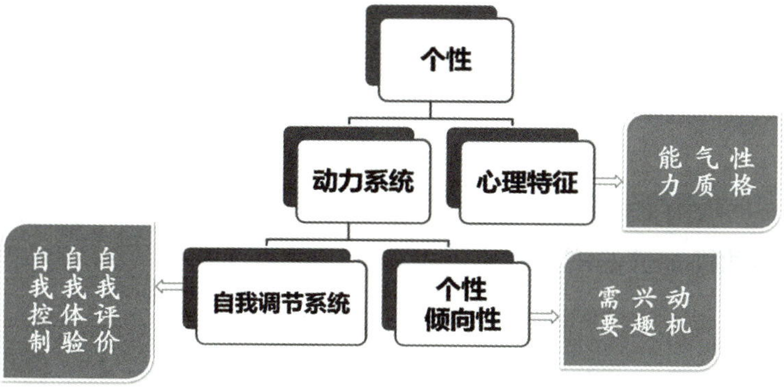

图5-1 个性的结构组成

二、学前儿童个性形成的标志

一个人的个性并不是生来就有的，而是出生后在生理发育的基础上，在社会环境的作用下，逐渐形成和发展起来的，有一个比较漫长的发生、发展过程。2岁前学前儿童的各种心理过程还没有完全发展起来，不可能组成有机的心理活动系统，个性不可能发生。2岁左右，学前儿童的各种心理过程都已出现，并已开始表现出初步的个人特点，这就是个性的萌芽。进入3岁以后，学前儿童的个性逐渐开始形成，出现比较稳定的个性特征。一般把3～6岁称作个性形成过程的开始时期，其标志为以下四个方面。

（一）心理活动整体性的形成

人的各种心理活动，绝不是孤立进行的，总是组成一个统一的整体。心理活动各部分按照一定规律组成整体的同时，整体反过来制约各部分。比如，个性倾向性指导着各心理过程，又在个性心理过程的发展中逐渐形成。人的心理状态受个性心理特征制约，又影响心理过程的积极性，而经常出现的心理状态，则稳定成为个性心理特征。

婴儿的心理活动是混乱的、零散的，这与他们的各种心理过程没有完全发展起来有关。比如，当婴儿的记忆没有充分发展起来的时候，感知的东西不能长时间保存在头脑中。因而先前的感知活动不可能成为后来感知的基础，后来的感知映像无法与先前的感知映像建立联系。学前儿童心理发展的过程，是各心理过程逐渐产生和组织起来的过程。学前儿童心理过程的发展，是从感知觉开始的。随着知觉的发生和发展，记忆发展起来，以后又出现动作中的思维（即所谓直观行动思维）、想象和意志的萌芽。每一种新的心理过程的发生，都是和已有的心理过程相互联系的，并不是孤立地或并列地出现。儿童的各种心理过程的产生和发展本身，是存在有机联系的。高级心理机能（如言语、思维和意志等）是在低级心理机能的基础上发生的。高级心理机能发生以后，又反过来使低级心理机能（如感知、记忆等）得到有本质意义的改造。各心理过程在学前儿童身上出现齐全的时候，儿童的心理活动实际上也已经开始组成整体，开始向一个逐渐稳定的主观世界（个性）发展。

（二）心理活动倾向性的形成

个性倾向性的形成是个性形成的另一重要标志。人的心理活动组成了统一的整体，总是表现出一定的活动倾向。一个人经常的追求，对事物的看法，以及行为方式都有一定的倾向性。比如，有人有强烈的进取心，有人安于现状，就是不同个性倾向性的表现。婴儿心理活动之所以是零散的，没有组成整体，就是由于他们的活动动机之间缺乏内部联系或者只有低级的联系，因而还没有表现出明显的倾向性。他们的心理活动和行为很容易被外界事物所吸引，又同样容易摆脱它。但是随着时间的推移，学前儿童会在需要、动机、兴趣等方面表现出明显的个人倾向性。

（三）心理活动稳定性的增长

稳定性是个性的基本因素。没有心理活动的稳定性就不能组成个性整体。当然，个性的稳定性是相对的。稳定性与可变性处于辩证统一之中。因为个性是在一定生活条件下形成的，原来稳定了的心理活动特点，可能因生活条件发生变化而变化，其他心理特点又可能稳定下来，成为个性的新特征。

新生儿和婴儿的心理活动变化迅速。随着年龄的增长，心理活动的稳定性逐渐增长。例如，婴儿的注意是非常不稳定的，注意保持的时间非常短，但是随着婴儿的发展注意的稳定性逐渐增加。注意稳定性的增长，也是儿童感知和观察等各种认识过程及其活动方向的稳定性的增长，因为注意和心理过程是不可分割地联系着的。比如婴幼儿的情绪日益趋向稳定，经常出现的情绪逐渐稳定成为心境，以后又形成性格的情绪特征。两三岁以后，学前儿童的心理活动开始向稳定的方向发展。在稳定的心理活动的基础上，才可能组成有一定倾向性的个性整体。

（四）心理活动独特性的发展

每个人的个性都有其不同于别人的独特性。这是由个性结构各种成分本身的特点决定的，也是由个性各种心理成分之间的不同结合决定的。比如，有两个人的智力水平看起来大致相同，但其中一人的语言表达能力较强，另一个人则逻辑思维能力较强；两个人又可能都有顽强的性格特征。但其中一个人的顽强性与集体主义情感相结合，而另一个人则与利己主义相结合。

学前儿童出生时就有行为的个别差异，这些差异在睡眠、啼哭、吃奶的过程中以及对各种刺激的反应中表现出来，一般称为气质特征。这些主要是和生理差异直接联系的行为表现。随着儿童心理活动稳定性的增加，整体性和倾向性的形成，逐渐出现个人特有的心理特征，表现为性格和能力的个别差异，即个性的独特性。

学前儿童心理活动的个人独特性是随着心理活动水平的提高而逐渐明显表露的。最初，当儿童的活动水平很低，其行为的个别差异主要由生理差异决定时，这种个别差异是非常有限的。随着心理活动的发展，其个别差异也越来越大。例如，当婴儿的知觉过程的有意性还没有形成以前，他们的直觉过程都是出于无意之中，那时知觉的个别差异只能在这个范围内有所表现。而当知觉的有意性出现以后，儿童自觉控制自己知觉的能力即观察力的强弱，便越来越明显不同，有的儿童观察力很强，而有的仍然停留在较低的无意性水平。

（五）心理活动积极能动性的发展

个性形成还有一个重要的标志，即心理活动积极能动性的发展。这里所指出的是对外界刺激的反应的选择性以及改变外部和内心世界的能动性。个性特有的稳定的倾向性，使不同的人对事物有不同的反应。每个人都不是绝对被动地反映外界，而是通过各种水平的选择，以不同的态度，个人特有的行为方式去适应和改造客观现实。新生儿的心理活动基本上是被动的。随着心理活动的发展，婴儿开始对外界事物有了越来越大的选择性反应，从而越来越明显地体现出心理活动的积极性。个性积极性与个性倾向性的形成密切联系。因为需要是个性积极性的机制，需要是动机体系的形成，使心理活动的积极性和主观能动性也发展起来。

个性积极能动性的发展，与意识和自我意识的发展也有密切联系。1岁或1岁半以前的儿童，其意识中占优势地位的是知觉。这个时期的学前儿童的记忆主要是再认形式的，即由当前知觉引起的以及痕迹的复活。这个时期还谈不上思维，其情绪也是对感知范围的事物而产生的。1岁半以后，特别是2岁以后，记忆在意识中替代知觉而占优势。表现为表象在心理活动中起着越来越重要的作用。与此同时，学前儿童的自我意识逐渐发展，意识到自己以及自己同周围世界的关系，并且对这些关系有了自己的相对稳定的态度，于是个性开始形成。

三、学前儿童个性的发展

学前儿童个性的发展大致可以分为以下三个阶段，在每个阶段都有其独特的特点。

（一）先天气质差异（出生～1岁）

学前儿童从刚刚出生开始，就显示出个人特点的差异，如哭声、吃奶等都可以明显地看出来。对新生儿的研究发现，新生儿对个别刺激的行为反应有差别，如把金属盘放到新生儿的大腿内侧，有的反应强烈，有的则没什么反应，有的悄悄往回缩等。这就是与生理联系密切的气质的差异。这种先天气质类型的差异作为学前儿童间的差别而存在，同时，又影响着父母对学前儿童的抚养方式，并在与父母的日常的交往中，越来越明显地成为学前儿童的个人特点。

（二）个性特征的萌芽（1～3岁）

在此阶段，学前儿童的各种心理过程包括想象、思维等逐渐齐全，发展也很迅速。在儿童先天气质类型差异的基础上，在3岁左右，在与父母及周围人的相互作用中，学前儿童间出现了较明显的个性特征的差异，成人可以从学前儿童的言行举止中，看到一个学前儿童的特点。

（三）个性初步形成（3～6岁）

学前期，学前儿童心理水平逐渐向高级发展，特别是随着儿童心理活动和行为的有意性的发展，学前儿童个性的完整性、稳定性、独特性及倾向性各方面都得到了迅速的发展，标志着儿童个性初步形成。有人曾对3岁、4岁、5岁、7岁及11岁的男孩进行了心理测验。他们发现，一些男孩在4岁时如果能控制他们的欲望，能抵制诱惑，当他们年龄稍大一些，还能表现出殷勤而有礼貌，有能力控制他们的情绪冲动，能思想集中以及具有深思的倾向等。另外，那些年龄在三四岁时自我控制能力差的男孩在年龄稍大些时，仍然表现出坐立不安、遇事大惊小怪、情绪化、有侵犯行为、容易激动、情绪不稳定以及在紧张情况下显得不成熟。

【幼儿园教师资格证考试：考点预测】

1.（　）是指一个人全部心理活动的总和，或者说是具有一定倾向性的各种心理特点或品质的独特结合。

A．个性　　B．性格　　C．气质　　D．能力

2．学前儿童心理水平逐渐向高级发展，特别是随着儿童心理活动和行为的有意性的发展，孩子个性的完整性、稳定性、独特性及倾向性各方面都得到了迅速的发展，标志着儿童个性初步形成的年龄阶段可能为（　）。

A．1.5岁　　B．3.5岁　　C．7.5岁　　D．10岁

3．学前儿童个性的形成，对其行为发展具有（　）作用。

A．预测性　　B．调节　　C．概括　　D．总结

4．简述学前儿童个性开始形成的主要标志。

知识拓展

苏联学者的个性理论观点

列昂节夫是苏联儿童心理学领域具有很大影响的代表人物。他指出：“幼儿期是个性最初开始实际形成的时期。”他认为人的个性的发展有两个重要时期，第一个是幼儿期，这是个性自发形成的时期；第二个是青年初期，是自觉、积极地锻炼自己的个性的时期。他指出个性形成的标志是：形成了个性倾向，心理活动成为统一体。形成个性倾向的原因是动机之间建立了最初的联系，这种联系的特点，一是出现了主要动机和次要动机的主从关系，二是自觉控制自己的行为动机。

包若维奇提出了在个体发展中个性形成阶段的理论。他认为，在个体发展过程中，心理机能整合成为相对稳定的系统，即个性。这种整合一旦形成，就具有不可分的完整性，只有到老年或在病人身上才会分开。他认为，个性形成可分为若干阶段。

第二节　学前儿童气质的发展

气质是一个人所特有的心理活动的心理特征。它使人的整个心理活动带上个人独特的色彩，制约着心理活动进行的特点。

气质和人的解剖生理特点直接联系，气质特点受遗传的影响。行为遗传学家通过比较同卵双生子和异卵双生子在气质上的相似性来寻求遗传的作用。在6个月的时候，同卵双生子比异卵双生子在很多气质特征（如活动水平）、对关注的寻求、易怒性和社交性方面表现得更相似。气质与其他个性心理特征相比，具有更大的稳定性。

一、学前儿童的气质类型

根据气质特点的不同，可以将学前儿童划分为不同的类型。对学前儿童的气质类型，有各种划分标准。传统的划分方法以高级神经活动类型为标准。近年来不少研究者，按儿童行为反应划分儿童的气质类型。

（一）传统的气质类型

传统的气质类型是古希腊医生希波克里特提出的。他把气质分为四种类型：抑郁质、胆汁质、黏液质、多血质。巴甫洛夫发现的四种高级神经活动类型，与传统的类型相吻合。

巴甫洛夫根据高级神经活动的三种基本特性的结合来划分气质类型。

高级神经活动的三种基本特性分别为：①神经过程的强度。这是指兴奋和抑郁的强度，即神经细胞所能承担的刺激量，以及神经细胞工作的持久性。②神经过程的平衡性。这是指兴奋和抑郁两种神经过程之间强度的对比，如果兴奋强于抑郁或者抑郁强于兴奋，都是不平衡的表现。③神经过程的灵活性，这是指神经细胞的两种神经过程转化的速度。

高级神经活动基本特性结合的不同，可以形成四种高级神经活动类型。其中三种是强型，一种是弱型。强型又可分为平衡型和不平衡型。平衡型再可分为灵活型和不灵活型。基于此而得出的四种气质类型如表5-1所示。

表5-1　气质类型

气质类型	强弱类型		神经活动特点
胆汁质	强型	不平衡	神经活动的兴奋过程强于抑制过程，极易兴奋而难以抑制
多血质		平衡且灵活	神经活动的兴奋过程和抑制过程都比较强，反应敏捷、活泼好动
黏液质		平衡而不灵活	神经活动的兴奋过程和抑制过程都比较强，但不容易替代或转换，安静、沉着、有节制和反应迟缓
抑郁质	弱型		神经活动的兴奋过程和抑制过程都比较弱，以胆小畏缩、消极防御和反应缓慢为特点

（二）根据基本生活活动模式划分的气质类型

美国的儿童心理学家和精神病医生托马斯和切斯通过对大量学前儿童的考察和追踪，发现有一些行为模式是从出生开始贯穿到整个儿童时期的。他们据此提出划分儿童气质类型的9项指标，具体如下：

①活动水平。指在睡眠、进食、穿衣、游戏等过程中身体活动的数量。例如，睡眠时从小床的一边滚到另一边，还是基本不移动。

②生理机能的规律性。指睡眠、饥饿、大小便等生理机能活动是否有一定规律。

③对新刺激反应的敏捷性。指对陌生人和新环境的适应水平，常规或外界要求变化后，对其接受的难易程度。

④对日常变化的适应性。指对新情景、新刺激、新食物、新玩具、新程序等是接近还是退缩。

⑤反应的强度。

⑥反应阈限。指对噪声、亮光和其他感觉刺激的敏感性，多少刺激量（如声音的大小）或周围变化达到多大程度，才引起反应。

⑦心境的质量。指愉快或不愉快情绪的一般量。愉快和不愉快行为表现经常出现还是多变。

⑧分心情况。指注意力分散情况。外界刺激对进行中的行为干扰的程度。

⑨注意的坚持性。指在有或没有外界障碍时，特定活动的持续时间。

根据上述指标，他们把学前儿童（主要是婴儿）大致划分为以下三种类型。

①容易型。学前儿童大多数属于这一类，约占40%，他们吃、睡等生理机能活动有规律，节奏性强。他们容易适应新环境，容易接受新食物和不熟悉的人。他们总是情绪愉快，爱玩，对成人的招呼反应较强。他们对成人的抚养活动提供大量的积极强化，因而在整个学前期都受到成人的极大关怀和注意。

②困难型。表现为生理节律混乱，睡眠、饮食及排便等机能缺乏规律性；情绪不稳定，易烦躁，爱吵闹，不容易接受成人的安慰，对新环境不容易适应，表现为易退缩和易激动；主导情绪消极，紧张，焦虑强烈；注意力维持时间较短，容易分心；难以与成人合作，与成人关系不密切。这类婴儿占10%。

③迟缓型。表现为不活跃，情绪比较消极，较为安静和退缩，对环境刺激的反应比较温和和低调，对新环境的适应比较慢，通过抚爱和教育能逐步适应新环境。这类婴儿占15%。

除了以上三类气质外，还有35%的婴儿属于混合型气质。

属于困难型气质的儿童，如果家长照料态度不当，容易发生心理问题，易形成不安全依恋。进入学校后，大多数这类气质的儿童易产生更多的适应性问题。而且，这类儿童在学前期和童年期表现为焦虑退缩，或有较多的攻击性行为。

二、学前儿童气质的变化

（一）气质的变化

在人的各种个性心理特征中，气质是最早出现的个性心理差异，也是变化最缓慢的。但是这并不表明气质特征不能改变。人的高级神经活动具有高度的可塑性，尤其是学前儿童的神经系统正处在发育过程中，其气质的形成往往是先天和后天的“合金”。近年来广泛开展的儿童气质研究表明，气质随着时间的推移具有较为稳定的连续性和不连续性。甚至是同一类型的气质，它们的不同方面也表现出不同程度的稳定性。

（二）研究儿童气质变化的意义

气质本身无所谓好坏，但是由于它早早地使儿童整个的行为和反应带上独特的个人色彩，并进而影响到学前儿童的亲子关系、认知发展以及早期教育的各个方面，如果不正确对待，将会成为形成不良个性的因素。研究儿童气质的意义就在于：①使成人自觉地正确对待儿童的气质特点；②针对儿童的气质特点进行培养和教育。

学前儿童的气质特点，不管是容易型、困难型，还是迟缓型，都或多或少会影响父母对学前儿童的养育。比如，托马斯和切斯之所以把一组学前儿童确定为困难型，就是听到一些父母不停地抱怨他们管理孩子的日常生活多么艰难，他们的孩子是多么不同于别人的孩子。几乎所有新出现的事情，洗澡、新的食物、新的人、新的环境都能成为他们放声大哭的理由。很明显，那些把学前儿童描述为睡眠、饮食不规律，从新的情景中退缩，适应缓慢的人一定经历过很多消极情绪反应。这些学前儿童很容易引起父母的不耐烦、自责或者怨恨，并进而形成一个消极循环，使困难型儿童变得更加困难，并导致后来的行为障碍。而容易型儿童的父母会因为他们的生活有规律、情绪愉悦、容易适应新环境而得到正向的反馈，从而提供更多的关注和抚爱。这种情况下，儿童又容易从父母的关注和抚爱中增强对父母的依恋，儿童情绪、行为表现更加积极，由此形成一个积极循环。但是困难型儿童不一定必然会出现行为障碍，容易型儿童也可能会在后来出现行为障碍，即气质可以改变，是否改变则取决于儿童气质类型和父母教养方式的拟合度。比如，那些困难型儿童经常烦躁不安，在适应新事物时存在困难，但如果父母能够有耐心地始终保持平和的心态，坚持让学前儿童遵守规则，约束他们的同时也允许他们慢慢去适应，长此以往，这些儿童就会不那么任性了。但是，那些因为活动水平过高、喜怒无常、通过违抗命令吸引注意的儿童，其父母并非都是耐心和敏感的。事实上，他们的父母也常常变得极端暴躁，动辄惩罚这些困难型儿童。不幸的是，这样的态度和行为不适合困难型儿童，导致他们对父母的强制和惩罚策略采取进一步的反抗，而且也容易在未来出现更多的问题行为。所以，不是气质本身直接影响了儿童的发展，而是儿童与周围环境的互动影响着儿童。

【幼儿园教师资格证考试：考点预测】

1.（　）是一个人所特有的心理活动的动力特征。它使人的整个心理活动带上个人独特的色彩，制约着心理活动进行的特点。

A．气质　　B．情绪　　C．智力　　D．能力

2．希波克里特把气质分为四种类型：抑郁质、胆汁质、黏液质和（　）。

A．多血质　　B．活泼质　　C．容易型　　D．困难型

3.（　）的儿童不活跃，情绪比较消极，表现较为安静和退缩，对环境刺激的反应比较温和和低调，对新环境的适应比较慢，通过抚爱和教育能逐步适应新环境。

A．困难型　　B．容易型　　C．迟缓型　　D．复合型

4．简述巴甫洛夫如何根据高级神经活动三种基本特性的结合来划分气质类型。

知识拓展

学前儿童气质的教育

常听一些父母说：“我这孩子跟别人不一样。”他们都能说出自己孩子的某些特别之处，这就是他们注意了孩子与孩子之间的内在差别，这些差别有些是属于气质上的差别。气质是在人的生理素质基础上，在后天的生活环境中逐步形成的。它带有较多的先天成分。气质中分为多血质、黏液质、胆汁质、抑郁质四大类型。如果父母能注意到学前儿童气质的差别并进行针对性地培养，有助于学前儿童个性心理的健康发展。

1. 多血质的学前儿童

多血质的学前儿童是热诚而易变，他们的优点很容易表现出来，显得聪明敏捷、活动好动，属于外向型，他们自我肯定的程度较高。如果父母经常有意无意地拿他们来炫耀，就会使他们的自信变成自负，今后他们的行为将趋向于博得人们的欣赏，而不是表现自己的能力和价值。对于这种学前儿童，父母应多在他们面前热诚地表扬别人，让他们看到同伴的优点。由于这类学前儿童的注意力容易转移，要注意培养他们的专注力，避免他们对一切都浅尝辄止，变得轻率和肤浅。

2. 黏液质的学前儿童

黏液质的学前儿童沉静、稳重，能忍耐，比较随和，他们的兴奋发动比较迟缓，抑制能力强，所以情绪显得比较稳定。一般来说，这类学前儿童从小就比较容易教养，较听话，各方面都能均衡发展。他们对自己的评价比较稳定，而对别人的表扬或批评他们的反应会相对淡漠。如果要提醒他们注意什么，就需要比较强的刺激，即批评要严厉一些，表扬要热情一点，同时注意培养他们的敏捷、果断，以免养成懒散怠惰和淡漠的习惯。

3. 胆汁质的学前儿童

胆汁质的学前儿童被某些心理学派认为是不可遏止型，这种学前儿童吃软不吃硬，越用硬的他们越抵抗，他们常有自己的主意。父母应尽力进入他们的世界去了解他们，根据他们的思维习惯去说明道理。如果想告诉他们该怎样做，就要做给他们看，只说给他们听是不行的，暗示批评更起不了作用。典型的胆汁质学前儿童脾气很大，不易讨人喜欢，但是父母不要强行去扭转他们，他们的优势就在他们自身内心世界之中，他们的精力旺盛，情感强烈，有爆发力。别人轻而易举能做好的事，他们却往往做不好。但是他们一旦迷上了什么，就会全心投入，在别人意想不到的领域里，以别人意想不到的方式获得成功。

4. 抑郁质的学前儿童

抑郁质的学前儿童属内向型，外表文静、软弱、腼腆，内心却特别敏感、好强，他们多半比较聪明，但自己对自己的评价很不固定，极易受别人意识的影响，极易接受暗示，极易产生自卑心理。父母要特别注意培养和保护他们的自信心，多鼓励他们。父母在批评他时，只用暗示的眼神或语言就够了。也许他们当时没有立即改正，但内心多半会长时间不安。这类学前儿童的优点是细心、专注、有灵敏的感觉和直觉，善于察觉别人不易察觉的细心事物于不声不响中，很认真地做他认为该做的事情。

现实生活中只有少数人的气质类型是单一的、纯粹的，多数人是以一种气质特征为主，同时混合着其他类型的特点。父母在分析和教育学前儿童时不能简单敷衍了事。另外，学前儿童一般都自然地伴有一些多血质的迹象，但这并不能抹平学前儿童气质类型的差异。父母把自己的孩子与别人的孩子多加比较，是可以把握自己孩子的气质特点的。气质的差异与品行的好坏无关，关键是父母认识到自己的孩子的气质特点后，怎样因势利导地进行教育。尤其应注意，每一种气质类型都有其积极的一面，也有其消极的一面，父母要帮助孩子扬长避短，而不应按父母自己的意愿强行扭转或压抑孩子，那样会给孩子造成心理上的伤害。

第三节 学前儿童性格的发展

性格是个性中最重要的心理特征，表现在对客观现实的稳定态度和惯常的行为方式中。性格和气质有密切联系，二者相互渗透，相互制约。不同气质类型可以形成相同的性格特征，相同的气质类型也可以形成不同的性格特征。

气质主要受神经系统基本特性的影响，这些特性是出生时已经具备的。性格则主要受后天环境的影响而在出生头几年逐渐形成的。因此气质对性格的形成起强有力的促进作用。比如，抑郁质的儿童比胆汁质的儿童更容易形成自己的性格特征。同时，气质使性格涂上其特有的色彩。比如，同样是努力上进的性格表现，多血质总是热情洋溢，黏液质则不动声色，从容不迫。但是，性格也可能对气质具有制约作用，表现在性格形成过程中会在一定程度上掩盖或改造某些气质的特点。另外，不论人的气质属于哪一种类型，代表人的个性本质的还是他的性格特征。

一、性格的萌芽

学前儿童的性格是在先天气质特征的基础上，在与周围环境相互作用的过程中逐渐形成的。在学前儿童的环境中，最主要的周围环境是他的家庭，其中理论上最重要的他人是他的母亲。一般来说，母子关系在儿童性格萌芽的过程中，起着最重要的作用，母亲的良好照顾，使儿童从小得到安全感，形成对母亲的信任和依恋，为以后的良好性格的形成打下基础。

气质差异对学前儿童性格的萌芽有所影响。比如性急的学前儿童饿了立刻大哭大闹，这使成人不得不马上放下一切其他事情，急忙给他喂奶。而对那些饿了只是断断续续地哼哼唧唧的学前儿童，成人则可能把手头的事情做完了再去喂奶。日积月累，前一种学前儿童可能形成不能等待别人，自己的要求必须立刻满足的态度和行为习惯，而后一种学前儿童则可以最初形成有自制的性格特征。

成人的抚养方式和教育在学前儿童性格的最初形成中有决定性的意义。比如，东西总是放得整整齐齐，衣服扣子总是扣好，手脏了立刻去洗，等等。这种耳濡目染的周围现实使学前儿童在潜移默化中形成了逐渐稳固的态度和行为习惯，也就是好整洁、爱劳动的性格特征萌芽。又如，学前儿童看见糖就拿起来吃，甚至大把大把地抓到自己身边。这时如果不加以教育，反而报以赞赏的表情和言语，那么就可能会使“独占”的种子得以孕育。反之，如果经常注意引导其向众人分享，则可以为良好的性格特征打下基础。

二、学前儿童性格的年龄特点

个性的独特性和典型性是辩证统一的。每个儿童固然有个人独特的性格，相同年龄的儿童又有共同的性格。年龄越小，性格的共同性越明显。因为性格是在生活实践中形成的，年龄越大，人与人之间的生活经验的差异越大，由此导致的性格差异也越大。学前儿童由于生活实践和生理发育的限制，其生活经历的共同性很大，性格的共同性也很多。

根据观察和有关的研究发现，学前儿童主要有以下性格特点。

（一）好动

学前儿童总是不停地做各种动作，不停地变换活动方式。在一般情况下，学前儿童并不因为自己的不断活动感到疲劳，而往往由于活动过于单调和枯燥感到厌倦。健康的学前儿童如果在活动方面得到满足，他们总是情绪愉快。学前儿童好动的特点和身体年龄特点有关，活动方式多变是学前儿童生长发育的需要。

好动的性格特征，在学前期逐渐和其他品质相结合。好动的特征本身，使学前儿童较易形成勤快、爱劳动的良好性格倾向。学前儿童喜欢跑跑跳跳，走来走去，搬动东西，参加各种力所能及的劳动，在成人指导下做事，他感到自豪。但是如果成人对学前儿童自己做事的限制和干涉过多，经常包办代替，则在学前期可能形成懒惰的性格倾向。

（二）好奇、好问

学前儿童的好奇心很强，他们什么都要看看、摸摸，许多事物对学前儿童来说都是新奇的，他们对新鲜事物非常感兴趣。在好奇心的促使下，学前儿童渴望试试自己的力量，尝试去做大人所做的事情。一些被禁止的事情，学前儿童往往要去试试看。

学前儿童好奇心强的原因，和他们的知识经验贫乏有关。好奇心是定向反应的一种，是一种认识兴趣，表现为要求了解自己所不知道的事物，即新奇或矛盾的事物。初次接触的事物使学前儿童产生好奇心，由于知识经验贫乏，对学前儿童来说新奇事物很多。同时，事物的变化与自己预期有出入，即构成引起好奇心的“矛盾”。同样，由于学前儿童知识经验的贫乏，这一类矛盾也时常出现。

好奇心导致思考和探索的倾向。学前儿童的好奇心往往表现在探索行为和提出问题。学前儿童的探索行为比较外露，一般不仅用视线来回地观察，而且加上用手去摆弄。好问，是学前儿童好奇心的一种突出表现。学前儿童天真幼稚，对于提问毫无顾虑，他们经常要问许多个“是什么?”和“为什么?”，甚至连续追问，所谓“打破砂锅问到底”。他们总想试探着去认识世界，弄清究竟。如果得到正确引导，幼儿好奇、好问的特征很容易发展成为勤奋好学，进取心强的良好性格特征。反之，如果指责或约束过多，甚至对学前儿童的提问采取冷漠或讥讽的态度，则会扼杀其良好性格特征的幼芽。

（三）好模仿

好模仿是学前儿童突出的性格特点。学前儿童最喜欢模仿别人的动作和行为。在幼儿园，如果一个学前儿童说“我哥哥给我买了一支手枪”，立刻就会有其他学前儿童跟着说“我爸爸也给我买了一支手枪”“我爷爷给我买了一支手枪”等。

关于模仿的实质，各种心理学派别有不同的解释。比如格式塔学派认为是“完形的补充”，行为主义学派认为是反射活动，皮亚杰把模仿看作是智力发展过程中顺应比同化占优势的一种表现。

学前儿童的好模仿也和他们的自信心不足有关。小班幼儿常常表现为胆小，甚至在陌生人或全班小朋友面前不敢大声说话。有实验研究表明，小班幼儿很容易受成人示范的影响，比如成人在操作实验中故意作“示范失败”时，小班幼儿多数表现情绪消沉，经再三鼓励才敢尝试操作，而且动作非常犹豫；中班、大班幼儿则多数仍然相信自己的力量。有的大班幼儿说：“我想试一试”“我能做”。

作为一种教育方法，利用模仿可以获得良好的成效，也可以证明学前儿童具有好模仿的特点。有经验的教师特别注意为学前儿童树立良好的榜样，使学前儿童在模仿中学习。例如，上课时老师说：“看，小刚坐得多直！”顿时就有许多学前儿童挺起腰来，不必逐个点名叫他们坐直。班杜拉的许多研究也证明“观察学习法”即让学前儿童模仿观察到的榜样，是非常有效的学习方法。

培养学前儿童的认知能力和辨别是非的能力，增强他们的自信心和独立性，将会使学前儿童形成善于学习正确榜样而不去模仿不良行为的性格特点和习惯。否则，其性格将会向受暗示性强和缺乏自信心的方向发展。

（四）容易冲动

情绪易变化，自制力不强，是学前儿童性格的情绪和意志特征。与容易冲动的特点相联系的是在行动上常常表现为缺乏深思熟虑。比如学前儿童喜爱做事，但做事时急于完成任务，常常比较马虎，粗心大意，不太计较成果的质量。又如学前儿童常常从情绪出发提出问题，为提问而提问，并非经过认真思考。

学前儿童的思想比较外露，喜怒溢于言表。这种性格特征常常被认为是天真幼稚。它的优点是对人真诚，坦率，诚实，不虚伪。在此基础上，如果得到正确引导和培养，学前儿童将会养成既善于思考和处理问题，又胸怀坦荡的性格特征。

尽管上述内容描述了学前儿童性格的典型特征，但是仍然要强调独特性是个性的基本要素。学前儿童的性格虽然有共同点，但每个学前儿童仍有个人独特的性格特征。比如，同属活泼好动，有的学前儿童相对安静一些；同属受暗示性强，有的又相对有些主见。

三、学前儿童性格的变化

（一）学前儿童性格的稳定性

学前儿童的性格具有稳定性。4~6岁学前儿童坚持性的个人特征已趋向稳定。4岁的学前儿童在不同动机、不同任务、不同环境下的活动中，坚持性水平在群体中所处地位基本不变。同一批被试在4岁时参加初测，到6岁时参加复测，两次测验的结果表明，学前儿童坚持性水平在群体中的地位也基本不变。也就是说，一些学前儿童，在各种不同的条件下，坚持性总是比较强，而坚持性较差的学前儿童，也总是比别人差。值得注意的是，该研究追踪的2年内，被试儿童的生活环境有较大变化，其中有的学前儿童曾从一个幼儿园转到另一个幼儿园，有的进入过学前班，全部被试儿童在复测时都已分别进入不同的小学，但在同一测验条件下，其坚持性特点变化不大。

同时，环境因素也可能会巩固学前儿童性格的稳定性。例如，学前儿童的周围环境（特别是成人的教养方式）使学前儿童形成某种性格特征（如男孩的攻击性、女孩的依赖性等），而学前儿童初步形成的性格特征又反过来影响周围成人（比如要求成人屈从于他的攻击性或依赖性），由此形成学前儿童性格与周围环境相互的循环性影响，使最初形成的性格特性不断得到加强而逐渐稳固。

（二）学前儿童性格的变化性

一般来说，学前儿童性格特征的稳定性和环境的稳定性有关，学前儿童性格特征的变化也与环境的变化有关。尽管学前儿童的性格具有内在的稳定性，但由于学前儿童的发展受到外在环境和教育的影响，学前儿童的性格同时也具有一定的外在变化性。

在日常生活中，学前儿童性格的变化性可能源于家庭环境的变化、外部文化环境的变化以及身体状态的变化。例如，爸爸妈妈由于近年的经济形势不好，经常吵架，受到家庭因素的影响，那么学前儿童的性格也可能会发生变化，变得易怒或抑郁。再如，美国作家、教育家海伦·凯特，一岁半前也是一个爱笑、活泼开朗的女孩，但18个月时由于身体疾病丧失视觉和听力，性格就变得无比易怒；在她7岁时遇到了家庭教师苏利文，在积极正确的教育下，海伦·凯特在黑暗寂静中自强不息，乐观地克服身体上的缺陷，最终成为一位学识渊博的著名作家和教育家。

可见，最初形成的性格特征对学前儿童的个性形成具有重要的作用。这时的性格虽然还没有定型，但它是未来性格形成的基础。在一般情况下，性格比较容易沿着最初的倾向性发展下去。例如，性格比较顺从的学前儿童，容易遵照成人的吩咐和集体规则行事，以后将仍然稳定成为与人和睦相处、守纪律的性格。而最初形成的任性的萌芽，以后容易要求别人处处依从个人的意愿。成人如果迁就他，事情就似乎顺利进行，否则，会发生许多麻烦和不愉快。成人如果在“无可奈何”中纵容这种性格的发展，学前儿童任性的性格也将日益巩固而最终定型。但是，如果环境和教育条件发生重大变化，学前儿童的性格也会发生改变。比如一些父母意识到学前儿童的不良性格而改变和学前儿童交往的方式，学前儿童的性格也会慢慢发生变化。

【幼儿园教师资格证考试：考点预测】

1. 对于学前儿童性格的最初形成中有决定性意义的是（　）。

A．遗传　　B．环境　　C．成人的抚养和教育　　D．儿童主动性

2. 学前儿童的性格是（　）。

A．遗传的　　B．与生俱来的　　C．受后天影响的　　D．固定不变的

3. 一般来说，（　）关系在儿童性格萌芽的过程中起着最重要的作用。

A．母子　　B．父子　　C．祖辈　　D．师幼

4. 请简述学前儿童性格的年龄特点。

知识拓展

培养学前儿童良好性格的8个策略

策略1：不要把自己的意愿强加给学前儿童

每个学前儿童都有自己的喜怒哀乐，即使父母，也无权要求他们事事按照自己的意愿来做，强加的结果只能适得其反。让学前儿童按照自己的意愿行事，学前儿童不但开心、乐观，还能养成独立、有主见的性格。

策略2：忽视学前儿童的无理要求

遇上学前儿童提无理要求，或提出合理要求也无法满足时，如果他哭闹不休，也要最大限度地满足他吗？恰恰相反。对于学前儿童的无理要求，成人一定不要满足，而且一次也不能妥协。否则只会使同样的不愉快一而再再而三地发生。当成人对学前儿童说“不行”“不能做”时，学前儿童往往不会马上放弃他的行动，他会一边看着你，一边继续试

探你是否真的不让他做。这时，成人应该坚决地走过去，把学前儿童抱开，让他做别的事；而不是继续坐在那里，重复说着“不行”，持续与学前儿童的较量。学前儿童从成人坚决的态度上，可以知道这件事是真的不能做。

策略3：适当地给学前儿童一点权力

有时，学前儿童会对某件事很感兴趣，成人不让他做，他也执拗地一定要做。这时不妨给学前儿童一点选择的权力。例如，家里有两排落地书橱，乐乐对里面的东西非常感兴趣，一再要打开书橱，翻出里面的书。妈妈不想让他养成到处乱翻的习惯，又不想扼杀他的探究欲。怎么办？妈妈一方面告诉他乱翻书不好，另一方面他实在要打开的话，就建议他：“好吧，那我们拿一样东西，拿好就把书橱关上。”乐乐每次都很开心地照办，他不仅会打开书橱，挑选一样东西，然而把橱门关上；而且东西玩好后，他还会打开橱门，把东西放回去。

策略4：对待学前儿童要有耐心

对于学前儿童的耐心和满足，并非要一味地、无条件地绝对满足。在满足学前儿童的同时，也要不断地培养其延迟满足能力以及共情能力。人的耐心毕竟有限，因此成人需要让他也承受一些忍耐和等待，或者尝试理解成人不能立刻满足其要求的原因。例如，妈妈在做事，而学前儿童要妈妈陪他，妈妈会告诉他，妈妈正忙着，等妈妈做完了某些事情再去陪他。

策略5：言出必行

成人也许会认为：学前儿童小，偶尔骗骗他没关系，其实这是不对的。这一点很重要，一方面可以获得他的信任；另一方面也能树立成人言出必行的威信，避免他因侥幸而无理取闹。例如，妈妈最初给乐乐穿衣服，让他把手里的东西先放下，他总是哭闹着不肯，他或许以为妈妈要把这件东西拿走。几次穿好衣服后，妈妈马上把东西交回他手里，从此他便很放心地把东西放下或主动交给妈妈。

策略6：对学前儿童的态度始终如一

对学前儿童的态度尽量做到始终如一，避免造成学前儿童思维、判断的混乱。处理同样的事件要给出同样的标准，如果成人今天允许学前儿童这么做，明天没有任何理由却告诉他不行，就会造成混乱。成人或许会忘记自己的不一致，可学前儿童绝对不会忘。久而久之，成人会发现自己的命令很难贯彻。

策略7：让学前儿童承担一点责任

学前儿童应该从对自己做的事承担责任开始，树立起责任意识。例如，乐乐时常会把一大堆玩具弄得满地都是，妈妈会让他和自己一起收拾玩具，或者引导乐乐自己收拾。他掉落的东西妈妈让他自己捡起来，他摔倒后妈妈让他自己爬起来。凡是他能做的事情，妈妈都让他自己做。

策略8：让学前儿童了解别人的感受

一个不了解别人感受的人，是很难体谅别人的。让学前儿童了解父母的感受，体谅父母的辛苦，对学前儿童是有益处的。例如，妈妈会让乐乐知道妈妈真的很累，妈妈要睡觉，希望他自己玩儿，不要打扰妈妈；妈妈会让乐乐知道妈妈对他不好的行为真的很生气；妈妈会让他知道妈妈抱着他很累，让他自己走；妈妈会让他知道打别人，别人会很痛，想打别人先打自己试试看；妈妈会让他知道父母也会有不对的地方，是妈妈的不对，妈妈会主动向他说对不起；妈妈会让他知道人是不可能不生病的，在他生病时，他必须坚强起来。

第四节　学前儿童能力的发展

一、能力与能力的结构

（一）能力

能力是指人们成功地完成某种活动所必须具备的个性心理特征。如评价一个人，经常说某人具有较强的言语表达能力、敏锐的观察力或交往能力等，而这些能力都是通过人的活动体现出来的。反过来，这些能力又是人成功地完成某种活动的必备条件。学前儿童的能力与活动密切相关并直接影响其活动效率。学前儿童的能力在其日常活动中形成和发展，并通过活动中表现出来。

（二）能力结构

能力结构是指构成能力的诸要素相互联系的方式。能力可分为一般能力和特殊能力两种。前者是完成各项活动均需具备的，其结构要素包括注意力、观察力、记忆力、想象力、思维力与操作能力。后者指从事某种专业活动必需的能力（如音乐能力），其结构要素包括曲调感、节奏感等。顺利完成任何活动都需一般能力与特殊能力的诸种结构要素协调配合，形成合理的结构。智力是一般能力的核心。学前儿童的能力结构随着其年龄的增长与活动经验的积累而逐步完善。

二、学前儿童能力发展的特点

从出生以后学前儿童就逐渐发展并表现各种能力，各种主要能力的发展有以下特点。

（一）操作能力最早表现，并逐步发展

孩子出生后，在先天抓握反射的基础上，经过无意识抓握的练习，逐渐学会有目的的抓握动作。到了六七个月，婴儿双手协调能力也开始发展，手的灵活性也逐渐提高。从1岁开始，学前儿童操作物体的能力逐步发展起来，开始进行各种游戏活动。同时，学前儿童走、跑、跳等能力逐渐完善。随着学前儿童的发展，各种游戏（如角色游戏、建构游戏等）在幼儿一日生活中逐渐占据主要地位，使学前儿童的操作能力在活动中发展、表现。

（二）语言能力在婴儿期发展迅速，学前期是口语发展的关键

学前儿童的言语能力是在婴儿期开始发展起来的。1岁左右开始，短短的两三年时间里，

学前儿童从不会说话，到能用单个字（或单音重复）来表达意愿，到能用两个词，最终能够用简单句比较清楚地表达意思。这期间经历了非常迅速的发展变化，学前儿童的言语开始具有了称谓、概括及调节的功能。进入学前期后，学前儿童的言语表达能力逐渐增强，特别是言语的连贯性、完整性和逻辑性迅速发展，为学前儿童的学习和交往创造了良好的条件。

（三）模仿能力发展迅速，是学前儿童学习的基础

由于好模仿是学前儿童突出的性格特点，学前儿童的模仿能力也迅速发展起来。具体来说，模仿可分为动作的模仿和智力的模仿。学前儿童模仿能力的发展是随着延迟模仿一起发展起来的，延迟模仿大约发生在18～24个月。儿童的延迟模仿既可以发生在言语方面，也可以发生在动作方面。模仿能力的发展对学前儿童心理的发展有重要意义：①言语方面有意识的模仿对学前儿童学习语言具有积极促进作用；②动作方面的模仿对学前儿童活动能力的发展具有积极意义；③模仿能力的发展为学前儿童游戏的发展提供前提；④模仿对个性形成的作用更不可忽视。著名心理学家班杜拉认为，个性是在观察模仿过程中形成的。因此，成人应该给学前儿童树立良好的榜样。

（四）认识能力迅速发展，是学前儿童学习的前提

从儿童出生到学前末期的发展，可以看到人类个体的认识能力发生、发展的过程。学前儿童出生时只具备基本的感知能力，随后开始出现初步的记忆、注意能力。进入婴儿期后，相继出现了想象能力和直觉思维能力。而到了学前后期，学前儿童的各种认识能力都迅速发展起来，逐渐向比较高级的心理水平发展，认识活动的有意性也开始发展起来，为学前儿童的学习、个性发展提供了必要的前提。同时，学前儿童的智力迅速发展。

本杰明·布鲁姆收集了20世纪前半期多种对儿童智力发展的纵向追踪材料和系统测验的数据，进行分析和总结后发现，儿童智力发展有一定的规律，各种测验的时间和条件虽然不同，但是其所得曲线非常相似，经过统计处理，得出了一条儿童智力发展曲线。

布鲁姆以17岁为发展的最高点，假定其智力为100%，得出了各年龄儿童智力发展的百分比。1岁时为20%；4岁时为50%；8岁时达到80%；13岁时为92%；17岁时就已达到100%。

上述数字说明，出生后头4年儿童的智力发展最快，发展50%，获得了成熟的一半；4～8岁，即生后的第二个4年，发展30%，其速度比前4年显然缓慢。

布鲁姆提出的只是一个理论的假设，只能作为参考，但关于学前期是儿童智力发展关键时期的观点已经被许多心理学家所认可。同时，从儿童脑的发育也可以找到相应的证据。这就是从儿童脑生理的研究来看，7岁时儿童的脑重已达到1280克，达到成人脑重（1400克）的90%以上；从儿童脑电的研究来看，儿童脑电发展的两个高峰期中，第一个高峰期就是5～6岁（另一个是13～14岁）。脑的发育是儿童智力发展的生理基础，7岁前儿童脑发育的研究可以证明，学前期是儿童智力发展的关键时期。

（五）特殊能力有所表现

在学前期，有些特殊才能已经开始有所表现，如音乐、绘画、体育、数学、语言等。据统计，音乐的才能在学前期出现的比以后年龄出现得更多。

（六）创造能力萌芽

学前儿童的创造能力发展较晚，同时，学前儿童的创造也不可能像成人的发明创造的水平

那么高。但到了学前晚期，确实出现了创造力的萌芽。这种创造能力明显地表现在学前儿童的绘画作品中。

三、学前儿童智力发展理论

学前儿童能力的发展主要表现为智力的发展，已有大量学者对学前儿童的智力发展进行研究，其中比较有代表性的有以下观点。

（一）智力分化论

这种理论认为，学前儿童的智力最初是混沌不分化的，儿童智力因素的数量随年龄增长而增加。起先是一般化的智力，后来逐渐发展为一些智力因素群。这种理论认为，将智力分成一般智力（决定一个人智力高低的主要因素）和特殊智力（完成某些特定任务所必需的）的分法比较适合于儿童智力发展的规律。

（二）智力复合论

这种理论认为，学前儿童的智力最初已经是复合的、多维度发展的，其发展趋势是各种智力因素的比重和地位不断变化，复合性因素的比重越来越大。

学前儿童各年龄的主要能力具体如下。

10个月前：视觉追踪、社会反应性、视觉兴趣、动作灵活性。

10～30个月：知觉探求、声音交往、对物体意义的接触、知觉辨别力。

30～50个月：物体关系、形状记忆、言语知识。

50～70个月：言语知识、复杂的空间关系、词汇。

（三）智力内容变化论

该理论认为，同一智力因素本身随着年龄增长而发生变化。同是智力的一般因素，在婴儿期，其内容是感知动作性质的，以后则是认知性质的。

从上述理论可以说明，学前儿童智力结构是随着年龄的增长而变化发展的，其发展趋势是越来越复杂化、复合化和抽象化，不同的智力因素有各自迅速发展的年龄。这就提醒成人，要根据不同年龄儿童心理的这些特点，在不同的阶段，对儿童智力培养的内容有所侧重。总的来说，学前期应该特别重视学前儿童观察力、注意力及创造力的培养。

四、学前儿童能力发展的意义

（一）学前儿童的能力直接影响其活动效率

一方面，能力在学前儿童的活动中形成和发展，并在活动中表现出来。例如，画画好的学前儿童对颜色的感知能力和一般学前儿童是不同的，对颜色有着高度的辨别能力和运用能力，这与他们的遗传或练习有着非常密切的联系；另一方面，能力是活动的前提，缺乏能力不仅影响活动效率，而且使学前儿童不能顺利完成任务，所以二者有着相辅相成的关系。

此外，作为个性特征，气质和性格虽然也表现在活动中，并对活动有直接影响，但不直接影响活动效率，不直接决定活动的完成，但能力直接影响活动的效率。同样一种工作，能力强的学前儿童会很顺利地完成，能力差的学前儿童就很费劲，而无能力的学前儿童就完不成任务。

（二）学前儿童复杂活动的完成需要多种能力的结合

能够顺利完成某种活动，多种能力的独特结合被称为才能。例如，学前儿童在搭建大型乐高玩具时，需要大小肌肉发展的身体能力，看工程图的认知能力，和伙伴交流合作或寻求帮助的社交能力等。

【幼儿园教师资格证考试：考点预测】

1. 让脸上抹有红点的儿童站在镜子前，观察其行为表现。这个实验测试的是儿童哪方面的发展？（　）

A. 自我意识　　B. 防御意识　　C. 性别意识　　D. 能力

2. 研究儿童自我控制能力和行为的实验是（　）。

A. 陌生情境实验　　B. 点红实验　　C. 延迟满足　　D. 三山实验

3. 在角色游戏中，教师观察幼儿能否主动协商、处理玩伴关系。其主要考察的是（　）。

A. 幼儿的情绪表达能力　　B. 幼儿的社会交往能力

C. 幼儿的规则意识　　D. 幼儿的智商

4. 请简述学前儿童能力发展的特点。

知识拓展

学前儿童需要发展

需要是人脑对生理和社会的要求的反映。它在心理上通常被体验为一种不满足感，或者是有获得某种对象和现象的必要感。需要是个性积极性的源泉，是人活动的动力。需要越强烈，由此引起的活动就越强。需要的满足与否主要通过一个人的情绪来反映。需要被满足，情绪相对就比较积极、愉快；反之，需要未被满足，情绪就会消极。人的需要分为生理需要（如进食需要、睡眠需要等）和社会需要（如劳动需要、交往需要、求知需要、成就需要等）两种。

学前儿童需要的发展遵循着一个规律，即年龄越小，生理需要越占主导地位。对于新生儿来说，更是如此。到1岁左右，由于和成人交往的增多，学前儿童出现了比较明显的与成人交往的需要，如看到妈妈来了就高兴，妈妈离开就会哭。这时候成人是否在场，是影响学前儿童情绪的主要原因。1～3岁期间，学前儿童的社会性需要逐渐增加，出现了模仿成人的活动的探索性需要、游戏的需要及与伙伴交往的需要等。但这个阶段，生理需要仍然是占主要地位的需要形式。

有研究表明，学前期儿童的社会性需要逐渐增强。同时，需要的发展已经显现出明显的个性特点。

1. 开始形成多层次、多维度的整体结构

学前儿童的需要中，既有生理与安全的需要，也有交往、游戏、尊重、学习等社会性需要的形式。并且，各种需要的水平也在发展。

2. 优势需要有所发展

学前期占主导地位的优势需要由几种强度较大的需要所组成，同时，每种需要在整体中所占的地位也在发生变化。在3～6岁这一阶段，每个年龄学前儿童的需要的排序都在发生变化，说明学前期是需要发展的活跃时期。特别应该注意的是，从5岁开始，学前儿童的社会性需要迅速发展，求知的需要、劳动和求成的需要开始出现。而6岁时，学前儿童希望得到尊重的需要强烈，同时对友情的需要开始发生。这些都应该引起教师和家长的重视。

第五节　学前儿童自我意识的发展

自我意识发展的重要时期是在学龄前期，形成积极的自我意识对于学前儿童发展社会性具有至关重要的作用。一方面，积极的自我意识能够促进学前儿童心理健康发展；另一方面积极的自我意识可以帮助学前儿童发展良好的人际关系。增强学前儿童日后成功的可能性，激发学前儿童的潜能。

从内容角度划分，自我意识包括生理自我、心理自我和社会自我。从形式角度讨论自我意识涵盖自我评价、自我体验、自我控制。本节将围绕着上述内容开展。

一、学前儿童自我意识概述

（一）自我意识的内涵

关于个体对自己所作所为的看法和态度（包括对自己存在以及自己对周围的人或物的关系的意识），被称为自我意识。在自我认识的过程中，个体是把认识的目光对着自己，这时的个体既是认识者，又是被认识者。

自我意识是意识的一种形式。意识是人的心理与动物心理区别之所在。个性的形成有赖于意识的产生和发展，而自我意识的发生发展是个性形成的重要组成部分。

自我意识表现为对自己的认识、态度和行为的调节。

（二）自我意识的组成

从自我意识包含的内容来看，可以划分为生理自我、心理自我以及社会自我。学前儿童的生理自我包括学前儿童对于温饱感、饥饿感、舒适感、病痛感、身高、体重、容貌、性别的认识；学前儿童的心理自我包括对自己的感知、记忆、智慧、兴趣、爱好、气质、能力、性格、情绪等的认识和体验；学前儿童的社会自我包括对自己的地位、角色、权利、义务、责任、力量等的认识。

从自我意识体现形式来看，可以划分为自我评价、自我体验、自我控制三个部分。此部分内容将在后面对其进行细致阐述。

（三）自我意识的基本特征

自我意识有两个基本特征，即分离感和稳定的同一感。分离感即一个人意识到自己作为一个独立的个体，在身体和心理的各方面都是和他人不同的。稳定的同一感即一个人知道自己是长期的、持续存在的，不管外界环境如何变化，不管自己有了什么新特点，都能认识到自己是同一个人。

二、学前儿童自我意识发展阶段及特点

人并不是在最初的时候就认识自我的，孩子在刚生下来的很长一段时间，只会观察、认识外部世界，而没有对自我的认识。学前儿童自我意识的发展需要经历以下过程。

（一）自我感觉的发展（1岁前）

1岁前的学前儿童不能把自己作为一个主体同周围的客体区别开，甚至不知道手脚是自己身体的一部分，因而常常可以看到七八个月的孩子咬自己的手指、脚趾，有时会把自己咬疼而哭叫起来。逐渐地，学前儿童知道了手脚是自己身体的一部分，这就是自我意识的最初级形式，即自我感觉阶段。

（二）自我认识的发展（1~2岁）

学前儿童认识到自己是一个独立的人的前提是要和妈妈分离。这个过程从学前儿童发展中的一个有趣的现象，即“母子同一性”可以看出。孩子很小的时候觉得自己和妈妈是同一个人，以后逐渐知道妈妈和自己是两个人，自己是一个独立的个体，才开口叫妈妈。随着孩子会叫“妈妈”，说明孩子已经开始把自己作为一个独立的个体来看待了。

学前儿童对自己的认识更重要的方面是对自己形象的认识。“镜像研究”对这个过程的发展给出了非常清晰的描述。如果给婴儿鼻子上涂个红点，然后让孩子照镜子。那么，不同年龄的婴儿有不同的表现：9~14个月的孩子，在涂了红点后，他们比涂红点之前更多地对自己微笑，摸自己的身体，指自己的镜像。而15个月以后的孩子，在涂了红点后，他们能直接指出自己鼻子上的红点，说明他们已经明确地认出了自己。研究者推测，15个月以上的孩子能够依据面部特征的不同，来区分自己的形象和其他孩子的形象，即15个月的孩子已经开始知道自己长得什么样了。

另外，也有研究认为，学前儿童的自我认识（身体和行动）可以划分为以下阶段。

1. 对自己身体的认识

阶段一：不能意识到自己的存在。

学前儿童认识自己，需要经过一个比认识外界事物更为复杂、更为长久的过程。学前儿童最初不能意识到自己，不能把自己作为主体去同周围的客体区分开来。

阶段二：认识自己身体各部分。

随着认识能力的发展和成人的教育，1岁左右，婴儿逐渐认识自己身体各个部分。但是，1岁的婴儿还不能明确区分自己身体的各种器官和别人身体的器官。例如，当成人抱着孩子问他的耳朵在哪里时孩子用手摸摸自己的耳朵，又立即去摸妈妈的耳朵。当成人指着孩子身体的某个部分教他“眼睛”“嘴巴”“耳朵”等时，婴儿通过自己的触摸和动作，慢慢形成了对身体各部分的认识。

阶段三：认识自己的整体形象。

婴儿对自己的面貌和整个形象的认识，要经过一个较长的过程，最初婴儿在镜子里发现自己时，总是把镜中形象作为别的孩子来认识，1岁左右甚至较大一些的学前儿童，喜欢和镜子里的孩子玩，摸、亲、拍他，持续相当长的时间。而对自己的影子，学前儿童认识更晚。有报告指出，2岁半到3岁的学前儿童还难以理解自己的影子，常常指着自己的影子叫“小孩”，追着影子试图用脚去踩。

阶段四：意识到身体内部状态。

学前儿童对于自己身体内部状态的意识是到2岁左右才开始发生的，比如会说“宝宝饿”是最初的表现。

阶段五：名字与身体联系。

1岁前：对自己的名字几乎不做反应。

1岁后：开始对自己的名字做出正确反应。

1.2岁：点名时能回答“是”。

1.6岁：开始能说自己的名字。

2.1岁：看到别人做某事情时，自己也想做，能说“××（自己的名字）也想要”。

2. 对自己行动的认识

动作的发展是学前儿童产生对自己行动的意识的前提条件，其发展体现了不同水平。

第一种水平：区分动作和动作的对象。

1岁左右，学前儿童通过偶然性的动作逐渐能够把自己的动作和动作的对象区分开来，并且体会到自己的动作和物体的关系。比如，学前儿童无意中碰到了皮球，皮球就向前滚去，学前儿童似乎感受到自己的存在和力量，以后也会主动拍打东西。

第二种水平：出现了最初的独立性。

1岁以后的学前儿童，在其日常行为中会表现出拒绝成人的直接帮助，要“自己来”。例如，爬楼梯时坚持自己爬，这就表明了学前儿童已经开始意识到由自己发出的某种行为（动作）。

第三种水平：支配自己的动作。

学前儿童能够自如、自然地通过操作自己的动作，有目的地实现自己的想法。一般情况下，他们能够意识到自己的动作以及由此产生的影响。

（三）自我意识的萌芽（2~3岁）

自我意识的真正出现是和学前儿童言语的发展相联系的。在掌握了有关的词后，学前儿童逐渐学会像其他人那样叫自己的名字。这时学前儿童只是把名字理解为自己的信号，遇到别人也叫相同的名字时就会感到困惑。

学前儿童在2~3岁的时候，掌握代词“我”，是学前儿童自我意识萌芽的最重要标志。这个年龄的孩子经常说“我的”，开始不让别人动自己的东西。经过一段时间以后，孩子逐渐会较准确地使用“我”这个词来表达自己的愿望。这时可以说学前儿童的自我意识产生了。

（四）自我意识各方面的发展（3岁以后）

2.5~3岁时，在学前儿童知道自己是一个独立的个体的基础上，逐渐开始了对自己的评价，如评价自己好不好、乖不乖等，但这种评价是非常简单的。进入学前期后，学前儿童的自我评价逐渐发展起来，同时，自我体验、自我控制已开始发展。

三、学前儿童自我评价、自我体验、自我控制的发展

学前期自我意识的发展主要表现在自我评价、自我体验及自我控制的发展三个方面：自我评价就是一个人在对自己认识的基础上对自己的评价；自我体验是一个人通过自我的评价和活动产生的一种情感上的状态，如自尊心、自信心、羞愧感等；自我控制反映的是一个人对自己行为的调节、控制能力，包括独立性、坚持性和自制力等。

已有的研究表明，学前期自我意识各方面的发展有基本的规律，即3～4岁期间，学前儿童自我评价发展迅速；4～5岁期间学前儿童的自我控制发展迅速；而自我体验的发展相对较平稳，趋于渐变状态。

（一）学前儿童自我评价的发展

自我评价是主体对自己思想、愿望、行为和个性特点的判断和评价。学前儿童把自己当作认识主体从客体中区分出来，开始理解我与物和非我关系后，通过别人对自己评价和与别人比较的过程中，逐渐学会自我评价。自我评价大约在学前儿童2、3岁时开始出现，其发展是自我意识发展的重要标志。整个学前期，学前儿童对自己的评价能力都不高，仍处于学习评价和自我评价的阶段。

1. 从依从性的评价发展到自己独立评价

幼儿初期的孩子还没有独立的自我评价，他们的自我评价依赖于成人对他的评价。他们往往不加考虑地轻信成人对自己的评价，自我评价只是简单地重复成人的评价。如“老师说我是好孩子”。

2. 从对个别的方面的评价发展到对多方面的评价

4岁左右的学前儿童有一半以上可以进行自我评价，但主要是从个别方面或局部来评价自己。例如，他们在回答“为什么是好孩子”，会说“我不打人”；5岁左右的学前儿童则进一步，如“星期天我帮妈妈扫地、抹桌子、刷碗”；6岁的学前儿童则能从多方面进行评价，如“我是好孩子，客人来了我主动问客人好，上课发言好，帮老师收拾积木”。

3. 从带有主观性，发展为初步的客观性

学前儿童往往不从具体事实出发，而是根据自己的主观认识进行自我评价。在一个实验里，让学前儿童对自己的绘画和泥工作品同别人的作品作比较性评价。当学前儿童知道比较的对方是老师的作品时，尽管这些作品比自己的质量差（这是实验者故意设计的），学前儿童总是评价自己的作品不如对方；而当学前儿童对自己的作品和小朋友的作品比较时，则总是评价自己的作品比别人的好。这一实验结果充分说明了幼儿自我评价的主观性。随着年龄的增长，学前儿童的自我评价将逐渐趋向于客观。

4. 从对外部行为的评价向对内心品质的评价过渡

学前儿童的自我评价基本上是对自己外部行为的评价，还不能深入到对内心品质的评价。到了6岁左右，才开始出现向对内心品质评价过渡的倾向，如“我不撒谎，上课坐得好，我不想欺负小朋友”，但这还不是真正对内心品质的评价。

5. 从具有强烈情绪色彩的评价发展到根据简单的行为规则的理智的评价

小班的孩子往往不从具体事实出发，而从情绪出发进行自我评价。例如，当问小班幼儿谁画的画漂亮时，绝大多数小班幼儿都会说自己的好，而事实并非如此。到了4岁左右，学前儿童开始能够初步运用一定的行为规则评价自己和他人行为的好坏。例如，问到“为什么要多分一些糖给妈妈”时，说“妈妈工作忙，辛苦”。

总之，学前儿童自我评价的发展是与他们认识水平的发展密切联系的。

（二）学前儿童自我体验的发展

自我体验是个体通过自我的评价和活动产生的情感上的状态，如自尊心、自信心、羞愧感等，其中自信心是自我体验的重要组成部分。

1. 学前儿童自我体验发展的趋势和主要特点

（1）从初步的内心体验发展到较强烈的内心体验

3岁左右的学前儿童基本上不会用语言来表达自己的内心体验。到了4岁以后，学前儿童会用语言来表达自己内心的感受，如“我不高兴”“我生气”；而到了五六岁，学前儿童则会用一些修饰词，如“很”“太”等来表达自己内心较强烈的体验。

（2）从受暗示性的体验发展到独立的体验

在学前儿童的自我体验的产生中，成人的暗示起着重要的作用，年龄越小，表现越明显。例如，问幼儿：“如果你做捂眼睛贴鼻子的游戏时，你私自拉下毛巾，被老师发现，你会觉得怎样”时，3岁的学前儿童只有3.33%的人有自我体验。在暗示时（你做了错事，觉得难为情吗？）有26.67%的学前儿童有自我体验。而随着年龄的增长，学前儿童自我体验的受暗示性会逐渐降低，如对6岁左右的学前儿童的研究表明，暗示与否对学前儿童羞愧感的产生已不产生影响。

2. 学前儿童自信心的发展

自信心是指个体对自身行为能力与价值的客观认识和充分估价的一种体验，是一种健康向上的心理品质。自信心包括自我效能感、自我表现和成就感。学前儿童自信心的发展具有以下特点：①随着年龄的增长，学前儿童自信心总体不断发展；②学前儿童自信心发展不存在性别差异。

3. 学前儿童自尊的发展

自尊是个体在社会比较过程中所获得的有关自我价值的积极的评价与体验。

自尊萌芽于学前期，发展于自我意识之后，起初来源于个体的自我评价。自尊是在社会比较中产生的。学前期是个体社会适应行为发展的关键时期。对自己感到满意的学前儿童会有较高的自尊，他们能够意识到自己的优点，也知道自己的缺点（常常希望克服它），对自己的性格和能力感到满意。相反，低自尊的学前儿童对自己不太喜欢，总是看到自己的缺点而忽视自己表现出的优点。

（1）学前儿童自尊水平的影响因素

①个人因素。

一个人的外貌特征是独一无二的，外貌相同的两个人是不存在的。正因为如此，人们通过外貌的辨别来对其他个人进行识别，外貌是个体在社会群体中具有的独特标志。人与人之间的关系建立，首先接触到的就是不同的外表，其次是内在。因此人们几乎一致认为，给别人留下完美的印象，是建立良好社交关系的首要条件。

②家庭因素。

从孩子呱呱坠地开始，家庭教育就已经对他的成长发挥作用了，并且在这之后的很长时间内，孩子所接触到的教育也都来自家庭内部，因此，家庭因素对自尊的影响是首要的也是关键的，在家庭因素中，父母的教养方式对学前儿童的自尊影响最大，它不仅对自尊总体发展水平有显著影响，而且对自尊各个方面的发展也有显著影响；它影响着学前儿童自尊发展的水平、速度和方向。

③师幼关系。

良好的师幼关系有利于学前儿童自尊发展，反之，如果师幼关系不良，会使学前儿童的自尊水平降低。教师的沟通方式会影响儿童的自尊，教师的教学风格也会影响儿童的自尊。除此之外，教师对幼儿的期望和日常接触都会对幼儿的自尊产生影响。在师生交往中，教师对幼儿行为的评价、情绪反应和行为表现影响着幼儿对自己的体验和评价，尤其对幼儿个性发展中的诸多心理因素（如自我意识和自尊心等）有着重要作用。

④同伴关系。

同伴关系也是影响学前儿童自尊的一个重要的因素，总结已有的研究结果可以发现，亲密的同伴关系有利于学前儿童建立同伴间的依恋并获得社会支持，从而有助于缓解社会生活压力对其产生的消极影响；健康的同伴关系有利于学前儿童建立正确的价值观，促进学前儿童自尊的稳定性。研究发现，如果学前儿童受到同伴欢迎，并在同伴中具有一定的影响力，其自尊水平就相对较高；能够对同伴的失败和痛苦感到同情，对同伴的成功、喜悦感到高兴的学前儿童，其自尊水平也较高；在同伴关系中具有破坏性的儿童，其自尊往往较低。

⑤社会因素。

社会是由无数个个体组成的群体，同时，个体在社会中得到发展，受到社会特有的文化熏陶，受到周围环境的影响，形成独有的人格。有研究表明，在相同社会文化环境中生长的群体内部，自尊发展水平无显著差异。而且在同一个社会，不同文化水平的群体之间也存在自尊水平的差异，如我国的城市学前儿童和乡村学前儿童之间就存在着明显的差异。

（2）有关自尊评价量表的研究

常用的自尊量表有以下几种：

①M.Rosenberg的自尊量表《The Self-Esteem Scale，SES》，其由10个题目构成，用于测量儿童的一般自尊，用来评定有关自我价值和自我接纳的总体感受。

②S.Coopersmith的自尊量表《The Self-Esteem Inventory，SEI》，其最初于1959年由S.Coopersmith编制，是国外心理学家采用的两个主要自尊问卷之一。整个问卷包括58个题目，由一般自我（GEN）、社会自我（SOC）、家庭自我（H）、学校自我（SCH）和测谎（L）五个量表构成。

③D.Watkins&董奇的《自我描述问卷》中国版，该问卷共含41个题目，分别测量儿童在生理/运动、相貌、同伴关系、亲子关系、语文、数学、学校等8个维度上的自尊。

④张丽华，杨丽珠的《3～9岁幼儿自尊教师评定问卷》，其问卷共含22个问题，问题分为三个维度，分别是重要感、外貌感和自我效能感，其中重要感有8个题目，自我效能感有9个题目，外貌感有5个题目，研究表明该问卷具有良好的信度和效度，为我国3～9岁儿童自尊的测量提供了有利的评测工具。

（三）学前儿童自我控制的发展

自我控制是自己对自身行为与思想言语的控制。具体表现为两个方面：一是发动作用，二是制止作用，也就是支配某行为，抑制与该行为无关或有碍于该行为进行的行为。自我控制是自我意识的重要成分，表现为意识对自我的协调、组织、监督、矫正、调节的作用，使自己整个心理活动作为一个能动的主题，与客观现实相互作用，以成功地适应社会。

1. 学前儿童自我控制发展的趋势和主要特点

（1）从主要受他人控制发展到自己控制

3岁左右的学前儿童，其自我控制的水平是非常低的。在遇到外界诱惑时，主要受成人的控制，而一旦成人离开，则很难自己控制自己，很快就会违反行为的规则。例如，设计一个情境，给每个学前儿童一个包起来的盒子，里面有礼物。告诉孩子等10分钟后，老师回来时才能打开。当老师离开后，小班的学前儿童多数会很快打开盒子，而大班的学前儿童坚持的时间会较长，并有更多的学前儿童按要求坚持到老师回来。

（2）从不会自我控制发展到使用控制策略

控制策略是影响学前儿童控制能力的一个重要因素。对于年龄小的学前儿童来说，他们还不会使用有效的控制策略。随着学前儿童年龄的增长，他们逐渐学会使用简单的控制策略进行自我控制。例如，关于延迟满足的研究表明，有少数4～5岁的学前儿童能运用许多分心的策略而不去碰终止等待的信号，如小声地唱歌，把手藏在手臂里，用脚敲打地板或睡觉等；而5～6岁的学前儿童已懂得如何将诱惑物盖起来。

（3）儿童自我控制的发展受父母控制特征的影响

有研究表明，父母要求少或要求低的学前儿童有高攻击性的特征；严厉控制下的学前儿童有情绪压抑、盲目顺从等过度自我控制倾向。而且，在父母控制下形成的学前儿童自我控制的特征，在其今后自我控制的发展中有一定的稳定性。

2. 培养学前儿童自制力的常见方法

（1）发挥父母的榜样示范作用

家庭对学前儿童的自制力的发展具有重要影响。因此，在家庭教育中，父母要言传身教，充分发挥榜样作用。学前儿童正处于好奇心强、爱模仿、生性好动的阶段，父母的行为习惯与价值观念对学前儿童的成长具有重要影响，父母要严格要求自己，做事有始有终，还要言而有信。在家庭中，父母还可以充分利用文学艺术作品中的拥有自制力品格的英雄人物事迹感染学前儿童，陪同学前儿童达成平等协议，一起建立良好的生活习惯去影响孩子，逐渐引导其树立正确的价值观，形成自律意识，逐渐提升自制力水平。

（2）专注力训练法

专注力训练法是指让学前儿童专注于做感兴趣的事，训练其专注力。自制力是坚强意志力的一种表现，让学前儿童专注于感兴趣的事，也是提升自制力的一种手段。学前儿童有意注意持续时间短，这就需要父母有措施地进行干预，及时拉回学前儿童的注意力，如父母陪伴学前儿童一起制作风筝，制作时间较长，就需要父母在关键节点进行引导，从选定形状到制作骨架，再到粘贴捆绑，学前儿童手脑并用参与其中，提高专注力；制作完毕后引导学前儿童将使用工具放回原处，废弃材料放进垃圾桶，帮助学前儿童养成良好的行为习惯，使其感悟到做事必须遵守规则才能有所成。

（3）目标训练法

大多数研究者都认为，学前儿童的成长环节中需要清晰的引导流程步骤与最终目标来培养其自制力。父母要引导学前儿童一起设定目标以及达成目标所需要的步骤，并且保证目标具有存在合理性、有效性、可达成性。提前约定达成目标后可获得的奖励或达不到目标的惩罚，严格地按照约定进行执行。

知识拓展

学前儿童动机的发展

动机是在需要的刺激下产生的，满足需要是产生需要的基础和前提。从学前儿童需要的发展特点也可以看出，3岁前的孩子，其活动动机的产生主要受其身体状态、当时的外界环境所影响。动机的稳定性很差，变化性强；同时，还没有形成具有一定社会意义的动机体系。

进入学前期以后，随着学前儿童社会性需要及其目的性的发展，学前儿童的活动动机有了较大发展。学前儿童活动动机发展表现在以下几个方面。

1. 从动机互不相干到形成动机之间的主从关系

幼儿初期的孩子仍然保留着婴儿期的特点，但随着年龄的增长，动机的主从关系逐渐趋于稳定。有一个实验，要求学前儿童设法把放在远处的东西拿到手，但是不许从自己的座位上站起来。为了查明学前儿童自觉执行任务的情况，实验者是在学前儿童看不见的地方观察。结果发现，有的学前儿童在多次尝试失败以后，站起来走到东西面前，把东西拿到手，又悄悄地回到位子上。这时，实验者立即回到学前儿童身边，故意表扬他，并奖给他糖吃，但学前儿童拒绝接受。当实验者坚持要给时，学前儿童哭了。这说明在学前儿童的行为中，遵守规则的动机起主导作用，而获得东西的动机是次要的。

2. 从直接、近景动机占优势发展到间接、远景动机占优势

幼儿初期的孩子往往是直接的、近景动机占优势。而随着年龄的增长，学前儿童逐渐形成更多间接的、远景动机。对学前儿童做值日生的动机的实验研究发现，小班孩子做值日生的动机往往是值日生可以穿戴围裙。他们值日往往是由于对活动本身感兴趣。为了这个兴趣，还可以重复洗已经洗干净的抹布。中班、大班孩子做值日生时，有社会意义的动机逐渐占主要地位。他们比较注意值日生工作的成果和质量，明确做值日生是要为别人做好事，并能互相帮助。

3. 从外部动机占优势发展到内部动机占优势

外部动机是指推动行动的动机是由外力诱发出来的；内部动机是指人的行动出于自我激发，主要是受自身兴趣的激发。幼儿初期的行动动机主要由外来影响所引起，其产生是被动的。学前儿童行为的动机往往是为了获得成人的奖励；而到了幼儿晚期，学前儿童的行为动机中，兴趣的作用逐渐增强，成为左右学前儿童行为的一个主要因素。如对于感兴趣的事学前儿童就更愿意做，而不感兴趣就不爱做，坚持的时间也短。

本章小结

本章主要介绍了个性以及个性的各种结构成分，如气质、性格、能力、自我认识、自我评价等相关要素，全面阐释了学前儿童个性发展以及相关影响因素的发展特点。首先介绍了个性的形成标志与其对行为的影响；其次阐述了学前儿童气质的基本类型与性格特点；最后介绍自我意识，本部分从自我意识的发展、自制评价、自我控制的角度进行展开。对本部分的学习有助于更全面、更深入地了解学前儿童个性特点并综合相关因素展开针对性的教育。

关键术语

个性　气质　性格　自我意识　自我评价　自我调节　自尊　能力

思考题

1. 如何促进学前儿童自我意识的发展？
2. 简述学前儿童个性、性格与气质的联系与区别。
3. 学前儿童个性发展的特点是什么？
4. 简述延迟满足实验的基本内容。
5. 如何对学前儿童进行性别教育？
6. 如何促进学前儿童能力发展？
7. 如何培养学前儿童的自制力？

建议的活动

延迟满足能力实验

20世纪60年代，美国斯坦福大学心理学教授沃尔特·米歇尔设计了著名的“延迟满足”实验。实验在斯坦福大学校园里的一所幼儿园进行。研究者找来数十名学前儿童，让他们每人单独待在一个只有一张桌子和一把椅子的小房间里，桌子上的托盘里有他们爱吃的棉花糖、曲奇或饼干棒等食物。研究者告诉他们可以马上吃掉棉花糖，但如果能等研究者20分钟回来后再吃，将可以额外得到一颗棉花糖作为奖励；他们还可以按响桌上的叫铃，研究者会马上返回。实验结果发现，大多数学前儿童坚持不到3分钟将放弃了；大约有三分之一的学前儿童成功地延迟了自己对棉花糖的欲望。

延迟满足能力是个体获得更有价值的长远结果而放弃当下满足的能力。在等待中展示出自控能力是学前儿童自我调节的典型表现。延迟满足能力与学前儿童对时间的理解能力有关。例如，对2岁学前儿童说“如果你现在不要这个小块巧克力，10分钟后就能得到一整条巧克力”，这一年龄阶段的学前儿童都会选择现在就得到小块巧克力，因为他们还不能理解10分钟有多长；4岁学前儿童大多会选择得到一整条巧克力，但他们会经常问时间，或者做很多动作来度过这段等待时间；5岁学前儿童知道10分钟大概有多长，所以大多数学前儿童都会选择在10分钟后得到一整条巧克力。

第六章 学前儿童社会性的发展

学习目标

1. 理解并掌握学前儿童社会性发展的内容与意义、掌握学前儿童社会认知发展的内容与指导策略。

2. 有兴趣思考并分析学前儿童的社会性发展特点与实践教育策略；能够对日常生活中儿童的社会行为进行专业内容的分析与反思。

3. 能够掌握影响学前儿童亲子关系、同伴关系和师幼关系的相关因素与教育建议；针对学前儿童亲社会性行为与攻击性行为的影响因素进行分析并提出教育建议。

导入案例

玉儿是刚入园不到一周的学前儿童，早上姥爷送来的时候哭闹得特别厉害，于是老师就把她抱起来，坐在老师的腿上，安慰她说："玉儿最乖了，不哭的，放学后我叫姥爷第一个来接你回家，如果你一直哭的话，姥爷就不来接你了。"她听了老师的话，强忍着眼泪，一会儿也慢慢停止了哭泣。在上午早锻炼的时候，宝宝们都在开心地玩，玉儿伸着手哭着走过来说："姥爷呢？姥姥呢？爸爸呢？妈妈呢？抱抱，老师抱抱。"于是老师又抱起她，安慰她说姥爷一会儿就来接她回家。但老师一放手她就开始哭闹，一直要老师抱着，不管老师怎么安慰劝说都不管用……

学前儿童在社会性发展过程中涉及学前儿童自身的社会关系、社会认知、社会行为的发展，它们之间的发展既相互影响促进，又有其独特的发展规律与特点。社会性发展是学前儿童健全发展的重要组成部分，促进学前儿童社会性发展已经成为现代教育的最重要目标。0～6岁是社会性发展的重要时期，学前儿童的社会性发展是其未来发展的重要基础，在交互性不断增强的未来教育中，社会性的培养扮演着重要地位。

在本章中主要通过学习学前儿童社会性发展概述、社会关系、社会认知、社会行为的主要内容来掌握不同年龄阶段各要素的发展水平表现以及针对性的教育方法。

第一节　学前儿童社会性发展概述

一、社会性与社会性发展

社会性指的是人在社会生活中所获得并表现出来的符合社会规范的典型行为方式，也就是人们为了适应社会生活所形成的符合社会传统习俗的行为方式，如对传统价值观的接受、对社会伦理道德的遵从、对文化习俗的尊重以及对各种社会关系的处理。

社会性发展是指儿童从一个生物人，逐渐掌握社会的道德行为规范与社会行为技能，成长为一个社会人，逐渐步入社会的过程。它是在个体与社会群体、儿童集体以及同伴的相互作用、相互影响的过程中实现的。

二、学前儿童社会性发展的内容

学前儿童社会性发展的内容可以从社会关系、社会认知、社会行为进行阐述，其中社会关系包含学前儿童亲子关系、同伴关系、师幼关系的发展。学前儿童的社会认知可以从对自身的性别认知、对他人的认知以及社会生活中的道德认知来进行分析。学前儿童的社会行为可以划分为亲社会性行为与攻击性行为。在下面的章节中将对其进行一一讲述。

三、学前儿童社会性发展的意义

1. 社会性是学前儿童社会性情感及社会交往的需要

学前儿童自出生的那一天起就生活在社会之中，也就是说，学前儿童一出生就预示着其社会性发展的开始。安全需要表明学前儿童间接地需要情感支持及社会交往，襁褓中的婴儿因为感到温暖、安全，进而产生与成人（主要是母亲）的亲近需要。随着学前儿童的发展，其社会性情感及社会交往的需要也越来越强烈。好的教育并不单单只是智力的训练。因为相比较而言，社会性水平的高低更能决定学前儿童未来生活中获取幸福和成功的能力，其中也包括家庭关系的成功与幸福。如果想让儿童获得爱的情感、与人相处愉快，良好的社会性是必不可少的。

2. 社会性影响学前儿童身体、心智的发展

学前儿童的社会性会影响学前儿童身体与心智的发展。有研究表明，学前儿童的亲社会性有利于其保持良好的情绪状态与健康的身体状况，调动身体感官对外界进行积极的探索。与此同时，学前儿童社会性的发展与学前儿童的心智发展相互促进，目前已有很多研究证明学前儿童的社会性水平在一定程度上能够预测其成年后的情商。

学前儿童很早就表现出对社会事物或现象的兴趣，并在此基础上形成认知的需要。但学前儿童的社会性认知不等同于对一般客体的认知，它是学前儿童主体观念形成的过程，不是简单地接受成人的观念，或记住现行社会的规则、规范，而是在了解它们的基础上做出自己的判断、抉择，形成自己的认识。

【幼儿园教师资格证考试：考点预测】

1. 幼儿园促进幼儿社会性的主要途径是（　　）。

A. 人际交往　　B. 操作联系　　C. 教师讲解　　D. 集体教学

2. 学前儿童社会性的发展自（　　）开始。

A. 出生　　B. 1.5岁　　C. 3岁　　D. 6岁以后

3. 下列不是学前儿童社会性发展所包括的内容的有（　　）。

A. 依恋　　B. 亲子关系　　C. 同伴关系　　D. 小肌肉的发展

4. 请简述学前儿童社会性发展有何意义。

第二节　学前儿童社会关系的发展

学前儿童社会关系的发展主要表现在与父母的亲子关系、同伴关系和师幼关系三个方面。亲子关系体现在学前儿童与父母的依恋上，常常表现为一种朝向性的行为；在同伴关系中，学前儿童学习获得了大量的行为、技能、态度和经验，并影响到他们的社会情绪和认知能力，这种影响是家庭所不能代替的；师幼关系主要存在于幼儿园教师与幼儿的互动之中。

一、亲子关系

家庭是学前儿童生存和发展最初的、最基本的社会生态环境。与父母的亲子关系也是学前儿童最基本的社交关系。家庭亲子关系是指主要抚养人与学前儿童相互作用关系，其中，早期喂养、家庭氛围和父母教养行为是影响亲子关系的重要因素。

（一）母乳喂养

母亲的乳汁喂养不仅为学前儿童提供了充足的食物，建立起了早期的母子关系，更为其架起了连接社会的桥梁。母亲通过学前儿童本能的情绪反应理解其状态和需要给予适当的护理和情感上的抚慰，对学前儿童的需要做出及时的反应和满足，为学前儿童身体健康、认知发展和社会性发展提供了积极的环境。

事实上，母子双方的情感依恋是相互的，母亲对学前儿童的情感反应会敏锐地捕捉到并做出相应的反应。在母子交往中，母亲会主动地投入情感，学前儿童则表现出应答反应。因此，良好的母子关系对学前儿童健全人格的培养具有重大意义，对他们的社会交往行为和认知探索活动也具有良好的引导作用。

（二）早期依恋

亲子依恋包括依恋情感、依恋行为和依恋关系三个相辅相成的部分。在日常生活中，学前儿童与依恋对象相处会感到安全、愉快；分离时，则会表现出焦虑和不安。多项研究证明，尽管文化背景和教养条件不同，学前儿童的分离焦虑首次出现的时间却显著一致，大约在1岁之前，学前儿童出现了最初的社会性依恋，这种依恋在1岁以后达到顶峰。

学前儿童与母亲之间不同的依恋关系，标志着他们亲子关系的不同发展水平。安斯沃斯等人通过陌生情境检测学前儿童与母亲之间的依恋关系。根据陌生情境中学前儿童与母亲分离与重聚时以及陌生人在场时的表现，将学前儿童的依恋类型划分为安全型依恋、焦虑–回避型依恋、焦虑–反抗型依恋和混乱型依恋4种。

1. 安全型依恋

这种依恋的学前儿童喜欢与母亲亲近，但并不总是黏着母亲，而是在母亲身边不远处放心地玩耍；母亲离开时，他们会表现出一定的不安；母亲回来时，他们会主动与母亲亲近；母亲给予回应时，他们能很快地从不安中平静下来继续游戏。当陌生人进入他们的游戏区域时，他们会表现出不同程度的警觉与怕生，但在母亲的鼓励下，能试图接近陌生人并表示出友好。

2. 焦虑–回避型依恋

这种依恋类型的学前儿童起初能独自玩耍，不注意或很少注意母亲是否离开，即使母亲离开依然能继续玩耍；当母亲回来时，学前儿童表现出冷漠，不看母亲；母亲抱他时，会将目光移开，或尽力挣脱开母亲回到自己的玩耍中去。当陌生人进入游戏区域时，他们对陌生人甚至比对母亲的回避还少。出现这种行为的原因可能有两点：①母亲对学前儿童的情感需要不敏感，学前儿童发出的情感信息经常被忽视；②学前儿童长期不在母亲身边，由其他人抚养，没有与母亲发展出适当的依恋关系。

3. 焦虑–反抗型依恋

这是一种不安全依恋。学前儿童一方面寻求与母亲的接触，一方面又在母亲亲近时表现出拒绝；在母亲离开时，他们看起来很伤心，但母亲回来时也不与母亲亲近；他们不容易平静下来，平静下来后会贴近母亲，似乎怕她再次离开。这些学前儿童不能主动地玩游戏，对新的环境感到害怕，不主动接近陌生人，社会适应有困难。通常的原因可能是母亲不能给予学前儿童足够的安全感，对其忽冷忽热，有时不告而别；当学前儿童痛苦和反抗时，母亲可能会粗暴对待，使学前儿童不能理解母亲的行为，产生对母亲的不信赖，进而表现出不敢离开母亲。

4．混乱型依恋

这是梅因提出的一种新的依恋类型，这种最不安全的依恋类型是前三种依恋类型以某种方式的复杂结合。这种依恋类型的学前儿童在陌生的游戏环境下往往表现出行为混乱，缺乏行为目的。

值得一提的是，学前儿童依恋的发展并不局限于对母亲的依恋，他们也会对父亲、兄弟姐妹、祖父母、专业的照料者形成依恋。

早期依恋对学前儿童的发展具有重要影响，安全的依恋有助于培养学前儿童积极的探索能力。婴儿期的依恋质量影响到学前儿童的同伴关系。相比不安全依恋的学前儿童，安全型依恋的学前儿童友谊质量更高、冲突更少。在学龄期，不安全型的学龄儿童则很可能出现行为问题。追踪研究也发现，具有安全依恋的学前儿童表现出比不安全依恋的学前儿童更好的自尊、社会能力及共情。

（三）家庭氛围与教养方式

研究表明，气氛和谐的家庭，学前儿童从小与父母情感沟通顺利，长大后更能关心、体谅和容忍他人，能勇于接受任务和勇于助人；而社会性发展不成熟的成年人，往往来自气氛紧张的家庭，这类家庭的成员间不善于表达情感，不能互相融洽理解，没有良好的沟通方式，不利于学前儿童的发展。

美国心理学家黛安娜·鲍姆林德提出了家庭教养方式的两个维度，即要求性和反应性。要求性是指家长对学前儿童的行为建立了合适的衡量标准，并坚持达到这些标准；反应性是指家长对学前儿童的接受程度以及对学前儿童需求的敏感程度。据此，家庭教养方式可分为权威型、专断型、放纵型和忽视型四种。

1．权威型

权威型属于高控制、高接纳的教养方式。父母与学前儿童经常交流并给予帮助，在学前儿童心目中树立起了权威，这种权威来自于父母对学前儿童的理解与尊重。父母以积极肯定的态度教育学前儿童，及时满足学前儿童的内在需要，尊重并鼓励学前儿童说出自己的意见和观点。父母对学前儿童的行为设定合适的规则，做出适当的反应，且奖惩分明。这样的父母与学前儿童间的情感联结紧密，能持续地沟通和理解。这种教养方式下的学前儿童独立性较强，易形成良好的自我控制，有较强的自尊感，喜欢与人交往，友好待人。

2．专断型

专断型属于高控制、低接纳的教养方式。父母要求学前儿童绝对服从自己，学前儿童必须按照父母设计的发展蓝图去成长，父母对学前儿童的所有行为都要干涉。他们常常冷漠、忽视学前儿童的情感，很少考虑学前儿童的需求。只要学前儿童违反规则就表示愤怒，甚至采取严厉的惩罚措施。在这样的家庭背景下，学前儿童容易表现出内向、焦虑、退缩和不快乐。在与同伴的交往中，学前儿童遇到挫折时易产生敌对反应，难以进行自我调节，社会性适应较差。

3．放纵型

放纵型属于低控制、高接纳的教养方式。这类父母对学前儿童抱以过于积极肯定的情感，不给学前儿童任何规则，学前儿童在没有任何约束的情况下自己做决定。父母很少向学前儿童提出要求，纵容学前儿童贪玩和随意发脾气；对学前儿童违反规则的行为，父母往往采取忽视或接受的态度，很少发怒或训斥学前儿童。这种教养方式下的学前儿童缺乏社会规范的约束，具有较强的冲动性和攻击性，缺少责任感，合作性差，很少为别人考虑，缺乏自信心。

4．忽视型

忽视型属于低控制、低接纳的教养方式。这类父母和学前儿童间的交流很少，很少关注学前儿童，对学前儿童既缺少情感反应，又缺少行为方面的要求和控制。父母可能对学前儿童在物质等方面易于满足的要求有所反应，但对于需要付出时间和爱的长期需求，则不会付诸实践，如陪伴。这种教养方式下的学前儿童具有较强的攻击性，极少替别人考虑，对人缺乏应有的热情与关心。

以上四种类型是典型的家庭教养方式，随着学前儿童和家长的成长成熟，家庭教养方式会不断地得到改善，大多数家庭的学前儿童均能获得家长的爱和关怀，家庭也能较好地约束学前儿童的不良行为。

（四）学前儿童亲子关系的学习与指导

1．重视亲子关系的建立

在现实生活中，一些父母由于自身工作生活压力较大，与学前儿童的沟通较少，忽视亲子关系的建立，而仅仅把重点放在物质生活的创造上。但学前儿童对吃喝、玩具、游戏、旅游等欲望的满足并不能真正让学前儿童感到精神的富足，也不能产生真正的幸福感。学前儿童更喜欢父母的陪伴与关怀，给他们讲故事，感受他们的自身情感。这既是学前儿童自我意识觉醒的初步需求，同时也是人类群居活动发展的必然结果。基于此，家长一定要主动放下自己的压力和工作，重视亲子关系的建立，以“感同身受”的方式来接近学前儿童的内心，陪伴学前儿童，从而真正满足他们的心理需求和情感需求，促进他们心理健康成长。

2．努力形成安全型依恋

安全型依恋的形成是在亲子互动中形成的，它是学前儿童先天遗传和后天养育的结果。要建立与维护安全型的依恋，父母要在学前儿童出现情绪反应的时候用恰当的方式做出反应并控制自己的行为，父母的焦虑、恼怒或者忽视会严重影响学前儿童的心理状态；如果父母用亲切的笑脸、温和的话语和温柔的身体接触对待学前儿童，就能满足学前儿童的安全需求，让他们情绪稳定，逐渐建立亲密的亲子关系，形成安全型依恋。

3．进行高质量的亲子互动

父母和学前儿童相处陪伴建立高质量的亲子互动过程中，要注意以下几点。首先，在亲子游戏期间除非学前儿童出现不良行为，需要家长及时制止和引导，其余时间父母不要指手画脚、横加干涉、试图掌控全局、改变孩子玩耍的方式。比如：孩子拼装玩偶，先拼脚再拼腿，父母非要指导：“顺序错了！你要先拼头，再是手，最后是腿！”这样孩子会失去很多游戏的乐趣，甚至反感家长的控制。其次，亲子互动是放松享受的时间，而不是教育的时间，学前儿童通常都很反感家长利用游戏灌输知识或进行说教。最后，进行真诚的反馈。游戏期间，家长应该明确具体地说出自己的满意之处，及时表达赞许，这能让孩子感受到家长对他所做事情的关注和兴趣。赞许时，可以暗示他将来的行为，但切勿以讽刺挖苦的方式表达，例如，“玩游戏就这么专心，做作业的时候要是能这么认真，早就有小红花了！”而正确的表达应当是：“太棒了，只要你肯动脑筋，就能想出办法，以后做作业我们也要多思考，妈妈相信你能行！”

4．重视父亲参与，形成家庭教育合力

高质量亲子关系的建立需要父亲的参与，更需要整个家庭的通力合作。与母子关系不同，父亲与学前儿童的交往更多表现在游戏方面，父亲会与学前儿童玩耍，如把学前儿童高高举起、放下，或帮助他们做躯体动作等，父子交往能够给学前儿童带来积极的情绪体验；父亲和学前儿童的交往和游戏能引起学前儿童的兴奋和兴趣，并使他们体验满足感；父亲还能带领学前儿童从事范围更广、花样更多的活动，促使学前儿童广泛地接触自然和社会。在教育理念上，父亲母亲应当尽量统一教育理念与教育行为，通力合作形成家庭中的教育合力，共同建立高质量的亲子关系。

二、同伴关系

同伴关系是指年龄相近或相同的学前儿童之间的互动关系，主要指同龄人之间的或心理发展水平相当的个体之间在交往过程中发展起来的人际关系。同伴关系的建立可以给予学前儿童稳定感和归属感，同伴对学前儿童起榜样和强化作用，同伴间的氛围形成学前儿童特殊的社交模式。总之，同伴关系的建立与互动，能促进学前儿童社会化的发展。

（一）学前儿童同伴关系的发展

学前儿童同伴关系的发展是从最初零散的相互动作逐步发展到各种复杂的、互惠性的相互作用，并在游戏中逐渐发展出友谊关系。研究发现，学前儿童从2个月起就对身边的儿童用相似的方式回应，表现出对社会性交往的兴趣。9个月以后，学前儿童注视同伴的时间越来越长，他们相互微笑、动作和咿呀学语，由此得到连续的反应和模仿。1岁以后，学前儿童互相注视的时间更长，他们似乎对同伴比对镜子中的自我更感兴趣，与同伴有更多的交互作用。2岁以后，同伴间的游戏水平逐渐提高，游戏种类也从平行游戏发展到互惠性游戏，如一个跑另一个追、一个藏另一个找等。

进入学前期以后，学前儿童的同伴交往变得频繁，互动不断变化，但常常没有特定的游戏伙伴。3岁后的学前儿童在游戏中表现出自我中心，他们经常把玩具据为己有，但这种“自私”不是道德上的，而是在自我成长过程中的普遍特点。在学前中期，单独游戏逐渐减少，平行游戏和联合游戏较多。学前晚期出现了合作游戏，学前儿童能够围绕某个共同的目标一起玩耍，既有分工，又有合作。

学前儿童对友谊的认识也在逐渐发展。在学前期，学前儿童的游戏伙伴通常是邻居或幼儿园的小朋友，他们在同伴交往中分享食物、交换玩具，但友谊持续时间不长，容易建立也容易结束。例如，他们在一块玩耍，玩得高兴时会说“他是我的好朋友”；因为争抢玩具又会说“我不和他好了”。在学前晚期，游戏伙伴间的友谊持续时间逐渐变长，他们与自己的朋友经常相互交往，互动时间更长，行为上的表现更为亲密。

大量研究显示，积极的同伴关系有利于学前儿童健全人格的培养和社会能力的发展；相反，同伴关系不良，会使相当一部分学前儿童无法适应，甚至产生不良社会行为。我国学者庞丽娟将学前晚期的同伴关系划分为受欢迎型、被拒绝型、被忽视型等类型。

1. 受欢迎型

这种类型的学前儿童有较多的积极、友好行为和较少的消极行为；他们的性格一般较外向，不易冲动和发脾气，活泼，爱说话，胆子较大；他们能掌握和使用较多的社交技能和策略，有效性、主动性、独立性和友好性均较强。

2. 被拒绝型

这种类型的幼儿一般体质较强，力气较大，行为表现常常是消极的和不友好的，积极行为相对较少；他们往往能力较强，聪明，会玩，性格外向，但脾气急躁，容易冲动，过于活泼好动，喜欢交往，在交往中积极主动但又不善于交往；他们对自己的社交地位缺乏正确的评价，常常过高估计，对没有同伴一起玩不太在意。

3．被忽视型

这种类型的幼儿一般体质较弱，力气较小，能力较差，积极行为与消极行为均较少；他们性格内向，好静，不活泼，胆小，不爱说话，不爱且不善于交往，在交往中缺乏积极主动性；有孤独感，对没有同伴与自己一起玩感到难过和不安。

（二）学前儿童同伴关系的教师指导

1．及时回应与正确引导

教师应深入细致地观察学前儿童的各种表现，了解每个儿童的交往过程和群体交往关系特点，并进行有针对性的指导。学前儿童在同伴交往中出现摩擦时，教师要进行必要的回应，并做出正确的引导。学前儿童的自我评价能力较低且不稳定，主要依靠成人的评价，他们认为被教师肯定过的同伴行为就是对的，被教师否定过的同伴行为就是错的，因此，教师要对学前儿童的同伴交往行为做出及时有效、合理恰当的评价。

2．创设适宜的同伴社交环境

在组织学前儿童的日常活动时，要多为他们创设同伴交往的条件和机会。例如，鼓励他们开展同伴之间的合作性游戏、合作性劳动等，让他们在同一个活动目标下成为伙伴，取长补短，提高同伴交往的条件和机会。

3．培养有效的社交技能

通过活动，学前儿童可以体验他人丰富的情感，获得良好的移情能力，学会与同伴友善交往，从而提高同伴交往能力。因此，教育者可以引导不受欢迎的学前儿童观察并模仿受欢迎学前儿童在游戏活动中的亲社会表现，如助人、合作、友善和同情等。在活动中，教育者可以引导学前儿童互相分享感受，从而让他们知道如何与同伴交流，如何做出让步，如何给予同伴注意和帮助等。

三、师幼关系

师幼关系是指在幼儿园中教师与幼儿在活动过程中形成的较为亲密的人际关系。师幼关系对学前儿童的发展有相当大的影响。学前儿童入园后，白天的大部分时间都是和教师一起度过的，教师相当于学前儿童的第二任父母。因此，教师和学前儿童之间建立亲密的互动联结，对学前儿童健全人格的培养和人际认知的发展具有重要意义。

（一）师幼关系类型

教师在幼儿园的实践过程中与学前儿童相互接触，形成了较为亲密的师幼关系。根据姜勇等学者的观点，对师幼关系的研究可以从5个纬度展开，即师幼交往中的主要关注点、情感互动、理解和宽容程度、教师向幼儿学习的程度以及表情与动作的运用。据此，师幼关系可以划分为以下四种类型。

1．严厉型

这种类型的师幼关系中，活动的目的较为明确，教师能明确区分学前儿童的优缺点，并能相应地应用合理的表情和动作。教师在交往中的宽容性、情感性和互动性较弱，表现在交往中缺少对学前儿童的情感支持，通常比较严肃，批评和惩罚相对较多。

2. 灌输型

这种类型的师幼关系中，教师对于学前儿童的宽容程度略高于严厉型，但其他方面都较弱，特别是在师幼交往的目的性、情感性上与其他类型相差较大。这类教师较多看重知识的传授，很少根据学前儿童的实际情况调整教育活动；教师在集体活动中总是说得多，往往造成学前儿童的自主探究少，对幼儿的自我成长不利。

3. 开放型

这种类型的师幼关系中，教师在交往方式、宽容性和情感性等方面表现得相对于以上两种类型更积极，他们对学前儿童较为宽容，和学前儿童情感互动较多；在交往的目的性上，表现为重视和鼓励学前儿童的自主探索和自我发现。

4. 民主型

这种类型的师幼关系中，教师在各方面的得分都较高，特别是在师幼交往的目的性、发现意识方面处于较高水平，表现为更重视学前儿童的全面发展，并能充分理解和尊重学前儿童的兴趣和需要。

（二）师幼关系的发展

幼儿园环境和家庭环境是不同的，学前儿童不可能像在家里一样得到家人无微不至的照顾，所以，学前儿童在刚入园的时候见到陌生的教师和同伴会感到不安和焦虑。例如，在幼儿园里，学前儿童不得不在固定的时间独自入睡，可能会因此感觉失去了亲情和温暖。学前儿童在融入集体生活的过程中，同伴之间会有摩擦，学前儿童也会期望获得教师对自己的注意和关怀等方面的需要。因此，他们在幼儿园里需要一段时间建立并发展相对稳定的师幼关系。

师幼关系的建立和发展受家庭因素的影响。家长的教养方式影响学前儿童到幼儿园后的适应程度，也影响到学前儿童对待教师的态度。例如，民主型的家庭教养方式中的家长不会过度宠溺学前儿童，他们更注重学前儿童的自主探索，也不会对学前儿童提出过高、过严的要求，这样学前儿童进入幼儿园就容易接近与接受相对陌生的老师，相对较容易融入幼儿园生活。

（三）师幼关系的指导

1. 把握不同学前儿童的依恋类型，促进良好师幼关系的建立和发展

学前儿童对教师的评价会有不同的反应。安全型依恋的学前儿童喜欢把教师的评价归因于外部因素，他们认为教师的评价是对自己的关心，因此，他们在受到教师的表扬时会洋洋得意，在受到批评时会感到惭愧或愤怒，并积极努力改正缺点，从而希望得到教师的再次肯定与赞许。混乱型依恋的学前儿童往往会把教师对自己的评价归为内部因素，如果受到批评，会认为教师不喜欢自己，自我价值偏低，产生焦虑，觉得无法改变教师的评价，容易产生更多的消极情绪。因此，教师要区别对待不同依恋类型的学前儿童，正确、公平地评价学前儿童，并且选择不同的评价方式，从而帮助学前儿童树立自信，建立和发展起积极的师幼关系。

2. 尊重不同学前儿童的交往态度，建立和发展良好的师幼关系

师幼关系是人际交往关系的一种，在师幼交往中，教师要把学前儿童看作具有独立人格的个体，尊重他们的人格，与他们平等相处。学前儿童对教师的态度有所不同，有的热情主动，有的逃避观望，教师通常喜欢热情主动的学前儿童，对于热情主动的学前儿童，可以适当为他们提供一些个人信息，满足他们亲近教师的需要，也可以引导他们表达和传递自己的个人信息，满足他们被关注的需要；对于逃避观望的学前儿童，教师要在尊重其行为方式的前提下，

通过较为婉转和隐蔽的方式表达对他们的关注和重视；对于被动等待的学前儿童，教师不要让他们等待太久，应主动地与他们交往，激发他们与教师交往的动机和兴趣。

3．关注学前儿童个体，与家庭保持良好的关系

在幼儿园中，学前儿童一般都有自己心目中最重要的教师，相应地，这名教师也特别关注这名学前儿童。在学前儿童初次来园时，教师要和他们保持近距离接触，帮助他们尽快适应新环境。教师可以让学前儿童感到自己的特别和与众不同，让他们既能在家中受到足够的保护，也能在幼儿园受到“特别”的关注，充分体验安全感。因此，需要教师和学前儿童建立起“特别”的关系，了解并理解幼儿；可以和幼儿家庭一起制订个别教育计划，积极地支持学前儿童的主要养育者，让他们安心，并形成和家庭的持续关系。

【幼儿园教师资格证考试：考点预测】

1．幼儿园促进学前儿童社会性发展的主要途径是（　）。

A．人际交往　　B．操作联系　　C．教师讲解　　D．集体教学

2．在学前儿童表现出明显的分离焦虑对象时，表明学前儿童已获得（　）。

A．条件反射观念　　B．母亲观念　　C．积极情绪观念　　D．客体永久性观念

3．如果母亲能一贯具有敏感、接纳、合作、易接近等特征，其学前儿童容易形成的依恋类型是（　）。

A．回避型依恋　　B．安全型依恋　　C．反抗型依恋　　D．混乱型依恋

4．请简述父母陪伴对学前儿童健康成长有何意义。

知识拓展

如何促进良好依恋的形成

1．注意“母性敏感期”期间的母子接触

有研究认为，最佳依恋的发展需要在“母性敏感期”使学前儿童与母亲接触。他们把正常医院条件下的母子接触和理想条件下的接触作比较。医院的标准做法是：出生时让妈妈看一下孩子，10个小时后孩子再在妈妈身边稍留一会儿，然后每隔4小时喂一次奶。理想条件是：出生后3小时起便有定时的母子（女）接触，在开始的3天里，每天另有5小时让妈妈搂抱孩子。结果发现，理想条件下的学前儿童与妈妈更加密切，面对面注视的次数更多，而且后期依恋关系更好。

2．尽量避免父母亲与学前儿童的长期分离

研究表明，学前儿童与父母的长期分离会造成学前儿童的“分离焦虑”，而影响学前儿童正常的心理发展。特别是6～8个月后的分离，会产生严重的影响。因为这个时期正好是学前儿童与他人建立情感联系的关键时期，所以不管存在什么样的困难，父母都要尽量自己负担起抚养、教育学前儿童的责任。

3. 父母亲与学前儿童之间要保持经常的身体接触

例如，拥抱学前儿童，适当和学前儿童一块玩耍。同时，父母亲在和学前儿童接触时，要保持愉快的情绪，高高兴兴地和学前儿童玩耍。

4. 父母亲对学前儿童发出的信号要及时做出反应

父母亲对学前儿童发出的信号要敏感地做出反应，要注意学前儿童的行为（如找人、哭闹等），并给予一定的关照。

第三节　学前儿童社会认知的发展

社会认知是个体社会化进程的重要内容，是个体发展成熟、融入社会的前提。学前儿童的社会认知主要包括社会性别认知、对他人的认知以及社会道德认知等方面。学前儿童社会认知是进行社会交往的基础，对学前儿童社会性发展具有重要作用。因此，本节将围绕着学前儿童的性别角色认知、对他人的认知以及学前儿童道德认知展开讲述。

案例

小柱的父母从他很小的时候就外出打工，他和姐姐从小由爷爷奶奶在老家带大。他和姐姐的感情很好，但是姐姐患有痴呆症，经常被别人欺负，他的父母又经常不在身边，爷爷奶奶年纪也大了，没人保护他们，所以他经常为了保护姐姐跟别人打架，慢慢地就习惯指挥他人，脾气暴躁，往往都是他先动手打人。这个学期，他的父母把他接到了城里上幼儿园。在一天的晨间活动时，小柱和同班的波波同时想玩一盒积木，两个人你不让我，我不让你地争起来。小柱大喊：“是我先拿到的。”波波说：“不对，是我先拿到的！”。老师轻轻地对他们说：“你们商量一下，想个办法决定谁先玩好不好，不然这样谁也玩不到积木。”于是，波波用商量的口气对小柱说：“我先玩儿，等会儿交换场地时再给你玩，好吗？”小柱松开拿着积木的手，教师以为他同意了波波的方法，正想表扬他，没想到他猛地抓起波波的胳膊狠狠地咬了一口。波波疼得立刻松开了手，哭了起来。小柱却见状立即拿着积木玩起来……

一、学前儿童的性别角色认知

性别是学前儿童社会化的重要组成部分。性别在生物学上的差异表现在两性生理和解剖结构上的差异、性激素、大脑功能的单侧化等。社会性别是指男女两性在社会文化的建构下形成的性别特征和差异，这是社会文化在生物学基础上对男女性别差异的要求。生物学意义上的性别决定了个体的外貌和身体构造，但是社会性别差异则复杂得多。

（一）学前儿童性别认知的影响因素

随着认知能力的提高，学前儿童逐渐学习按照社会所赞许的、与自身性别身份相符合的性别标准进行性别认知，并对采择到的性别行为做出相对应的自我强化和自我调整。

1. 生物因素

研究发现，性激素对个体的发展影响深远。男性和女性都会分泌雄性激素和雌性激素，但男性分泌的雄性激素多，女性分泌的雌性激素多，正是这种激素水平之间的差异，导致了男性和女性在发育上的不同。在胎儿的正常发育过程中，雄性激素更早作用于男孩，使得他们的身体活动更加积极，对打斗游戏更感兴趣。女孩和男孩在行动方面一开始就有所不同，从婴儿期开始，男孩持续高效的新陈代谢，使其具有较强的活动能力；女孩的活动则比较精细，大部分是面部的表情，如张嘴、微笑、吮吸等。

2. 社会因素

家庭是学前儿童性别认知的重要社会因素。研究发现，父母从儿童出生开始就倾向于以性别的刻板印象来评论他们的身体特征和个性特点。尽管新出生的男孩和女孩看起来长度、重量以及其他方面没有什么不同，但有些父母认为儿子身体结实、身材高大、容易合作、警觉、强壮并且能吃苦，而女儿则更温柔、容貌姣好、细腻。在学前儿童成长的过程中，家长往往根据自己的喜好抚养学前儿童，如给男孩穿上男性化的服装，给女孩买漂亮的洋娃娃等。

社会文化是学前儿童性别认知的社会因素。社会期待男女性扮演的社会角色不同，并具有不同的外在表现。学前儿童在社会化的过程中，要弄清楚自己的性别，还要主动适应社会对不同性别的行为期待。例如，社会文化鼓励男孩户外活动，参加有助于空间能力发展的活动，其大脑右半球的优势在后天实践中得以加强，其空间能力得到发展；社会文化鼓励女孩唱歌、说话，参加文艺活动，则可能使女孩在言语能力方面显得略强于男孩。

幼儿园环境是学前儿童性别认知的社会因素。幼儿园教师对学前儿童的性别期待会引导他们的性别认知，从而使他们获得更多的性别角色知识。例如，有些幼儿园教师可能会鼓励男孩多参加体育活动，女孩多参加文艺活动或者手工活动。同时，幼儿园教师对学前儿童还具有性别榜样的作用。

同伴交往与游戏是学前儿童性别认知的社会因素。学前儿童在同伴交往和游戏活动中，体验、理解和扮演不同的社会角色，模仿其行为模式，从而获得性别角色知识。例如，在“过家家”游戏中，女孩模仿母亲的温柔特点和女性的性别行为，男孩模仿父亲的男子汉态度和行为。同时，随着年龄的逐渐增长，同伴的影响越来越明显，学前儿童越来越倾向与同性别的儿童交往，同伴交往成为他们性别认知与学习的重要途径。

（二）学前儿童性别认知的发展特点

性别恒常性、性别期待认知、性别偏好以及性别角色行为采择能力的发展是学前儿童性别认知发展的主要表现。其中，性别认同、性别稳定性的发展促成了学前儿童性别恒常性的发展。

1. 性别恒常性的发展

学前儿童对于性别的认识首先从性别区分开始。3、4个月的孩子可以对男性和女性做出反应，9~11个月的孩子可以通过面孔分辨两性。主要养育者的性别会影响到学前儿童对男性或女性面孔的偏爱，研究表明，学前儿童在2岁多才能正确地将男性和女性的图片进行分类。

性别恒常性是自我概念形成的一部分，是学前儿童自我性别认同的发展阶段之一。柯尔伯格最早提出性别认知发展理论，他把皮亚杰的观点运用于社会认知领域，提出了性别恒常性的概念。认为性别恒常性是对性别基于生物特性的不变特征的认识，它不依赖于人的表面特征，不会随着人的发式、衣着、活动的变化而变化。也就是说，认为自己的社会性别是按照生物性别发展出来的，且不会改变。学前儿童的性别恒常性经历了一系列的发展过程，在3岁前，学前儿童学会确认自己和他人的性别，这是基本的性别认同；在3～5岁，学前儿童了解性别的稳定性特征，即性别不会随着时间而发生变化；之后，学前儿童知道性别的一致特征，即性别不会随着外表或活动的变化而改变。学前儿童性别恒常性的发展包括性别认同、性别稳定性和性别一致性的发展。

性别认同是个体基于生物性别对自己是男性还是女性的认识，包括对自己解剖结构、生物学性别的感觉以及相应行为表现的认同。学前儿童在3岁以前已经能够区分自己和他人的性别，但在性别认同依据的线索上，低年龄的学前儿童是通过发型，特别是头发的长短、服饰特点来判断他人的性别。

性别稳定性是个体对性别不随年龄变化而改变这一事实的认知。例如，一名4岁女孩知道自己是小女孩，但是一直觉得自己会长成小男孩，还告诉父母她长大也会长胡子、当爸爸，说明她不具有性别稳定性。学前儿童的性别稳定性随年龄逐渐发展，他们首先理解在短时间内性别稳定不变，然后理解在较长的一段时间内以及过去，性别是不变的，最后才能理解性别是一直稳定不变的。

性别一致性是个体对性别不随外表的变化和时间而有所变化这一事实的认知。研究发现，在性别稳定性发展的后期，学前儿童的性别一致性开始发展。6岁左右的学前儿童大多会达到性别一致性，认为性别不会因为穿异性的衣服或从事异性的活动而变化，也不会因为长大或者变老而改变其性别。

2. 性别期待认知的发展

3岁左右的学前儿童已获得了相当多的关于社会对男性、女性期望的性别行为模式的认识和理解。例如，他们觉得女孩要打扮得像女人一样，应该玩洋娃娃，男孩应该玩卡车、扮演救火员等；4、5岁的女孩期待自己成为教师或护士，男孩想当飞行员或武警。学前儿童在划分性别行为的时候往往比较刻板，如认为医院给人打针的都是女性。5岁的学前儿童开始从男性和女性的内在表现上理解性别，如认为男性应该是高大的、说话响亮的，女性应该是娇小的、文静的和富有感情的；他们将身体攻击和男性联系起来，而将关系攻击和女性联系起来；他们可能对男女和力量纬度上相互匹配，用力量强大来形容男性，而用害怕、需要帮助、总是哭、胆小来形容女性。

3. 性别偏好的发展

学前儿童在游戏中表现出对同性别玩具和玩伴的偏爱或偏好。在家庭情境下的游戏中，14个月的婴儿表现出不同的性别偏好，当提供各种不同的玩具时，他们不仅喜欢选择与自己性别相适合的玩具，且玩的时间较长。2岁的婴儿能够选择适合自己性别的玩具和游戏，如男孩更喜欢卡车、坦克等玩具，女孩更喜欢洋娃娃之类的玩具。另外，男孩、女孩的游戏也有所不同，男孩喜欢竞赛、打仗等游戏，女孩则喜欢“过家家”等游戏。

一般情况下，男孩在3岁左右、女孩在2岁左右会明显地选择同性别的玩伴。在游戏过程中，他们对同性别伙伴的交往也比对异性伙伴的交往多。研究发现，不同性别的游戏伙伴在游戏方式上也存在差异，女孩的游戏相对比较文静，男孩的游戏容易因为争夺玩具而发生冲突。

4. 性别角色行为的采择

学前儿童喜欢参与的活动明显不同。女孩对娃娃、茶具和厨房套装、衣物更感兴趣，更多参与有关家务、浪漫场景的游戏；而男孩更喜欢玩交通类、建筑类的玩具或参与打斗游戏。

一般来讲，大多数男性选择男性特有的行为，女性选择女性特征明显的行为，但是，当男性拥有温柔体贴的行为，或者女性能够勇敢地竞争的时候，似乎更能得到社会的认可。1964年罗斯提出了“双性化”概念，即“个体同时具有传统的男性化和女性化特质”，在他身上同时存在大量男性心理特征和女性心理特征。学前儿童在性别角色认知发展过程中，家长和教师可以有意识地培养他们的双性化行为，以提高他们的自我评价能力和社会适应性。

（三）学前儿童性别认知的指导

1. 强化固有性别

教育者应当有意识地强化学前儿童固有性别。应当强调男孩的男子气，强化他们的勇敢精神，鼓励他们玩男性游戏；应当强化女孩的温柔、体贴等特质。教育者可根据男女儿童不同的兴趣偏好，在组织生活、游戏和运动等活动时因材施教。不同性别的学前儿童具有一定的心理差异，教育者应当特别注意培养男孩的自控力、耐心细致、敏感性和同情心，培养女孩的自主性、独立性和创造性等品质。

2.“双性化”人格教育

有研究指出，“双性化”人格模式能最大限度地发挥个体潜能，至少不会因为人为的性别限制而阻碍个体兴趣、爱好和特长的表现与发挥。据此，在保证学前儿童性别认知正确的情况下，在其成长过程中，要消除性别刻板观念的束缚，让他们能够互相吸收对方性别的优点。在活动中，教育者应当多鼓励男孩女孩之间相互合作，使他们在游戏中互相学习，充分、自由、全面地发展。例如，女孩在具有温柔、甜美品质的基础上学会坚强独立、从容乐观，男孩在具有阳刚品质的基础上表现温柔体贴、彬彬有礼和包容谦和。

教育者不应用自己的刻板印象对待学前儿童，如认为男孩应该做什么，女孩应该做什么。在竞争性活动中，不能刻板地认为男孩是活泼好动、富有激情的，女孩则是“野丫头”，不应该“疯玩”。相反，可以在活动中适当鼓励和强化男孩的女性特质和女孩的男性特征。例如，在竞争性游戏中，应当鼓励男孩的合作精神和细腻的思维，提倡他们关心帮助同伴，同时，鼓励女孩的竞争意识和坚强勇敢行为。

3. 形成教育合力

学前儿童的生活环境主要包括家庭、幼儿园和社会，三者统一教育要求，让学前儿童得到全面发展，从而适应社会要求。在家庭中，父母和孩子的关系要平衡，对于女孩，母亲要为学前儿童树立女性性别榜样，父亲要为学前儿童提供爱的保护，让他们心中有依靠；对于男孩，父亲要为学前儿童树立男性性别榜样和指引，母亲要为学前儿童提供宽容的爱。父母应当听取幼儿园教师和社会各方的合理建议和意见，让学前儿童具有正确的性别认知和与之相适应的行为。在幼儿园中，针对男教师普遍较少的情况，女教师要注意平衡对待男女儿童，尽量不带性别偏见。社会媒体在对学前儿童的宣传中，要对社会性别意识有正确的导向，避免给儿童造成男女观念上的不利影响。

二、学前儿童对他人的认知

学前儿童在很小的时候就能预期人的行为与物体有所区别，而且他们对任何物体的反应也不同。5～8周的婴儿会模仿人的嘴部动作，但不会模仿无生命物体所表现出的相同动作；随后，学前儿童能区分母亲的声音和其他女性的声音；1岁时，学前儿童开始和他们最亲近的养育者发展出依恋关系，这是学前儿童对他人认知的开始。

（一）学前儿童对他人概念的认知

学前儿童对他人概念的认知表现出以下明显的特点。

1. 对他人概念的认知粗糙而笼统

学前初期的儿童往往把人简单地分为好人和坏人两类。比如说“狼是坏狼，他要吃东郭先生”“小猫是好人，他喜欢蝴蝶”。

2. 根据外部情景和可观察的行为评价他人

学前晚期的儿童能够根据外部特征评价他人的行为，但还不能概括出他人的内部个性特征。例如，学前儿童能进一步指出：“狼是坏狼，东郭先生救了他的命，他还要吃东郭先生。”

3. 从易受暗示、不稳定发展到对他人稳定的评价

例如，6岁的儿童认为东郭先生是好人，当听到实验者问：“他救了一头坏狼，还是好人吗？”则说：“他不是好人，是坏人。”7岁的儿童则能从内部动机来评价他人，认为即使东郭先生救了坏狼，也是好人。

（二）学前儿童对他人情绪的认知

学前儿童对他人情绪的认知和理解能力持续发展。随着词汇的获得，他们逐渐学会了使用高兴、害怕、难受、生气等情绪词，会经常使用这些情绪词描述自己和他人的情绪体验，也能用情绪性的形容词安抚别人的行为。研究表明，4、5岁的学前儿童能明确许多基本情绪反应产生的原因，也能认识到人的不同情绪会带来不同的行为表现，但是，他们往往只根据他人的面部表情和外显行为得知他人的情绪反应，而对一些复杂矛盾的情绪线索不能理解。

（三）学前儿童的社会观点采择能力

社会观点采择能力是个体辨别他人的观念和自己的观念，站在他人的角度进行推断以及做出反应的能力。观点采择分为认知观点采择和情感观点采择。认知观点采择指学前儿童站在他人角度的关于人、情景和事件的思考或知识的推断；情感观点采择指学前儿童对他人的情绪或情感状态的感受。

学前儿童的社会观点采择是在社会互动下发展起来的，具有一定的规律性，对其社会性发展有重要影响。社会观点采择本质上是个体在认知发展上的去自我中心化，它要求个体在社会认知上能够对自我进行控制，且具有递推性质，要求个体超越直接给予的信息来对另一个人做出判断。

美国心理学家塞尔曼将儿童社会观点采择能力划分为分化的或自我中心的观点采择、社会信息的观点采择、自我反省的观点采择、第三参与者的观点采择和社会的观点采择五级水平。学前期处在社会观点采择的初级水平，他们能够认识到自己和别人可能有不同的看法和情感，但经常将两者混淆。皮亚杰的实验研究表明，学前儿童并不总是以自我为中心，他们已经能够从别人的视角出发进行社会观点采择，具有一定的社会观点采择能力。

（四）学前儿童对他人认知的学习与指导

1. 帮助学前儿童理解多种社会角色

真实的社会中，成人往往扮演着某种或多种社会角色。面对复杂多样的成人世界，学前儿童可以通过了解社会角色来理解他人。教师可以根据职业的工作特点帮助学前儿童理解社会角色，组织相关的角色扮演活动或社会实践活动，让学前儿童通过亲身体验“消防员、医生、教

师”等一日工作来更好地理解他人。随着学前儿童年龄的增长和自身经验的积累，他们能够通过成人所扮演的社会角色逐渐理解成人的语言和行为，逐渐完善对他人的认知。

2．帮助学前儿童进行移情训练

移情是学前儿童进行对他人认知学习的重要方式之一，这种学习能够使他们在觉察他人情绪反应时体验到与他人共有的情绪，具有移情能力的学前儿童更能理解别人的快乐和痛苦，更能分担别人的忧伤，也更乐于帮助别人。例如，在幼儿园中，教师可以鼓励学前儿童参加同伴的生日聚会，充分体验和分享他人的欢乐。教师和家长在日常生活中可以训练学前儿童设身处地地理解和认识别人的情绪反应。例如，告诉学前儿童“如果你不把玩具还给别人，别人会很生气的”。成人用学前儿童能理解的方式向其解释说明，可以提高他们的移情能力。例如，设置同伴或成人受伤的模拟情境，让学前儿童在帮助同伴或成人的过程中设身处地地理解他人。

3．在同伴交往中提升对他人的认知

同伴游戏能为学前儿童提供相互合作、摩擦和爱护的机会，会使他们学会倾听别人的声音，学会在冲突的时候协商和妥协，解决彼此的分歧。为促进学前儿童同伴之间的交往，可组织学前儿童参加集体活动，在集体活动中发展他们的社会观点采择能力，并引导他们试着从他人的角度出发处理问题，促进对他人认知的发展。

三、学前儿童道德认知发展

道德认知是指个体内化社会规则、对道德判断标准以及它们关系的认识，它包括道德概念的掌握、道德关系的判断能力以及道德信念的形成。学前儿童道德认知主要包括对道德行为和道德情感的认知。

（一）学前儿童道德认知的发展理论

1．皮亚杰的道德认知发展理论

皮亚杰设计了一些包含道德价值内容的对偶故事，要求学前儿童辨认是非对错，从学前儿童对特定行为情境的评价中投射并推断出学前儿童现有的道德认知和道德判断水平。第一个故事是：一个叫约翰的男孩听到有人叫他吃饭，就去开饭厅的门，但他不知道门外有一张椅子，椅子上放着一只盘子，盘子内有15只茶杯，结果他撞倒了盘子，打碎了茶杯。第二个故事是：一个叫亨利的男孩在妈妈外出时去拿碗柜里的果酱，打碎了一只杯子。询问学前儿童这两个行为中哪一个更坏。结果发现，大部分小于6岁的学前儿童都认为约翰的行为更坏，因为他打坏了15只茶杯，而大部分6岁以上的儿童则认为亨利的行为更坏，因为他是趁妈妈不在时拿果酱打碎的杯子。研究结论是，不同年龄儿童的道德判断有所不同，低年龄儿童多依据行为造成的后果做出道德判断，高年龄儿童多依据行为的动机和目的做出道德判断。

皮亚杰采用临床研究儿童对规则的态度和行为的判断，把儿童道德认知的发展分为三个阶段。

第一阶段：前道德阶段（4、5岁以前）。这个阶段的儿童开始慢慢形成规则感，他们常常会在游戏中不断地制定规则，并把自己制定的规则与成人教给的社会规则混在一起。例如，在玩弹子游戏时，他们不用统一的规则，而是在玩弹子的过程中制定多种规则并从中获得乐趣。

第二阶段：他律道德阶段（4、5～8、9岁）。这个阶段又称道德实在论阶段。“他律”是指儿童的道德判断受外界价值规则所支配，只注意行为的绝对客观结果，不关注心理过程和动机。这个阶段的儿童认为规则是强制性的，是外加的和不能改变的。例如，儿童在解释打弹子游戏的规则时，会说“你不能用其他方式玩儿”等。他们常常根据当事人行为的直接结果进行评判。例如，认为打碎多个茶杯的行为更坏，而不考虑动机。他们认为惩罚是一种自然规律或是一种报应，只要犯了错误就会有惩罚。

第三阶段：自律道德阶段（8、9～11岁）。这个阶段又称道德主观主义阶段。“自律”是指儿童用主观价值标准做道德判断，能综合考虑心理过程、动机和行为最后的结果。这个阶段的儿童开始认识到道德规则不是绝对的，是协商的结果，他们对行为的判断不再仅仅依靠行为的结果，还会考虑当事人的动机。他们能够尊重权威和伙伴，评价道德行为从依靠权威到依靠自己的判断。在游戏中的具体规则是儿童自己商定的，也是灵活的，一旦确定了规则，参加游戏的人就会遵守它。在这段成长过程中，义务感是儿童道德发展的重要标志。

皮亚杰认为，儿童道德认知的发展是从他律道德向自律道德转化的过程，道德发展的阶段顺序是固定不变的。学前儿童大部分处于前道德阶段，并正向他律道德阶段转换，只有达到第三阶段，儿童才会获得真正的道德。

2. 柯尔伯格的道德认知发展理论

柯尔伯格认为儿童的道德发展是分阶段的，且他在研究中发现，道德发展不是只有两级水平，而应该有多级水平，于是在20世纪60年代提出了著名的三水平六阶段的道德发展阶段论。研究主要是通过柯尔伯格开创的道德两难故事法，作为研究道德发展问题的中的研究方法，即通过情景故事设置道德冲突并提出道德问题，让被试在自己的反应中“投射”内心的观念，反映出个体的道德发展水平。根据个体道德判断结果的性质，将个体的道德发展划分为三种水平六个阶段，提出了全面的阶段模型。

（1）前习俗水平

大约出现在幼儿园及小学中低阶段，该时期的特征是，儿童遵守规范，但尚未形成自己的主见，着眼于人物行为的具体结果与自身的利害关系。这个时期又分为两个阶段。

惩罚和服从定向阶段。还缺乏是非善恶观念，只是因为恐惧惩罚而要避免它，因而服从规范。认为免受惩罚的行为都是好的，遭到批评指责的事都是坏的。

工具性的相对主义定向阶段。行为的好坏按行为的后果带来的赏罚来定，得赏者为是，受罚者为非，没有主观的是非标准。或是对自己有利就好，对自己不利就是不好。

（2）习俗的水平

这是小学中年级以上出现的，一直到青年、成年，这个时期的特征是个人逐渐认识到团体的行为规范，进而接受并付诸实践，这个时期又可分为两个阶段。

人际协调的定向阶段。个体按照人们所称“好孩子”的要求去做，以得到别人的赞许。如“偷”是不对的，“互助”是对的。

维护权威或秩序的定向阶段。服从团体规范，“尽本分”，要遵守法律权威，这时判断是非已有了法制观念。一个维护权威或秩序的个体会从法制出发，如果人人违反法律法规，社会就会变得很混乱。

（3）后习俗水平

这个阶段已经发展到超越现实道德规范的约束，达到完全自律（自己支配）的境界。年龄上至少是青年期人格成熟之后，才能达到这境界。这个水平是理想的境界，成人也只有少数人达到。这一时期也可以分成两个阶段。

社会契约定向阶段。有强烈的责任心与义务感，尊重法制，但相信法制是人定的，不适于社会时理应修正。当获得社会契约意识的个体达到这个阶段，他能超越某些规章制度，更多考虑道德的本质，而非具体的原则。

柯尔伯格特别重视道德发展关键期。他认为在关键期中发展滞后的儿童无法完全补救这种缺失，同时也无法在成人期获得更高的水平，家庭是儿童道德教育的起点，儿童早期的思想品德教育基本上是在家庭中进行的。早期如能受到良好的家庭道德教育，可为其思想品德的发展打下坚实的基础。古训中就这样说：“幼则束以礼让，长则教以诗书。”意思是说学前儿童首先应该进行道德教育，教他如何做人，大一点再教他读书。思想道德教育和行为习惯训练应当成为家庭教育的首要内容。当下许多父母认为孩子还小，给他讲道理他也听不懂，殊不知小时候形成的道德品质和行为习惯将伴随儿童的一生。“不要让孩子输在起跑线上”，这条起跑线不只是知识教育的起跑线，更是道德品质教育的起跑线。

柯尔伯格认为，一般人的道德认知发展都是处在前两级水平，少部分人能达到后习俗水平，且阶段与阶段之间只能渐进不能跳跃。家庭道德教育中教育内容和方法一定要符合儿童的心理发展水平，即不能脱离儿童的接受能力。

柯尔伯格通过研究还得出交往活动中的推理能力能促进儿童道德发展的结论，即通过积极地与其环境进行相互作用而实现的。很多家长在对儿童进行道德教育时，注重道德的信条，轻视实际生活中的实践；注重道德灌输，而忽视儿童的主动性。因此，要使教育真正有效，应当为儿童提供适当的社会性相互作用的机会，即角色承担的机会，让他们在面临冲突的道德情景时，重新思考构建自己的道德观念并进行道德选择，以此培养道德判断和道德角色的能力，使道德意识向更高水平发展。

（二）学前儿童道德情感的发展理论

道德情感是反映并伴随道德认知和道德行为的情绪体验，是人们在实践自身的价值观、人生观和生活经历中逐渐形成的对道德关系和道德行为的情感活动。

1. 学前儿童道德情感的发展

学前儿童道德情感的发展主要表现为原伦理状态道德情感阶段、前道德情感阶段和他律性道德情感阶段。

原伦理状态道德情感阶段（2岁前）。这是学前儿童道德情感发展的奠基时期。主要表现为学前儿童与成人之间积极、主动的情感联系，即依恋。在这一情感联系中，如果成人的应答适当，学前儿童便因情感上的满足而产生对成人的信任。经常获得情感满足的学前儿童表情丰富，情感基调快乐、稳定、勇敢、自信，这种健康的依恋感是道德情感的重要基础。

前道德情感阶段（2～4岁）。这一阶段的学前儿童尚未发展出严格意义上的道德情感，处于道德情感的酝酿期。学前儿童具有强烈的探索和要求行使自主权的愿望，能够觉察他人的情感，掌握大人或同伴的喜好，当不符合成人要求的行为受到规则限制时，他们要么对规则表示抗争，要么用讨好的方式试探成人的态度。这是学前儿童对习俗规则和情感交往的社会适应过程，这一适应过程是学前儿童由内在矛盾冲突孕育形成道德情感的重要时期。

他律性道德情感阶段（4～7岁）。这一阶段学前儿童因为受到更多集体规则的约束而拥有更为扩展的自我发展参照系，他们的情绪具有易感性，行为极具模仿性，因而是实施道德教育的最佳启蒙时期。

2. 学前儿童共情的发展

共情是个体在察觉他人情感反应时所体验到的他人共有的情感反应。霍夫曼的研究表明，学前儿童生下来就具有共情反应能力。例如，给刚出生1天的婴儿听其他婴儿啼哭的录音，他们会表现出比未听录音的婴儿更多的哭泣或更加不安。霍夫曼认为学前儿童共情的发展主要经历四个阶段。

第一阶段：非认知共情阶段。出生后的第一年，学前儿童对自我和他人的关系尚未达到分化，所以不能区分对他人情感状态和自己情感状态的体验。他人的情感表现会在学前儿童身上引起相似的情感反应，如看到别人哭，自己也跟着哭。

第二阶段：自我中心的共情阶段。出生后的第二年，学前儿童的自我意识开始萌芽，随即出现自我中心的共情。学前儿童开始对他人的情感做出反应，但不能理解他人，不能以恰当的方式关心、帮助他人，他们的反应只是为了减轻不安和痛苦。

第三阶段：推断的共情阶段。2~3岁的学前儿童已能认识到他人是独立于自己而存在的，并且具有与自己不同的情感、需要和思想等内部心理状态。

第四阶段：超越直接情境的共情阶段。4~5岁的学前儿童能够注意到他人的生活经验和背景，共情扩展到更抽象概括的情境。例如，他们会为迟钝、痴呆儿童感到悲伤，甚至在这些儿童玩得开心时也为他们感到悲伤。

3. 学前儿童内疚感的发展

内疚感是当个体认识到自己的行为违反了内化的道德标准时所产生的一种悔恨自责的情感。学前儿童内疚感的发展经历了四个阶段。

第一阶段：从8、9个月开始，当儿童的行为导致他人哭泣时，他们会产生共情忧伤，一年之后表现出内疚感。

第二阶段：4~5岁的学前儿童会为没有进行互惠而感到内疚。

第三阶段：6~8岁的儿童会为没有尽到某项义务和兑现某种承诺而感到内疚。

第四阶段：9~12岁的儿童会为违反某个普遍的抽象道德原则而感到内疚。

（三）指导学前儿童道德认知的有效策略

学前儿童道德认知的学习与成人对其行为的回应策略之间有密切的联系，适当的学习指导有助于他们道德认知的发展。

1. 实践中的学习

学前儿童最初的道德观念是在实际生活中通过与别人交往形成的，成人应帮助他们在生活中进行道德认知的学习。例如，学前儿童在家里乱扔玩具或撕坏大人的书籍，这些行为都会受到家人的斥责；把自己的水果分给别人或自己洗手绢、袜子，则会得到家人的表扬。在这些实践过程中，学前儿童逐步将一定的行为同表扬或惩罚联系起来，懂得什么是对，什么是不对，产生初步的道德观念。

2. 体会道德感

生命感是个体内部的一种力量感，也是学前儿童内在道德感的力量。成人要努力培养学前儿童内在的力量感，使他们能够主动地内化社会规则，并能够遵守道德。例如，在故事教学活动中，让他们知道故事情节的曲折，知道正义会战胜邪恶，知道只有付出努力和勇敢才能得到好的回报，为学前儿童内心种下关于道德的种子，这是树立正确道德观的基础。

3. 团队合作

在角色游戏中积累起来的经验对于学前儿童体会他人的态度和行为十分有益。教育者可以尝试在家庭、儿童活动中心或其他组织中帮助学前儿童建立一个有效的小团队，让他们在其中增进对道德的理解。例如，在小组讨论中讨论什么是公平的，什么是不公平的规则、程序和关系，就学前儿童的犯错选择合适的处理办法等。

4. 帮助移情

移情是一个人亲社会行为和道德回应的必要基础，是能从他人角度理解问题的能力。教育者可以和学前儿童讨论他的不当行为对家庭或群体产生的影响，这能帮助学前儿童更好地参与家庭、幼儿园和同伴的群体活动中去。可以尝试帮助学前儿童做出决定，让他们顾及对方受到这个决定的影响后会产生何种情绪。成人还可以和学前儿童共同分享对他们有影响的事件，尝试帮助他们说清楚对自己产生影响的感觉，当他们表现出快乐、愉悦、勇气时，教育者要及时察觉并帮助他们确定这种感觉。

5. 问题行为矫正

对于那些容易冲动、经常有攻击性行为的学前儿童，成人应当予以及时的干预和纠正。例如，可以试用SNAP训练法，使犯错误的儿童“立刻停止并计划”。这个策略需要在专业人员的帮助下实施。

【幼儿园教师资格证考试：考点预测】

1. 根据柯尔伯格的道德认知发展阶段理论，道德推理上以“好男孩—好女孩”为定向的学生，其道德发展处于（　）。

A. 前习俗水平　　B. 前道德水平　　C. 习俗水平　　D. 后习俗水平

2. 皮亚杰采用临床研究儿童对规则的态度和行为的判断，把儿童道德认知的发展分为三个阶段。其中处于他律道德阶段的儿童年龄可能为（　）。

A. 2岁　　B. 5岁　　C. 9岁　　D. 12岁

3. 儿童做出的对其他个体或群体有积极作用的习惯及倾向的行为被称为（　）。

A. 亲社会行为　　B. 移情　　C. 攻击性行为　　D. 观察学习

4. 请简述学前儿童性别认知的发展特点。

知识拓展

学前儿童道德认知发展实验

一、实验目的

配合本课程的展开，采用皮亚杰的“对偶故事法”，进行学前儿童道德认知的验证性实验，从而掌握其发展水平。

二、实验对象

婴儿期儿童、幼儿期儿童若干。

三、实验方法和步骤

采用“对偶故事法”，要求不同年龄的学前儿童回答相应的问题。

A. 一名小朋友听到有人叫他吃饭，去开饭厅的门。他不知道外面有一把椅子，上面放着一只盘子，盘子里有15只茶杯，结果打碎了所有的茶杯。

B. 一名小朋友妈妈外出时，想拿柜子里的糖果吃，结果打碎了一只杯子。

提问：这两个学前儿童的行为哪一个更坏？为什么？

四、实验结果

根据不同年龄学前儿童的答案进行记录整理。

五、分析讨论

1. 分析不同年龄学前儿童的道德发展水平。

2. 将实验结果与皮亚杰的经典实验结果做分析比较。

第四节 学前儿童社会行为的发展

一、亲社会行为

亲社会行为是指一个人帮助或打算帮助他人或群体的行为及倾向，具体包括分享、合作、谦让、援助等。

亲社会行为的发展是学前儿童道德发展的核心问题。亲社会行为发展对学前儿童发展具有重要影响。亲社会行为是学前儿童良好个性品德形成的基础，是提高集体意识、建立良好的人际关系、形成助人为乐等良好道德品质的重要条件。

关于亲社会行为的形成，人们普遍认为，学前儿童的亲社会行为的形成是在从别人的角度考虑（移情）的基础上，产生情感反应（同情），进而产生安慰、援助等亲社会行为。从这个意义上说，移情是亲社会行为产生的基础。因此，要研究学前儿童亲社会行为的发展，必须了解学前儿童移情能力发展的规律和特点。

（一）学前儿童移情能力的发展

移情指从他人角度来考虑问题。许多研究发现，移情水平是亲社会行为的动力基础。移情是学前儿童亲社会行为产生的前提，也可以作为产生亲社会行为的主要动机。移情的作用主要表现在两个方面：一是移情可以使学前儿童摆脱自我中心，产生利他思想，从而出现亲社会行为；二是移情引起学前儿童的情感共鸣，产生同情心和羞愧感。学前儿童从自己愿望出发，产生降低他人痛苦的动机，增加亲社会行为，降低攻击性行为。目前许多移情训练对学前儿童亲社会行为的研究也表明，移情训练可以有效提高学前儿童的道德认识水平，使他们更注意自己的行为带给别人的内心体验，并由此唤起自己曾有过的某种相类似的情绪体验，进而影响学前儿童的亲社会行为。

1. 学前儿童移情能力发展的特点

（1）对别人心理状态的理解从简单到复杂

一些研究表明，学龄前儿童移情能力的发展经历了从简单到复杂的发展过程。一项研究中，向2～6岁学前儿童呈现一部录像，伴有声音旁白。接着让母亲和孩子一起看录像，这时旁白声音已被去掉，并让孩子注意到这个事实，然后让孩子说出妈妈对录像情节知道些什么，如“你妈妈知道这个男孩进到谁的房子里去了吗”？结果表明，年龄小的孩子会轻易地判断妈妈知道录像中的每一件事；而6岁的孩子则根据妈妈看到的不完整内容，正确地判断她知道和不知道什么。

（2）从需要明显的外部线索到能理解隐蔽线索

面部表情是一种重要的社会刺激。人们往往根据他人的面部表情来判断其心理。关于学前儿童对困境线索的研究显示，年龄小的学前儿童（4岁）能够认识困境的明显线索（如大哭），而较难看出隐蔽的困境线索（如微皱眉头）。其他研究也显示了同样的结果。例如，一项对2岁和7岁的孩子进行的纵向研究发现，线索的隐蔽性有着非常明显的发展趋势，与学前儿童相比，7岁的孩子能更好地处理较抽象的困境线索（微皱眉头、嘴角下撇等）之外更隐蔽的情感因素（如沉默不语）。

（3）学前儿童移情能力的水平是随学前儿童完成任务的难度而变化的

许多研究表明，如果要求学前儿童完成的任务不太复杂，且较具体，有约60%的4岁孩子、85%的5岁孩子及100%的6岁孩子都能表现出去自我中心；反之，则导致学前儿童更多的自我中心表现。例如，当要求6岁儿童给另一个孩子描述一个特定的几何图形的具体形状时，就表现出很大的困难；让7岁儿童描述他人视野中的一个物体的景象时，他们的描述就是以自我为中心的。

（4）移情能力发展的关键期在4～6岁

皮亚杰用自我中心的概念来表明学前儿童不能把自己的观点与别人的观点区分开，常用自己的看法代替别人的看法。而一些研究表明，孩子在7岁前就已经表现出了某些去自我中心及从别人角度看问题的能力。如有研究发现，4岁幼儿就可以知道根据听话者的年龄来调整自己说话的方式。现有的关于对他人意图的理解方面的研究，修改了皮亚杰的实验，并发现学前儿童也开始具有理解他人意图的能力。

我国一些学者对学龄前期儿童移情的研究也表明，学前期儿童的移情能力可以随着儿童的“去自我中心化”而发展。我国幼儿4岁时已表现出道德认知的去自我中心化，4～5岁是学前儿童社会认知去自我中心化的敏感期。还有关于对3～5岁学前儿童对通俗故事情节的理解的研究也表明，3岁学前儿童对自我认知水平和他人的认知水平都较低。4～6岁期间学前儿童已能很好地理解通俗故事的情节，他们不会把自我认知当成他人的认知。从已有的研究可以看出，4～6岁是移情能力发展的关键期。

2．影响学前儿童移情能力发展的因素

近年来关于学前儿童社会认知的研究表明，学前儿童社会认知发展有一些特殊性，具体表现为：由于社会认知受环境、教育及文化等外在影响较大，所以学前儿童间的个体差异性强。移情的发展也遵循着同样的发展规律。有的孩子在学前期就已经显示出较强的移情能力，而有的孩子年龄已经较大，却也不善于从他人的角度考虑问题，显得自私。因此，应该充分重视外在社会因素对学前儿童移情发展的影响，创造积极的环境，促进学前儿童移情能力的发展。应该着重从家庭和同伴这两个途径加强对于学前儿童的移情能力的培养。

（二）学前儿童亲社会行为的发展阶段与特点

1．亲社会行为的萌芽（2岁左右）

研究证明，2岁左右，学前儿童的亲社会行为即已萌芽。例如，有人对15～18个月的孩子进行了分享行为的观察。他们将分享定义为：把自己的玩具给人看，或送给别人，或拿出玩具参加他人活动。观察结果表明，表现出全部三种分享行为的在12名较小儿童中有1人，在12名较大儿童中有7人。他们用同样的方法研究了儿童援助行为，实验室里有一些待完成的工作，让成人完成。在25分钟里，所有的2岁学前儿童都帮助了他们的母亲。20名孩子中有18个帮助

了他不熟悉的成年妇女。在学前儿童的援助行为中，有些援助行为是模仿性的，但是许多是独创的，是成人完成工作的一部分。这个实验说明了学前儿童的亲社会行为是可以通过观察学习获得的。

2. 各种亲社会行为迅速发展，并出现明显个别差异（3～6、7岁）

有研究发现，在学前儿童的亲社会行为中，合作行为的发生频率最高，占一半以上。关于学前儿童的合作行为的发展可以从学前儿童同伴交往的发展中看出。另外，分享行为是学前期亲社会行为发展的主要方面。学前儿童分享行为的发展具有如下特点：

①学前儿童的“均分”观念占主导地位。其中，4～5岁时学前儿童分享观念增强，表现为从不会均分到会均分。5～6岁时学前儿童分享水平提高，表现为慷慨行为的增多。

②学前儿童的分享水平受分享物品数量的影响。当分享物品与分享人数相等时，几乎所有学前儿童都做出均分反应。当分享物品不足或只有一件时，表现出慷慨的反应最高。随分享物数量的递增而渐次下降，满足自我的反应渐次增高，这说明幼儿利他观念不稳定。

③当物品在人手一份之外有多余的时候，学前儿童倾向于将多余的那份分给需要的学前儿童，非需要的学前儿童则不被重视。

④当分享对象不同时，学前儿童的分享反应也不同。当分享对象是家长，且物品少的时候，学前儿童慷慨反应较对同伴增多，但当物品有多余时，则慷慨反应下降。

⑤学前儿童的分享行为更注重于分享食物。对于食物，学前儿童的均分反应高，而慷慨反应少，而对玩具，学前儿童慷慨反应稍多。

研究者观察3～7岁学前儿童对同伴困境的反应，记录一个学前儿童大哭引起的他附近的学前儿童的反应。结果发现，毫无反应的儿童极少，只占7%；目睹事件的学前儿童有50%呈现面部表情；有17%的学前儿童直接去安慰大哭者；其他同情行为包括10%的学前儿童去寻找成人帮助，5%的学前儿童去威胁肇事者，12%的学前儿童回避，2%的学前儿童表现了明显的非同情性反应。研究表明，学前儿童的亲社会行为存在个别差异，亲社会行为的发展需要适当的引导和教育。

（三）影响学前儿童亲社会行为的因素

1. 社会生活环境

亲社会行为受社会文化的影响。比如，我国传统文化中强调群体和谐，因而赞扬亲社会行为。这种倾向使我国家长重视在儿童早期就鼓励亲社会行为，为孩子进入成人社会打下了基础。因此，从宏观上讲，亲社会行为是社会文化的产物。

亲社会行为受电视媒介的影响。电视是学前儿童学习亲社会行为的一个重要途径。有个实验表明，观看亲社会节目的5～6岁儿童不仅能懂得节目的特定亲社会内容，而且还能将其应用到其他情境。与看中性节目的儿童相比，他们学会了更多亲社会行为的一般规则。

社会宏观环境的影响要通过儿童具体的生活环境来起作用，因为儿童是生活在具体的家庭和同伴环境中的。

2. 学前儿童日常的生活环境

家庭的影响。家庭因素是儿童形成亲社会行为的主要影响因素，而家庭对孩子亲社会行为的影响，主要表现在两个方面：①榜样的作用，父母自身的亲社会行为成为孩子模仿学习的对象。②父母的教养方式是关键因素。从目前的研究来看，民主家庭更有利于培养孩子的亲社会行为。民主家庭的父母是支持孩子独立活动的，他们经常对孩子的行为进行奖赏和指导；同时，民主家庭的父母在孩子面前有自己的权威，这种权威表现在会给孩子制定严格的准则，同时也向他们清楚地说明对他们施加限制的原因。

同伴的相互作用。同伴关系对学前儿童的亲社会行为具有非常重要的影响。美国心理学家对此有较为一致的看法，认为在学前儿童的安慰、帮助、同情等能力形成的过程中，同龄人起着决定性的作用。调查表明，对亲社会行为的影响60%来自同龄人，40%来自于成人。同伴的作用不外乎模仿和强化两个方面。

（四）培养学前儿童亲社会行为的方法

1．培养学前儿童的移情能力

在日常生活中，教师与家长应当帮助学前儿童识别并感受他人的情绪情感状态，可以利用谈话法、讨论法与学前儿童一起设身处地地讨论他人的情感情绪，逐渐由外而内地使学前儿童产生一种内在自觉性，要求自己能够站在他人角度思考。

2．利用榜样法

学前儿童亲社会行为的学习和形成，主要是通过观察性的学习和模仿达到的。榜样在学前儿童亲社会行为中占有相当重要的地位。学前儿童置身于社会之中，无论是周围的人们，还是电影、电视、小说中的主人公，都是学前儿童学习模仿的对象。学前儿童具有很强的模仿性。因此在生活中父母及老师要发挥榜样作用，对学前儿童进行榜样教育。

3．运用归因原理和强化原理

格鲁赛克等人做过一项研究，如何使学前儿童有机会把自己的东西分给需要的人。一种情况是利用观念强化形成自我归因，告诉学前儿童他们分出自己东西的行为是因为他们有助人的精神。第二种情况是他们分出自己东西的行为受到表扬强化。第三种情况是什么也不说，然后使学前儿童有机会分出自己的东西。结果表明，归因和强化都增强了学前儿童的慷慨行为。

学前儿童亲社会行为无论是自觉的还是不自觉的，都需要得到群体的认可。学前儿童一旦做出了利他行为，成人和教师及时强化，如表扬、奖励等，使学前儿童获得积极反馈，达到逐渐巩固的目的。我国心理学工作者曾做过一项研究，采用创设需要谦让的实际情境和假设情景，并施以精神奖励法，对学前儿童进行谦让观念培养，恰当地运用表扬、奖励，能有效地促进学前儿童亲社会行为的发展，并在一定程度上抑制学前儿童的攻击性行为。

4．组织丰富的游戏活动

游戏是培养学前儿童亲社会行为较好的方法之一。在游戏中学前儿童要进行交往，不肯谦让，交往就不能继续进行；进行游戏要配合，合作的能力能够得到锻炼；大家一起游戏，玩具、物品要求共同分享。在游戏活动中，学前儿童起初会发生冲突或出现争执的情况，因此，需要成人和教师给予指导，启发他们去想出各种不同的解决问题的办法，并教育学前儿童学会谦让、合作、共享等良好行为。攻击性强的学前儿童往往缺乏解决问题的策略，不善于与他人建立良好的关系，不善于与他人进行交往。这就需要向学前儿童提供一些正常交往的策略，通过榜样的示范，并进行解释和说明，从而改善人际关系，减少攻击性行为。成人要利用游戏这一有效的手段让学前儿童反复练习。

二、攻击性行为

［微视频］
攻击性行为

在学前儿童社会交往中，攻击性行为是最具有普遍性的问题行为。攻击性行为是一种以伤害他人或他物为目的的行为，其最大的特点就是具有目的性。学前儿童的许多攻击性行为并非对对方有明确的敌意，而是为了其他目的而对他人造成伤害。研究者将这两类实质上有差别的行为分为工具性攻击和敌意性攻击。

工具性攻击行为是指学前儿童为了获得某个物品所做出的抢夺、推搡等动作，这类攻击本身指向于同一个主要的目标或某一物品的获取。敌意性攻击则是以人为目标，其目的在于打击、伤害他人，如嘲讽、讽刺、殴打等。

（一）学前儿童攻击性行为发展的特点

1岁左右学前儿童开始出现工具性行为，到2岁左右，学前儿童之间表现出一些明显的冲突，如打、推、咬等。学前期学前儿童的攻击性行为在频率、表现形式和性质上发生了很大的变化。从频率上看，4岁之前，攻击性行为的数量逐渐增多，到4岁攻击性行为最多，之后数量逐渐减少。学前儿童期攻击性行为有如下特点：

①攻击性行为频繁，主要表现为为了玩具或其他物品而争吵、打架，行为更多是破坏玩具、物品或直接争夺。

②学前儿童更多依靠身体上的攻击，而不是言语的攻击。

③出现从工具性攻击向敌意性攻击转化的趋势。

④学前儿童的攻击性行为存在明显的差异。

（二）学前儿童攻击性行为的影响因素

1. 父母的惩罚

研究发现，攻击性强的学前儿童的父母对他们的惩罚更多，而且即使他们的行为正确也施以经常的惩罚。惩罚对攻击性和非攻击性的学前儿童产生不同的影响。惩罚对于非攻击性的学前儿童能抑制其攻击性；但对于攻击性的学前儿童则不能抑制其攻击性，反而会加重其攻击性行为。

2. 榜样

电视上的攻击性行为作为一种负面榜样会增加学前儿童以后的攻击性行为。过多的电视暴力还能影响学前儿童的态度，使他们将暴力看作一种解决人际冲突的可以接受的有效途径。一些对学前儿童的实验研究也表明，模仿是学前儿童攻击性行为产生的一个原因，看过攻击性行为的学前儿童更容易产生攻击性。

3. 强化

当学前儿童出现攻击性行为时，父母或教师不加制止或听之任之，就等于强化了学前儿童的侵犯行为。此外，学前儿童从同伴之间也能学会攻击性行为，如一个学前儿童成功地利用了攻击策略来控制同伴，这可以加强和增加他以后的攻击性。

4. 挫折

攻击性行为产生的直接原因主要是挫折。挫折是人在活动过程中遇到障碍或干扰，自己的目的不能实现、需要不能满足时产生的情绪状态。如果学前儿童在犯错误时，成人对周围人说“不理他”。这会使学前儿童感觉丢脸，或遭到他人的戏弄、批评等，都会导致其攻击性行为的发生。研究认为，一个受挫折的孩子很可能比一个心满意足的孩子更具有攻击性。对于学前儿童来说，家长或教师的不公正是挫折感产生的主要原因。

（三）抑制学前儿童攻击性行为的策略

1. 尽量满足学前儿童合理的心理需要

公正地对待每个学前儿童，尽可能多关注和尊重每一个学前儿童，让每个学前儿童都有成功和表现自我的机会；对学前儿童的期望要合理，不宜过高，因为过高的期望只会增加学前儿童的挫败感和攻击性行为；要尽量减少对学前儿童的不适当的限制和控制，以减少他们的挫败感，进而减少其内心压力，减少其攻击性行为的产生。

2. 努力提供宣泄内心压力的多种形式和途径

对学前儿童的攻击性行为宜“疏”，不宜“堵”，不应采用简单的截堵方式（如限制学前儿童的活动，不理会学前儿童的申辩等），让学前儿童“安静”地压抑其攻击性。要努力创造各种机会，让学前儿童宣泄其内心的紧张情绪，以降低他们攻击性行为产生的可能性。另外，还可以多与学前儿童交谈，倾听他们的心声。

【幼儿园教师资格证考试：考点预测】

1. 下面哪种因素与学前儿童的攻击性行为无关？（　）

A. 父母的惩罚　B. 榜样　C. 外在强化　D. 身体发展

2. 学前儿童亲社会行为的萌发发生在（　）。

A. 出生后　B. 2岁左右　C. 4岁左右　D. 6岁左右

3. 影响学前儿童攻击性行为的因素有哪些？应该如何对其进行教育干预？

知识拓展

学前儿童挫折感的来源

对于学前儿童来说，家长或教师的不公正是挫折感产生的主要原因之一。有研究表明，当全体学前儿童都没有玩具可玩儿时，没有一个学前儿童会有挫折感，也就不会表现出攻击性行为；但当一部分学前儿童得到有趣的玩具可以尽情玩耍，而另一部分却无端遭到禁止时，学前儿童的挫折感就产生了。他们感到十分不满，即使后来再给他们玩具，他们还是怒气冲冲，并表现出摔打玩具等攻击性行为。因此，教师和家长在处理问题时，要保持公正的态度和方式。

本章小结

社会性发展（有时也称儿童的社会化）是指儿童从一个生物人逐渐掌握社会的道德行为规范与社会行为技能，成长为一个社会人，逐渐步入社会的过程。它是在个体与社会群体、儿童集体以及同伴的相互作用、相互影响的过程中实现的。本章节主要通过学前儿童社会关系、社会认知和社会行为来进行相关要素的分析。在其相互作用中，学前儿童自身的发展与他人及社会的发展紧密相关，了解各环境的相互作用有助于我们更好地理解儿童，更有针对性地教育学前儿童。

关键术语

社会认知　社会行为　亲社会行为　攻击性行为

亲子关系　同伴关系　师幼关系　道德认知理论

思考题

1. 简述学前儿童社会性发展的基本途径。
2. 简述依恋的基本类型及其特点。
3. 简述影响学前儿童亲子关系的因素与教育建议。
4. 简述皮亚杰的道德认知发展理论。
5. 简述抑制学前儿童攻击性行为的策略。
6. 如何培养学前儿童的自制力?
7. 什么是社会性?儿童的社会化发展指的是什么?
8. 学前儿童社会性发展包括哪些内容?
9. 亲子关系对学前儿童来说重要吗?为什么?
10. 学前儿童同伴关系发展的特点是什么?
11. 儿童的亲社会行为有哪些?应该怎么培养?(选一种举例说明)
12. 攻击性行为是如何分类的?产生的原因是什么?

建议的活动

一个都不能少(中班)

【活动目标】

1. 知道每个人在集体中都是重要的一员。
2. 让同伴知道他对自己是重要的。
3. 体会被人重视的良好感觉。

【活动准备】

印有花纹的、1平方米左右的布单若干条。

【活动过程】

一、藏起来

1. 所有幼儿席地围圈而坐。

2. 教师发言:我们班上的小朋友少了一个大家都会惦记。我们来做个游戏,请小朋友们都闭上眼睛,不能偷看,我把手搭在他的肩膀上,他才能睁开眼睛,然后我走到一个位置,我会用一块干净、漂亮的布单罩住他,让他藏起来。

3. 教师在圈子里走来走去,随机把手搭在1~2位幼儿的肩膀上。

4. 教师安静地将这几位幼儿领到活动室的一角,并用布单罩起来。

二、少了谁

1. 请幼儿睁开眼睛,仔细观察身边少了谁,猜猜布单下的幼儿是谁。

2. 如有幼儿没被猜出来,可让他们在布单下随便发出声音。

三、谈感受

1. 躲在布单下的幼儿谈感受。当你藏在布单下时,你觉得小朋友们能想起你吗?你怎样才能让他们尽快地想起你?

2. 其他幼儿谈感受。你第一个想到的是谁?如果少了你的朋友,你觉得怎么样?你打算用什么办法让他们知道你在惦记他?

3. 教师总结。

【活动拓展】

让小朋友们找到自己的好朋友，看着他的眼睛对他说："我们是好朋友，我一直在惦记你，我们一个都不能少。"

【建议与说明】

1. 本游戏强调每位幼儿在集体中的重要性，应尽可能让更多的幼儿躲在布单下。
2. 当发现有些幼儿不能被猜出时，教师应及时提醒他在布单下发出声音。
3. 鼓励幼儿充分地谈出感受。

参考文献

[1] 陈帼眉．学前心理学［M］．2版．北京：人民教育出版社，2015.

[2] Joan Littlefield Cook, Greg Cook．儿童发展心理学［M］．和静，张益菲，译．北京：中信出版集团，2020.

[3] H. Rudolph Schaffer．儿童心理学［M］．王莉，译．北京：电子工业出版社，2016.

[4] 朱智贤．儿童心理学［M］．6版．北京：人民教育出版社，2018.

[5] C. Bühler．人生第一年［M］．李芳经，译．北京：商务印书馆，1944.

[6] 许远理．情绪智力三维结构理论［M］．北京：中国社会科学出版社，2008.

[7] 张文新．儿童社会性发展［M］．北京：北京师范大学出版社，1999.

[8] 陈琦，刘儒德．当代教育心理学［M］．北京：北京师范大学出版社，2019.

[9] 林崇德，等．心理学大辞典［M］．上海：上海教育出版社，2003.

[10] 陈志霞．社会心理学［M］．北京：人民邮电出版社，2016.

[11] 杨丽珠．幼儿个性发展与教育［M］．北京：世界图书出版公司，1993.

[12] 周世华．学前儿童社会教育［M］．北京：高等教育出版社，2011.

[13] 张明红．学前儿童社会教育［M］．上海：华东师范大学出版社，2008.

[14] 叶奕乾．普通心理学［M］．上海：华东师范大学出版社，2004.

[15] 李生兰．幼儿园与家庭、社区合作共育的研究［M］．上海：华东师范大学出版社，2003.

[16] 陈帼眉，冯晓霞，庞丽娟．学前儿童发展心理学［M］．北京：北京师范大学出版社，2013.

[17] 李燕．幼儿情绪智力的发展与培养［M］．北京：中国轻工业出版社，2002.

[18] 孙时进．心理学概论［M］．上海：华东师范大学出版社，2002.

[19] Rosalind, Charlesworth．理解学前儿童心理发展［M］．王思睿，等，译．北京：中国轻工业出版社，2019.

[20] 周念丽．学前儿童发展心理学［M］．上海：华东师范大学出版社，2014.

[21] 刘金花，邓赐平．儿童发展心理学［M］．上海：华东师范大学出版社，2013.

[22] 龚顺梅．幼儿社会性发展与教育研究［D］．苏州大学学报．2008.

[23] 尤文静．气质与父母教养方式对学期儿童问题行为的影响［D］．河南大学学报．2020.

[24] 张惠敏．亲师关系与儿童社会适应的相关研究［D］．上海师范大学学报．2015.

[25] 文雅童，何清华．儿童的注意研究——基于教育、心理与神经科学的整合视角［J］．教育发展研究，2018（11）.

[26] 孙丽萍，鞠佳雯，蒋柳青，边玉芳．父母心理控制与青少年焦虑的关系：一项交叉滞后研究［J］．心理发展与教育．2018（06）.

[27] 胥兴春，李欢，刘雅丽．自尊与亲社会行为的关系：来自元分析的证据［J］．心理技术与应用，2021（9）.

[28] 陈红敏，赵雷，伍新春．生活事件对情感和行为的影响：理论比较与启示［J］．心理科学进展．2014（03）.

[29] 刘亚鹏，邓慧华，梁宗保，张光珍，陆祖宏．早期情绪性对学前儿童问题行为和社交能力的影响［J］．心理发展与教育．2019（06）.

[30] 韩丕国，林庆楠，卞玉龙，田雨，刘传进，高峰强. 羞怯对小班幼儿内化问题行为的预测：师幼关系的调节作用 [J]. 中国临床心理学杂志. 2018 (06).
[31] 徐静，陈图农，丁小玲，石唯，鲍叶琳. Achenbach儿童行为量表的初步应用分析 [J]. 中国妇幼健康研究. 2015 (02).
[32] 刘雅静，刘超，项征. 学龄前儿童行为问题与家庭环境因素及气质关系的研究 [J]. 中国儿童保健杂志. 2018 (10).
[33] 林磊，董奇，陶沙，曾琦. 母亲教育方式与学龄前儿童心理发展的关系研究 [J]. 心理发展与教育. 1996 (04).
[34] 张劲松. 儿童气质与行为问题关系的研究 [J]. 中国心理卫生杂志. 1996 (06).
[35] 关颖，刘春芬. 父母教育方式与儿童社会性发展 [J]. 心理发展与教育. 1994 (04).
[36] 杨丽珠，刘雯. 幼儿气质发展初探 [J]. 心理科学. 1994 (06).
[37] 曹家正，邵慧玲，郑静. 幼儿问题行为调查 [J]. 上海教育科研. 1992 (06).
[38] 叶仁敏，Mary K. Rothbart，庞正建，张蕴年，邬白妹，杨静娟.《儿童行为问卷表》(CBQ) 的测定研究 [J]. 应用心理学. 1990 (04).
[39] 范存仁，林国彬，万传文. 家庭结构对农村学前儿童性格特点的影响 [J]. 中国心理卫生杂志，1994 (01).
[40] 汪明. 促进儿童自制力的发展刍议 [J]. 阜阳师范学院学报 (社会科学版)，2007 (03).
[41] 易锦艳，王强. 儿童自制力在家庭中的培养 [J]. 中国教育学刊，2020 (04).
[42] 陈晶，詹启生. 4个月婴儿左利手与右利手倾向的鉴别研究 [J]. 中国健康心理学杂志. 2009 (07).
[43] 董奇，张红川，陶沙. 出生季节与婴儿爬行动作的发展 [J]. 心理发展与教育. 1999 (01).
[44] 曾琦，等. 爬行与婴儿共同注意能力的发展 [J]. 心理学报. 1999 (01).
[45] 廖德爱，黄华建. 关于新生儿听觉发生期的探讨 [J]. 湖南师范学院学报. 1983 (01).
[46] 金星明. 言语-语言发育及听力障碍的语言训练 [J]. 临床儿科杂志. 2003 (12).
[47] 周薇. 婴儿抚触对新生儿健康成长的作用 [J]. 河北医学. 2006 (10).
[48] 叶绚，方云秋. 学前儿童方位知觉的初步实验研究. [J]. 心理学报. 1958 (01).
[49] 天津幼儿师范学校心理组. 关于学龄儿童认识颜色和几何图形的实验研究 [C]. 中国心理学会第三届年会论文. 1979.
[50] 方格，等. 儿童对时间顺序认知发展的实验研究 [J]. 心理学报. 1979 (02).